Introdution to
Astronomy
[3rd Edition]

宇宙科学入門

OSAKI Yoji
尾崎洋二［著］ ［第**3**版］

東京大学出版会

Introduction to Astronomy
[3rd Edition]

Yoji OSAKI

University of Tokyo Press, 2024
ISBN978-4-13-062733-7

第3版 まえがき

　本書は大学生を対象にした「天文学」の教科書として 1996 年に初版が出版された．幸い，本書は多くの理工系大学の物理学科，天文学科で，「天文学」，「宇宙科学」の教科書，参考書として採用されてきた．また，大学院で新たに宇宙科学を専攻するようになった大学院生にも宇宙科学全般を学ぶ教科書の役割を果たしてきた．本書では天文学（宇宙科学）についてできるだけ全般にわたって系統的にまとめ，そのうえ，現在の宇宙科学の最先端まで紹介しようと試みてきた．そのためには適宜な時期に改訂が必須であった．

　前回の改訂第 2 版を 2011 年に出版して以来 10 年以上が経過したが，この間の宇宙科学の進展は目を見張るものがある．実際，最近 10 年間（2011 年から 2020 年）のノーベル物理学賞 10 件のうち，5 件までが宇宙科学に関わっていることからも明らかである．本書「宇宙科学入門」が，今後も大学生の宇宙科学の教科書として価値を持ち続けるためには，こうした最新の宇宙科学での進展を取り入れる必要があり，今回の第 3 版の改訂となった．

　宇宙科学におけるこの 10 年間の最も重要な進展は，重力波の観測とブラックホールの観測である．そこで，第 2 版の第 5 章と第 6 章の間に新たに「ブラックホールと重力波」という新しい章を追加した．また，それ以外の章についても，第 2 版を踏襲しつつ必要な箇所について適宜改訂し，できるだけ最新の成果を取り入れるようにした．しかし本書はもともと教科書として出版されたもので，天文学の基礎的部分は重要と考え，それらをきちんと押さえた上で，改訂を行った．今回の改訂により，本書は宇宙科学の最新の教科書として十分通用すると確信している．

　改訂にあたって全面的にお世話になった東京大学出版会の岸純青氏に感謝する．

　　2024 年 1 月

尾崎洋二

第 2 版　まえがき

1996 年 10 月に本書の初版が出版されて以来，13 年が経過した．幸い，本書は多くの大学の理工系学部の天文学科，物理学科などで「天文学」，「天体物理学」などの科目の教科書，参考書として採用されて来た．また，大学院で新たに宇宙科学を専攻するようになった大学院生にも宇宙科学全般を学ぶ教科書としての役割を果たしてきた．そして，本書は大体 2 年に一回のペースで増し刷りをしていて，現在は初版第 6 刷に至っている．

本書では宇宙科学の基礎的な部分から説き起こし，出来るだけ最先端の情報も入れるようにしたが，初版出版以来 13 年も経過すると，その間に起こった宇宙科学分野での大きな進展，新たになった事実など改訂の必要なことが出てくる．そこで，今回第 2 版として，本書を全面的に改訂することにした．

主な改訂項目としては，（1）太陽系惑星の定義の変革と新しい太陽系像，（2）太陽系外惑星探査の進展，（3）ガンマ線バーストなどの新しい天体現象についての記述，（4）宇宙論などの最新の進展などである．また，それ以外についても，初版の間違いやデータなどで古くなったものを最新のデータに改めるようにした．また，著者自身が東京大学以外の大学，具体的には長崎大学教育学部，明星大学理工学部物理学科で教壇に立ち，本書を教科書として使用してみて，改訂した方がよいと感じた点などについても改訂を試みた．今回の改訂により，本書は宇宙科学の最新の教科書として十分通用すると確信している．

改訂にあたって全面的にお世話になった東京大学出版会の岸純青氏に感謝する．

2009 年 8 月

尾崎洋二

初版　まえがき

現在の宇宙科学（天文学）の進展は，われわれ天文学の研究に携わる者にとっても，日々が新鮮に映るほどめざましいものがある．これら宇宙についての新しい知見あるいはトピックスは，断片的に新聞記事，またはいろいろな科学雑誌，啓蒙書などに紹介されている．しかし，これらは必ずしも宇宙科学全般にわたって系統だって行われているわけではないので，いま一つ理解しづらいと思う方が多いようである．

本書は，私がここ数年，東京大学教養学部2年生で理科系学科に進学が内定した学生を対象に行っている「天文学概論」の講義をベースに執筆した宇宙科学（天文学）の入門書である．したがって，大学生の教養として，現在の宇宙の姿，宇宙観について正しい知識をもってもらいたいと考え，できるだけ全般にわたって系統的にまとめ，そのうえ，現在の宇宙科学研究の最先端までを紹介しようという少し欲張った試みをしたつもりである．

内容的には，理科系学生のみならず，文科系学生，あるいは宇宙科学に興味をもつ一般の読者でも十分理解できるよう，数式などはあまり使わずに記述を試みたつもりであるが，この目的が実際に実現できたかどうかは，読者のご判断を待つ次第である．また，本書で扱っているテーマは多岐にわたっているが，私がとくに学生の皆さんに伝えたいことは，単なる知識としてこれらを学ぶのではなく，宇宙で起こっている現象の多様さと不思議さ，それらを解明しようとする人間の努力や叡智から受ける感動である．そして，これをきっかけに宇宙に関心を持つ方が一人でも多く増え，本書をお役立いただければ望外の喜びである．

本書の構成は，まず太陽系からスタートし，恒星の世界さらに銀河宇宙の世界へとわれわれに近い所から遠くへと順次話を進め，最後に「宇宙の中の人間」について考えて終わるという手法を採った．これは，読者が宇宙の大きさについて実感するうえで理解しやすいと思ったし，また人類がたどった歴史的宇宙観の変遷にも沿ったものである．

最後に出版にあたって，いろいろお世話くださった東京大学出版会編集部の井上三男さんに深く感謝いたします．井上さんの暖かい叱咤激励がなかったら，本書を出版までこぎつけることはできなかったのではないかと思っております．

1996 年 8 月

尾崎洋二

目次

第3版　まえがき

第2版　まえがき

初版　まえがき

第1章　大きく進展する宇宙科学 —————————————— 1

1.1　なぜ宇宙科学（天文学）を学ぶのか ……………………………… 1

1.2　大きく変わる天文学 …………………………………………………… 2

1.3　天体観測手段の変遷 …………………………………………………… 3

1.4　電磁波の波長と見える天体 ………………………………………… 6

1.5　ニュートリノ天文学と重力波天文学 ……………………………… 7

1.6　コンピュータと天文学 ……………………………………………… 8

第2章　太陽と太陽系 —————————————————— 11

2.1　太陽 ……………………………………………………………………… 12

    2.1.1　太陽の概観 ——— 12

    2.1.2　太陽の表面およびその外層 ——— 13

    2.1.3　太陽の活動現象 ——— 18

    2.1.4　太陽のエネルギー源 ——— 22

    2.1.5　太陽ニュートリノ ——— 24

    2.1.6　日震学 ——— 31

2.2　太陽系の姿 …………………………………………………………… 37

    2.2.1　新しい太陽系像 ——— 37

    2.2.2　太陽系天体の大きさと軌道 ——— 38

    2.2.3　惑星運動についてのケプラーの3法則 ——— 42

viii

 2.2.4 地球型惑星と月 ——44

 2.2.5 木星型惑星 ——48

 2.2.6 太陽系内小天体 ——52

 2.2.7 太陽系形成のシナリオ ——58

2.3 太陽系外惑星 ……………………………………………60

 2.3.1 原始惑星系円盤の観測 ——61

 2.3.2 系外惑星の発見 ——62

 2.3.3 系外惑星の観測方法 ——64

 2.3.4 系外惑星の特徴 ——68

第3章 恒星の世界 —————————————————71

3.1 星についての基本的諸量 ……………………………72

 3.1.1 星までの距離 ——72

 3.1.2 星の明るさ ——74

 3.1.3 星の運動 ——75

 3.1.4 星からの放射スペクトルと星の光度 ——76

 3.1.5 星のスペクトル型 ——79

 3.1.6 星の化学組成 ——81

 3.1.7 ヘルツシュプルング・ラッセル図（HR 図）——81

3.2 いろいろな恒星 …………………………………………83

 3.2.1 活動性に満ちた星の世界 ——83

 3.2.2 連星 ——86

 3.2.3 脈動変光星と星震学 ——89

 3.2.4 星からの質量放出 ——92

 3.2.5 褐色矮星 ——95

3.3 星の内部構造と進化 ……………………………………96

 3.3.1 星はなぜ光り輝くのか ——96

 3.3.2 星のエネルギー源 ——97

 3.3.3 星の内部構造と進化の理論 ——99

ix

3.3.4 星の誕生と主系列への進化 ——100

3.3.5 主系列星 ——102

3.3.6 進化の進んだ星 ——104

3.3.7 大質量星の死と超新星爆発 ——105

3.3.8 大マゼラン雲に出現した超新星 ——108

3.3.9 小・中質量星の進化 ——112

3.3.10 白色矮星 ——115

3.4 パルサーと中性子星 ……………………………………116

3.4.1 星の死としての中性子星 ——116

3.4.2 パルサーの発見 ——118

3.4.3 かにパルサー ——121

3.5 近接連星系とX線星 ……………………………………123

3.5.1 近接連星系 ——123

3.5.2 激変星 ——125

3.5.3 降着円盤と矮新星の爆発 ——127

3.5.4 X線星とX線天文学 ——129

3.5.5 X線近接連星 ——131

3.6 ガンマ線バースト ……………………………………134

3.6.1 ガンマ線バーストの発見と性質 ——134

3.6.2 ガンマ線バーストの起源 ——137

3.6.3 高速電波バースト ——139

第4章 わが銀河系 ——————————————————141

4.1 星間物質と星の誕生 ……………………………………142

4.1.1 星は現在も生まれている ——142

4.1.2 星間ガスと星間塵 ——143

4.1.3 星間ガスの形態 ——145

4.1.4 星の誕生 ——150

4.1.5 星の誕生過程の観測 ——152

4.2 銀河系の姿 ………………………………………………………………154

4.2.1 星団 ———154

4.2.2 銀河系の概観 ———156

4.2.3 銀河系の構造 ———158

4.2.4 銀河回転 ———160

4.2.5 ダークマター（暗黒物質）———163

4.2.6 MACHO の探査 ———165

4.2.7 銀河系の渦巻き構造 ———168

4.2.8 銀河系の誕生と進化 ———169

第5章 銀河宇宙 ———————————————————————173

5.1 銀河 ………………………………………………………………………173

5.1.1 系外銀河の発見 ———173

5.1.2 銀河の分類 ———175

5.1.3 銀河までの距離 ———177

5.1.4 銀河の赤方偏移とハッブル・ルメートルの法則 ———180

5.1.5 銀河群と銀河団 ———183

5.1.6 宇宙の大規模構造 ———184

5.1.7 銀河団ガス ———185

5.1.8 銀河の衝突と合体 ———186

5.2 クエーサーと活動銀河核 …………………………………………………187

5.2.1 電波源の発見 ———187

5.2.2 クエーサーの発見 ———190

5.2.3 クエーサーという天体 ———192

5.2.4 活動銀河中心核 ———194

5.2.5 エディントン限界 ———196

5.3 ハッブル・ディープフィールドとジェイムズ・ウェッブ宇宙望遠鏡

………………………………………………………………………198

第6章 ブラックホールと重力波 ———————————— 203

6.1 アインシュタインの一般相対論 ……………………… 203

6.2 ブラックホール ………………………………………… 205

- 6.2.1 一般相対論とブラックホール ———205
- 6.2.2 恒星質量ブラックホールと X 線連星 ———207
- 6.2.3 銀河中心の巨大ブラックホール ———210
- 6.2.4 巨大ブラックホールのまわりの回転円盤の観測 ———213
- 6.2.5 銀河系中心の巨大ブラックホール　いて座 A*（いて座エー・スター）———216
- 6.2.6 ブラックホール・シャドウの観測 ———219

6.3 重力波 …………………………………………………… 222

- 6.3.1 重力波とは ———222
- 6.3.2 重力波の存在証明：連星パルサーでの重力波放出 ———223
- 6.3.3 重力波の直接検出 ———225

第7章 現代の宇宙論 ———————————————————— 233

7.1 膨張宇宙 ………………………………………………… 233

7.2 一般相対論の膨張宇宙の解 …………………………… 234

7.3 ビッグバン宇宙論と定常宇宙論 ……………………… 240

7.4 宇宙マイクロ波背景放射の発見 ……………………… 241

7.5 ビッグバン宇宙での元素合成 ………………………… 243

7.6 宇宙のインフレーション ……………………………… 246

7.7 宇宙背景放射探査衛星「COBE」による観測 ……… 250

7.8 宇宙マイクロ波背景放射観測衛星「WMAP」による観測結果 … 252

7.9 宇宙の進化：宇宙の誕生から現在まで ……………… 258

第8章 宇宙の中の人間 ———————————————— 263

8.1 宇宙観の変遷 ……………………………………………… 263

8.2 現代の宇宙観 ……………………………………………… 265

8.3 宇宙の歴史と人間 ………………………………………… 267

8.4 宇宙カレンダー …………………………………………… 270

8.5 地球外文明について ……………………………………… 270

8.6 宇宙の中の人間 …………………………………………… 271

付表：天文学上の主な発明発見と業績 ……………………………… 273

参考文献 ……………………………………………………………… 279

図表の出典一覧 ……………………………………………………… 283

索 引 ………………………………………………………………… 287

第1章

大きく進展する宇宙科学

1.1 なぜ宇宙科学（天文学）を学ぶのか

　宇宙科学（天文学）の研究がめざす究極の目標は，「宇宙の中の人間」というテーマについてよりよく理解することにあると，私は考える．すなわち，①われわれの生きているこの宇宙はどのようになっているか，②われわれはどこから来てどこへ行くのか，といった疑問に答えようとすることである．

　これらの疑問は，以前は哲学者が考える哲学の問題であった．哲学の問題と宇宙科学におけるこれらの問題の違いは，宇宙科学が自然科学の一つであるということにある．すなわち，宇宙科学（天文学）においては，実証科学の問題としてこれらの問題に解答を与えようとしていることである．

　それでは，科学者はこのような大きな問題にどのようにして立ち向かってきたのであろうか．それは，宇宙について多くの忍耐強い観測や創意にあふれた工夫による観測と物理法則を使って，「宇宙の姿」を解明していくというプロセスを踏んできた．そして，このようにして解き明かされた宇宙の姿は，過去のいかに優れた哲学者が頭の中だけで想像していた宇宙の姿より，ダイナミックで魅力に富んだものであることがわかってきた．

　もう一つ大切な事柄は，「宇宙を知りたいという欲求は人類の根源的欲求である」ということである．その証拠として，どんな未開の民族もそれぞれ独自の宇宙観，宇宙像を必ずもっているということが挙げられる．西欧社会の基礎をなすキリスト教では旧約聖書に宇宙の創造と人類の創世記があり，またわが国の最古の歴史書である『古事記』にも宇宙の創造，日本民族の起

2 第 1 章 大きく進展する宇宙科学

源についての神話が記されている.

このように，宇宙を知りたいという欲求は人間のもつ根源的欲求（すなわち人間の知的好奇心）に基づくものであり，それがまた人類が文明を発展させてきた原動力であると，私は思う．実際，近代科学の成立過程を考えてみると，この事情がよくわかる．すなわち，16 世紀のコペルニクスの地動説からスタートして，ケプラー，ガリレオをへて，ニュートンの万有引力の法則の発見により，近代科学の基礎が確立されたのである.

1.2 大きく変わる天文学

天文学は最古の科学であるといわれている．実際，天文学はエジプトのピラミッドの時代から存在していた．また，ストーンヘンジやマヤ，アステカ文明のピラミッドなど古代の遺跡は古代の天文台であったり，また古代の神々や未開民族の神は太陽神であるものが多い.

しかし，宇宙科学（天文学）は同時に現在の最先端をいく科学でもある．そしてわれわれの宇宙観は，現在も日々新しくなっている．実際，天文学は20 世紀後半から現在に至るここ数十年間でその姿を一新した．その一番の原因は，宇宙を見る窓が大きく広がったためである.

天文学の基礎は，天体観測にある．われわれが宇宙を観測するには，基本的には光（光子）すなわち電磁波を使う．電磁波は真空中を光速（c）で伝播する波で，その波長（λ）と振動数（ν）との間には，

$$\lambda \times \nu = c$$

の関係がある．電磁波はその波長によって異なる名前がつけられていて，図1-1 に示すように波長の長いほうから短いほうへ（振動数が増える方向へ）電波，赤外線，可視光，紫外線，X 線，ガンマ線と呼ばれている．人類は，長い間この電磁波のうち，可視光という狭い波長帯でのみ天体を観測してきた.

量子力学によれば，光も電子や陽子などの素粒子と同じように波動としての性質と粒子としての性質を併せもっている．光を波動として扱う場合には

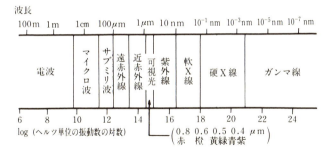

図 1-1 電磁波の波長と振動数による呼称.

電磁波と呼び，粒子として取り扱う場合には光子という．一般に，電波のように波長の長い電磁波は波としての性質が顕著であるが，X線，ガンマ線のような波長の短い電磁波は粒子としての性質が顕著である．量子力学でよく知られているように，振動数が ν の光子 1 個あたりのエネルギー E は，

$$E = h\nu$$

で与えられる．ここで，h はプランク定数である．

しかし，以下に見ていくように，20 世紀の後半に入ると天体の観測は電磁波のすべての波長域へ広がっていった．その結果，可視光のみで観測していたのとはまったく違った宇宙の姿が見えてきたのである．実際，現在宇宙の観測に使われている電磁波の波長域は，電波からガンマ線まで波長で 15 桁にもわたっている．それに対して可視光の波長域は $0.4\,\mu\mathrm{m}$ から $0.8\,\mu\mathrm{m}$ の幅しかないのである．現在の全波長域にわたる天体観測にくらべると，それ以前の可視光のみによる天体観測は「葦の髄から天井のぞく」という状態にもたとえられよう．

1.3 天体観測手段の変遷

こうした状況をもう少し詳しく見るために，天体観測の手段がどのように変遷してきたかを，ここで簡単に振り返ってみよう*．

---

* 天文学全般の発明，発見，出来事などについては巻末の付表を参照されたい．

4　　　　　　　　　　第 1 章　大きく進展する宇宙科学

①　大昔は，天体の観測は肉眼で見える範囲に限られていた．したがって，対象になる天体もいわゆる月，日，星であった．

②　天体の観測に大きな革命をもたらしたのは，望遠鏡の発明である．17世紀のはじめに望遠鏡が発明され，ガリレオ・ガリレイは望遠鏡を使って天体を観測した．とくに，月のクレーターの発見，太陽黒点の発見，木星の 4つの衛星の発見，天の川が無数の星の集まりであることの発見などは，ガリレオが望遠鏡で観測することによってなされた発見である．ガリレオ以後の天体観測は，望遠鏡で夜空をのぞくという形になった．

③　次の大きな飛躍は，19 世紀における写真乾板による天体の観測および分光学によってもたらされた．19 世紀には，写真技術を天体観測に応用して，天体写真を撮ることが行われるようになった．写真による観測では長い時間露光することができ，その結果，肉眼では観測できないような暗い天体までも観測が可能になった．さらに，プリズムなどの分光器を使って，太陽や星の光をスペクトルに分けて観測する天体分光学が起こってきた．天体のスペクトル観測により天体の温度や化学組成など天体の物理状態について研究することが可能になった．つまり天体分光学の発展により天体物理学という新しい分野がはじまったといえる．

④　20 世紀に入り，可視光以外の波長域で天体を観測することが行われるようになった．可視光以外の波長域として最初に大きな成果をあげたのが電波天文学である．電波天文学は，1930 年代にアメリカのカール・ジャンスキーが銀河中心からの電波を受信したことにはじまる．しかし，電波天文学という新しい観測分野が確立するのは第 2 次世界大戦後である．戦争中に開発されたレーダー技術を天体観測に応用することにより，電波天文学が急速に進展し，可視光では観測できない星間ガスや銀河系の渦巻き構造などが明らかにされた．

⑤　大気圏外からの天体観測について述べるとまず天体はさまざまな波長の電磁波を放射するが，すべての電磁波が地球表面まで到達するわけではない．波長 30 m より長い電波は，地球の電離層で反射されてしまう．図 1-2に示すように，地球大気は天体からの電磁波のうち，可視光と電波および赤外線の一部は通すが，他の波長域の電磁波は地球大気中の原子，分子に吸収

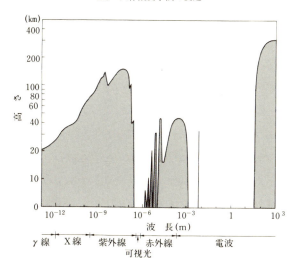

図 1-2 異なる電磁波の地球大気の透過度．宇宙からの信号の強度が半分になる高度を示す．

されて地球表面まで届かない．

　実際，生物に有害な紫外線やX線などを地球大気が吸収してくれるおかげで，われわれは生存できるわけである．現在，オゾンホール（地球大気の上層部のオゾン層の破壊）が問題になっている．それは太陽からの紫外線が大気で吸収されずに地表まで直接到達すると皮膚癌が多発する心配があるからである．

　太陽は表面温度が約 5800 K の熱放射を行っている．熱放射は黒体放射とも呼ばれ，太陽放射エネルギーのピークの波長域が可視光（400〜700 nm）に存在している．太陽の黒体放射のピークの電磁波は，地球大気を透過して地表まで到達する．また，人間などの動物の目がとらえることのできる電磁波の波長域が可視光にあるのは偶然ではなく，太陽エネルギーを最大限に利用するよう生物が進化してきたからである．

　1960年代に入ると，ロケット，気球，人工衛星などを使って大気圏外にでて天体を観測することが行われるようになった．その結果，X線天文学，赤外線天文学，紫外線天文学，ガンマ線天文学など新しい観測天文学の領域が

開けてきた．その結果，新しい窓から見た宇宙は可視光のみでは知ることができなかった新しい姿を見せたのである．

⑥ 天体からの情報は基本的には電磁波の形でわれわれに伝えられる．しかし，最近になって（20世紀末から21世紀にかけて）天体から電磁波以外の手段による情報が得られるようになった．電磁波以外の情報としては宇宙線やニュートリノなどの宇宙から届く粒子と2015年にはじめて検出された重力波である．これらについては1.5節のところで述べる．

1.4 電磁波の波長と見える天体

可視光で見た宇宙とそれ以外の波長域の電磁波で見た宇宙の場合とでは，見えてくる天体に大きな違いがある．これは物質の温度と熱放射のピークの波長とに，ある関係があるからである．与えられた温度の物体からの放射は，図1-3のようなプランクの黒体放射で与えられる．波長の関数としての黒体放射のピークの波長をλ_{max}とすると，ウィーンの変位則と呼ばれる次

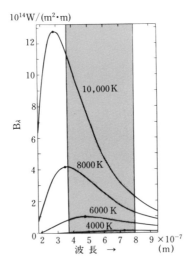

図 1-3 異なる温度の黒体放射強度曲線と最大強度の波長（λ_{max}）の温度による変化．横軸は波長，網かけ部分は可視域を示す．

のような関係がある.

$$\lambda_{\max} T = \text{const}$$

ここで，T は物質の絶対温度である．また，ここで現れる比例定数は，6000 K に対して 0.5 μm という値である.

可視光で多くの放射をするのは，温度が数千度から数万度の物体である．したがって，可視光で見る宇宙は，太陽をはじめその反射光で輝く惑星，表面温度が数千度から数万度の恒星が主役である．それに対して，電波，赤外線の波長域では温度が数度から数十度の天体現象，具体例としては，低温の星間ガスやビッグバン宇宙に起源をもつ宇宙マイクロ波背景放射などが見えてくる．また，X 線で見た宇宙は，温度が 1000 万度から 1 億度といった高温の中性子星やブラックホール周辺の高温ガスが見えてくる．なお天体からの放射には，温度によって決まってくる黒体放射（熱放射）以外にシンクロトロン放射など非熱的放射もあるので，ここに注意しておく．シンクロトロン放射というのは，荷電粒子（主に電子）が光速に近い速さで磁場に巻き付きながら運動する際に出す光（電磁波）である.

20 世紀後半にはじまった宇宙像についての大きな転換は，このような広い波長域の電磁波の観測によってもたらされたものである.

1.5　ニュートリノ天文学と重力波天文学

20 世紀までは天体の観測は基本的には電磁波を使って行うものであった．しかし，20 世紀の終わりから 21 世紀にかけて，電磁波以外の手段で天体の観測が可能になった．それが素粒子の「ニュートリノ」およびアインシュタインの一般相対論が予測する「重力波」という電磁波以外の 2 つの新しい手段で天体を観測するもので，それぞれ「ニュートリノ天文学」および「重力波天文学」と呼ばれている.

すなわち，太陽からのニュートリノおよび 1987 年に大マゼラン雲で起きた超新星爆発からのニュートリノが観測され，「ニュートリノ天文学」という電磁波以外の素粒子による天体の観測が可能になった．また，アルバー

ト・アインシュタインの一般相対性理論（以後，一般相対論）からその存在が予測されていた重力波が 2015 年にアメリカの重力波観測装置ではじめて観測され，新たに「重力波天文学」が確立された．重力波の説明と観測については第 6 章で詳述する．

天体からの情報として従来からの電磁波に加えて，ニュートリノなどの素粒子および重力波などの新しい手段を情報伝達の運び手（メッセンジャー）と見立てて，複数のメッセンジャーを組み合わせて天体現象を総合的に解明しようとする研究を「マルチメッセンジャー天文学」と呼んでいる．21 世紀になって可能になった天文学の新たな地平である．

1.6 コンピュータと天文学

どの分野でも同じであるが，現代の天文学ではコンピュータは研究手段として欠かせない存在である．生物や化学の場合，実験室での実験が重要な研究手段であるが，宇宙で起こる現象は，時間空間の大きさ，また超高温，超強重力など極限状態で起こる現象であるので，地上の実験室での実験で再現することは難しい．そこで天文学では宇宙で起こるさまざまな現象のメカニズムを探るのに，コンピュータによるシミュレーションを使う．コンピュータによるシミュレーションは「理論の実験室」とも言える．天文学でのコンピュータ・シミュレーションとしては，宇宙の大規模構造，ブラックホール連星の合体など多岐にわたる．

また，最近の天体望遠鏡はコンピュータで制御されており，コンピュータなしには望遠鏡の運用は考えられなくなっている．19 世紀末から 100 年近く使われてきた写真乾板による天体観測（アナログ観測）に代わって 20 世紀後半の 1980 年代にはデジタルカメラに使われる CCD などのデジタル検出器が使われるようになった．CCD（Charge Coupled Devices, 電荷結合素子）は，光の信号を電荷の信号に変えて転送する半導体撮像素子である．そうしたデジタル検出器による観測や人工衛星に搭載されたさまざまな天体望遠鏡による観測からは膨大なデジタルデータが生み出される．こうしたデータはデジタルデータとしてコンピュータに保存されており（アーカイ

ブされていて），そうしたデータの解析にはコンピュータが欠かせない．また，最近著しく発展した人工知能（AI）で注目されている機械学習や深層学習（deep learning）の手法もサーベイデータでの画像認識など天文学にも応用されるようになってきている．現代の天文学では理論，観測ともにコンピュータは欠かせない道具になっている．

第2章

太陽と太陽系

　われわれの住む地球は，いうまでもなく太陽とその家族からなる太陽系に属している．太陽系の姿についてのわれわれの認識は，21世紀に入ったここ数年で大きく変わってきている．すなわち，2006年夏の国際天文学連合（世界の天文学者による国際会議）で，冥王星をこれまでの惑星の定義からはずすといったことが起こったのも，太陽系の外縁部に冥王星に匹敵する小天体（太陽系外縁天体と呼ばれている）が次々と発見されたためである．本書でもこうした新しい太陽系像を紹介する．

　太陽系は太陽を中心とした8個の惑星（水星，金星，地球，火星，木星，土星，天王星，海王星）とそれらの衛星，さらにたくさんの小天体からなっている．ここで小天体というのは，小惑星，太陽系外縁天体，彗星（ほうき星），隕石，塵などである．また，太陽からは太陽風と呼ばれる電離ガス（プラズマと呼ばれる）が流れだしており，太陽系空間（惑星間空間）はこのような電離ガスに充たされている．

　太陽自身は恒星の一つであり，約1000億の星の集まりである銀河系の中において太陽は恒星としてはもっともありふれた星の一つである．太陽についての研究は，太陽物理学と呼ばれ，現在も活発に続けられている．2.1節では恒星の代表である太陽について詳しく紹介する．

　太陽以外の太陽系内の天体の研究は，現在は天文学と地球惑星科学との境界領域になってきている．これは，人工衛星による惑星探査が行われるようになったことと関係が深い．1960年代にアメリカがアポロ計画により月に人間を送り込むことに成功し，人類は地球以外の天体に到着するという大きな第一歩をしるした．その後，ソ連，アメリカの惑星探査機が金星や火星に

着陸し，これら惑星表面の写真を送信してきた．さらにアメリカあるいはアメリカとヨーロッパ共同開発の「ボイジャー」，「ガリレオ」，「カッシーニ」と呼ばれる惑星探査機が木星や土星近くまで飛んでいき，木星，土星自身およびそれらの惑星の衛星やリングの鮮明な写真を地球に送信してきたこともよく知られている．また，21世紀に入って日本の2つの無人小惑星探査機「はやぶさ1」と「はやぶさ2」がそれぞれ小惑星「イトカワ」（大きさ約500メートルという小さな天体）と小惑星「りゅうぐう」（大きさ約900メートル）へ行き，その表面に着陸，表面物質を採取，採取したサンプルの入ったカプセルを地球に帰還させ，その資料を解析，太陽系の起源，地球の水と生命の起源といった問題に進展をもたらした．

19世紀までは，太陽系自身が宇宙のすべてといっていい存在であった．また，太陽系の惑星の運動の解明が，コペルニクスの地動説，ガリレオ，ケプラー，ニュートンへとつながる近代科学幕開けに導いたわけで，太陽系の研究はその意味でも天文学あるいは物理学の故郷ともいえるものである．実際，コペルニクスからニュートンに至るまでの時代は，科学史としてもっとも興味のある時代である．

本章では，まず2.1節でわれわれの母なる太陽について，つづいて2.2節で太陽系について詳しく述べる．また，2.3節では最近になって大きく進展した太陽系外惑星探査についても述べる．

2.1 太　　　陽

2.1.1 太陽の概観

太陽はわれわれからもっとも近い恒星で，その表面の詳細が観測できる唯一の恒星である．太陽は内部が高温，高圧の巨大なガス球で，毎秒3.8×10^{33} erg，すなわち，3.8×10^{26} W という莫大なエネルギーを光の形で宇宙空間に放射している．このエネルギーは太陽中心近くでの核融合反応によって生みだされていると考えられている．

太陽の半径は約70万km，地球の約110倍で，また質量は約2×10^{30} kg，地球の約33万倍である．しかし，太陽の平均密度は水の密度の1.4倍で，

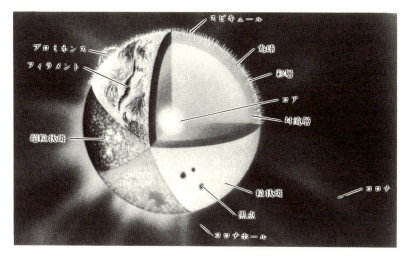

図 2-1 太陽内部と表面の概念図.

地球の平均密度である 5.5 にくらべて小さい．恒星としての太陽は，表面温度が約 5800 K，スペクトル型が G 型の矮星で，中心での水素燃焼による核融合反応でその莫大な放射エネルギーを賄っている主系列星である．太陽の年齢は約 46 億年，中心の水素の約半分を消費した，いわば中年の星である．

水素の核融合反応が進行している太陽の中心の温度は約 1500 万度，中心の密度は水の密度の約 150 倍である．しかし，このような高密度にあっても温度が十分高いため，太陽中心の物質は，固体や液体ではなく理想気体の性質を示す．

中心近傍で発生したエネルギーは放射によって，太陽表面に向けて運ばれてくる．しかし，半径で表面から 3 割より外側ではエネルギーは主に対流により運ばれる．対流でエネルギーが運ばれている太陽の外層を表面対流層と呼んでいる．図 2-1 は太陽の内部と表面層の概念図である．

2.1.2 太陽の表面およびその外層
（1）光　　球

太陽は地球のように固体の表面は存在しないが，太陽を観測すると，太陽はきれいな円盤状で，はっきりとした縁が見える．この円盤状に見える部分

を光球（photosphere）と呼び，ガス球である太陽の表面に対応している．

太陽の光球部分の大気の厚みは約 300 km で，それより深いところは密度が急激に高くそして不透明になり，われわれからは観測できなくなっている．この光球の厚みが太陽の半径 70 万 km にくらべて十分小さいために，太陽はガス球であるにもかかわらずくっきりとした縁をもつように見えるのである．太陽からのエネルギー放射は，光球面から温度が約 5800 K の黒体放射の形で放射される．

地球大気のゆらぎが少ない条件のよいときに（シーイングのよいときに）撮影した太陽像を見ると，太陽表面全体に米粒状の模様が見える（図 2-2）．これを粒状斑と呼ぶ．粒状斑は太陽大気の対流運動の反映である．ちょうど，沸騰した鍋の中のみそ汁の運動のように，太陽大気中のガスが対流により上下運動をしていて，これが粒状斑として観測されるのである．

（2） 太陽のスペクトル

太陽の光をプリズムなどの分光器にかけると，七色のスペクトルに分解できることを最初に発見したのはニュートンである．19 世紀に入り，ドイツのヨーゼフ・フラウンホーファーは太陽のスペクトルにいろいろの元素に対応する吸収線（暗線）を見つけ，それらの線に A，B，C，…線と名づけた．図 2-3 は，太陽のスペクトルである．フラウンホーファーの名づけた線のうち，いくつかは現在もそのままの名前が使われているものがあり，たとえば

 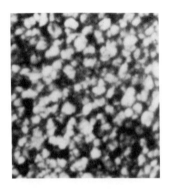

図 2-2　太陽光球の粒状斑の写真．(a) 地上観測，(b) 宇宙空間からの観測．

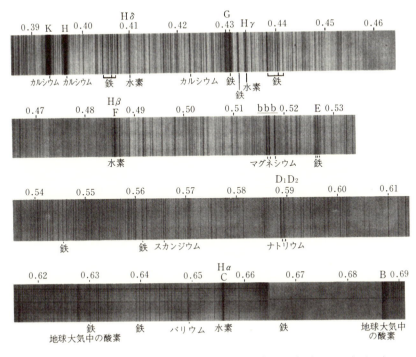

図 2-3　太陽の可視域スペクトル（紫外 (0.39 μm) から赤 (0.69 μm) まで）．

D 線は波長 590 nm にある D_1 および D_2 の二重線で，中性ナトリウムの線であり，H 線および K 線は，太陽スペクトルでもっとも強い吸収線で，紫外域にある電離カルシウムの線である．

（3）　太陽の自転

2.1.3 項で述べるように，太陽表面には黒点が出現する．黒点は太陽面上を東から西へ移動する．これは太陽が自転しているからである．太陽の自転軸は黄道面（地球の公転軌道面）に対して 7°10′ 傾いている．太陽の自転周期は赤道部分で約 25 日（地球から見ると地球の公転運動のため 27 日），極近くで約 30 日と太陽面上の緯度によって異なり，赤道のほうが極近くより速く回っている．このように自転周期が緯度によって異なるのは，太陽が地球のような固体でできているのではなく，ガス球であるからである．太陽や

16 第 2 章 太陽と太陽系

恒星で，自転角速度が緯度や深さによって異なることを「差動回転」といい，また太陽の自転角速度が赤道に近いほど速いことを「赤道加速」という．太陽が自転していることは，黒点の移動だけでなく，スペクトル線のドップラー偏移からも知ることができる．

（4） 彩　　層

太陽の光球の外側には彩層と呼ばれる薄い大気の層（厚さ約 2000 km）が存在する．彩層は皆既日食の際，太陽の光球が月により完全におおわれると赤い色に輝いて見えるために，そのように名づけられたものである．彩層のガスの温度は約 7000 K から 1 万 K である．

（5） コ ロ ナ

彩層の外側にはさらに希薄な大気であるコロナが広がっている．コロナは，皆既日食の際，真珠色に輝く冠としてその存在が知られている．コロナの面輝度は太陽光球のわずか 100 万分の 1 しかなく，ふだんは光球の光に圧倒されて観測できず，皆既日食のときにしか見えない．

コロナは温度が約 200 万度，密度が極端に低い電離気体（プラズマ）で，太陽の光球からの光をコロナ中の自由電子が散乱して輝いている．また，コロナの光のスペクトルを撮ると，太陽の光の散乱光だけでなく，コロナ独自のスペクトル線が観測される．

コロナが 100 万度以上の高温ガスであることが知られていなかったころ，コロナのスペクトル線に対応する実験室での元素のスペクトル線が見つからず，コロニウムという地上には存在しない元素を想定したこともあった．しかし現在では，コロナ固有のスペクトル線は鉄など通常の元素が高階に電離したときにだすスペクトル線であることが知られている．たとえば，コロナの輝線の中で一番強い線である波長 530.3 nm の緑色の線は，軌道電子を 13 個も失った高階電離した鉄の輝線であることがわかっている．鉄が 13 階も電離するためには，コロナの温度として 100 万度以上の高温が必要である．

太陽コロナが，なぜ光球の温度よりずっと高温になっているのかという問題がある．これは，コロナの加熱機構として，コロナが 100 万度以上という

高温であることが判明して以来の大問題であった.

コロナの加熱機構として,最初有力と考えられていたものに,音波による加熱説がある.この説によると,コロナの加熱は次のようにして起こると考えられた.すなわち,太陽には表面対流層があり,そこでの対流運動で発生した音波が密度の薄い太陽の上層大気に伝播すると,衝撃波に成長する.衝撃波になると,波の運動エネルギーが散逸して熱エネルギーに転換される.これがコロナの熱源であり,コロナ自身は希薄なガスであるので100万度という高温にもかかわらず放射によるエネルギー損失はあまり大きくなく,十分熱的バランスは保たれるというものである.

この考え方は1960年代まではかなり広く受け入れられていたが,1970年代になってアメリカの有人人工衛星である「スカイラブ」でのX線によるコロナの観測で,コロナがループ状の磁場構造を反映したものであり,コロナの加熱も基本的には磁場を介した加熱であることが明らかになった.しかし,磁場を介した加熱機構としては,磁場に伴う波であるアルベーン波による加熱説,フレアによる加熱説などいろいろな可能性が検討されているが,いまだ決着がついていない.

（6）紅炎（プロミネンス）

コロナの中にところどころ低温のガスが凝縮した領域があり,日食の際に彩層からコロナに伸びるドーム状の構造として赤く輝いて見える.（図2-4）.これが紅炎（プロミネンス）である.プロミネンスが赤く見えるのは,彩層が赤く見えるのと同じ理由で,水素のバルマーアルファ線（波長656.3 nm）の放射が大きいからである.水素のバルマーアルファ線を使って太陽を観測すると,プロミネンスが太陽表面に投影されて,暗い細長い筋状に見える.これを暗条（フィラメント）と呼んでいる.したがって,プロミネンスとフィラメントはもともと同じもので,異なった角度から見たものである.

プロミネンスは,高温のコロナの中で,まわりのコロナより密度が高く,かつ低温のガス（温度が5000〜10000 K）が,磁力管によってハンモックのように支えられて浮いているものと考えられる.

図 2-4　Hα で撮影したプロミネンスの写真.

（7）太 陽 風

　コロナは太陽半径の数倍のところまで広がっている．さらに，この高温のコロナからは，太陽重力によってつなぎとめられなくなったプラズマが，惑星間空間にまで流れだしている．これを太陽風という．太陽風の地球近傍での流れは，粒子密度で $n \sim 1\text{--}10$ 個/cc，速度が $v \sim 300\text{--}800$ km/s，温度は $T > 10^5$ K である．太陽風は地球磁気圏に影響を与え，オーロラなどの起源になっている．

2.1.3　太陽の活動現象

（1）黒　　　点

　太陽の光球部には黒点（spot）が現れる．黒点は，まわりの光球面とくらべて温度の低い領域である．また，黒点には 2000～3000 ガウスの強い磁場が存在することを，アメリカのジョージ・ヘールが 1908 年に発見している．太陽の磁場はスペクトル線のゼーマン効果を使って測ることができる．ゼーマン効果というのは，磁場をかけるとスペクトル線が磁場に比例して数本に分かれる現象で，1896 年に物理学者ゼーマンが発見した現象である．ゼーマン効果は，磁場によって原子のエネルギー準位が分かれる現象として量子力学により説明される．磁石は必ず N 極と S 極が対になっているが，黒点

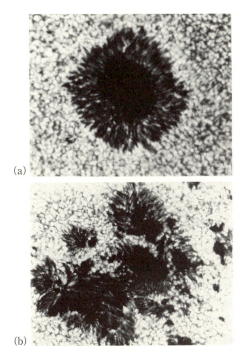

図 2-5 黒点の写真．(a) 暗い暗部を半暗部が囲んでいるようすがわかる．また，黒点のまわりに米粒斑がよく見える．(b) 複雑な形をした黒点群．

もまた対になって現れ，その磁場は一方がN極で他方がS極となっている．黒点は，太陽内部で東西に走る磁力管が太陽表面に浮き上がった切り口であると考えられている．

　典型的な黒点は真ん中に暗部と呼ばれる暗い部分があり，そのまわりを半暗部が取り巻いている（図2-5）．暗部は磁場が垂直に貫いているところで，半暗部は磁場が水平に開いているところに対応している．黒点の温度は約4000K程度である．この温度は溶鉱炉などの温度よりずっと高温であるが，まわりの光球面にくらべて低いため，黒点として観測される．黒点は対になって現れると述べたが，もっと一般にはグループをつくって現れることが多く，このような黒点群を活動領域という．X線で太陽コロナを観測すると活動領域がX線で明るく輝いており，またこのような活動領域ではしば

しば太陽面爆発であるフレアが起こる.

（2） 太陽活動周期

太陽表面上の黒点の数は約 11 年の周期で増減する．この周期を太陽活動周期と呼び，この周期で太陽表面上のもろもろの活動が周期的に変化する．太陽表面上にたくさんの黒点が現れ，太陽活動が激しいときを太陽活動の極大期という．もっとも最近の極大期は 2024 年から 2026 年にかけて起こると予想されている．太陽黒点は一般に対になって出現するが，対の黒点のうち，太陽表面上の緯度が低く，自転方向の先にある黒点を先行黒点，後ろにある黒点を後続黒点という．先行黒点の磁場の極性（S 極または N 極）は，一つの太陽活動周期の期間では北半球（または南半球）では一定で，しかも太陽の北半球と南半球とでは逆になっている．しかし，次の 11 年周期には極性が逆になるので，磁場の極性まで考慮すると太陽の活動周期は 22 年ということになる.

（3） フ　レ　ア

太陽活動の極大期には，黒点などのある活動領域で急激なエネルギー解放現象であるフレアが出現する．フレアは太陽大気中で起こる爆発現象で，粒子の加速，電波から X 線，ガンマ線に至るまですべての電磁波の波長域で大きなエネルギーの解放が起こる．フレアは太陽の彩層からコロナにかけて太陽大気に溜め込まれた磁場のエネルギーがなんらかの不安定性により，急激に解放される現象であると考えられている．典型的なフレアは，数秒で立ち上がり，数十分から数時間継続する．フレアの際，コロナは数百万度から数千度まで加熱される.

また，コロナ質量放出（coronal mass ejection：CME）といって，太陽コロナから膨大な量のプラズマが惑星間空間に放出される現象がある．コロナ質量放出は，多くの場合，フレアに伴って発生，その擾乱は惑星間空間を伝播していき，数時間から数日後に地球に到達，特に大きな CME では地球上に電波障害やオーロラなどを引き起こす.

今日では，フレアとコロナ質量放出は共通の原因によって起こる現象で，

一つの突発的磁気エネルギー解放現象のうち，電磁放射でエネルギーを解放する現象がフレアで，力学的エネルギーで解放される現象がコロナ質量放出であると考えられている．

（4） 科学衛星による太陽の X 線観測

1970 年代以後，地球大気圏外に人工衛星を打ち上げて，X 線で太陽を観測することが行われるようになった．これらの科学衛星としては，アメリカの「スカイラブ」，「SMM」および日本の「ひのとり」，「ようこう」および「ひので」がある．まず 1970 年代の「スカイラブ」で X 線によるコロナの像が得られ，コロナが活動領域の上空の磁場構造を反映していることを明らかにした．また，X 線像でコロナに暗い領域があり，コロナホールと呼ばれた．X 線で明るいコロナ領域は磁力線が閉じていて，そこに高温のプラズマが閉じ込められているのに対して，コロナホールでは磁力線が惑星間空間に開いていて，コロナのプラズマが惑星間空間に流出しているところ（太陽風）であることがわかった．

とくに，1991 年 8 月に打ち上げられた日本の太陽 X 線観測衛星「ようこう」は軟 X 線望遠鏡を搭載しており，高い空間分解能で太陽コロナの X 線像を撮影した．図 2-6 は，この観測衛星によって得られた太陽コロナの X 線像である．この衛星のもつ高い空間分解能と高い時間分解能により，フレアの発展などの詳細がはじめて明らかにされたのである．

（5） 太陽活動の源泉（ダイナモ機構）

太陽の 11 年周期活動現象は，太陽の表面対流層の中で，磁場と差動回転と対流の 3 つの相互作用で生みだされると考えられている．これは，磁場をもったプラズマが差動回転と対流によって磁場が拡大されるもので，磁場に伴って電流をつくりだすため，発電機を意味するダイナモ機構と呼ばれている．太陽活動のダイナモ機構は 1950 年代にアメリカのユージン・パーカーによって最初に提案された．その後，何人かの研究者によって少しずつ異なったダイナモモデルが提案されている．しかし，太陽でのダイナモ機構を正しく理解するためには，直接目に見えない対流層の中での差動回転のよう

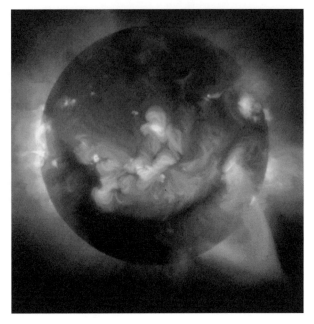

図 2-6 太陽 X 線観測衛星「ようこう」による軟 X 線太陽コロナ像.

すを知る必要がある．この問題については，2.1.6 項の日震学のところで再度述べることにする．

2.1.4 太陽のエネルギー源

太陽をはじめ恒星は莫大なエネルギーをだして輝いている．星のエネルギー源が何であるかは 19 世紀から 20 世紀にかけての大きな謎であった．ただ，星が放射するエネルギーは莫大であり，普通地上で物が燃えることによって発生する化学反応などではとうてい足りないことはよく認識されていた．核融合反応が知られていなかった 19 世紀に，太陽のエネルギー源としてまず検討されたのは太陽の内部エネルギー（あるいは別のいい方をすると重力エネルギー）である．星の内部に特別なエネルギー源がない場合，星は表面から放射によってエネルギーを失うと，星自身が収縮して重力ポテンシャルエネルギーを解放する．これが重力エネルギーである．しかし，重力エネルギーのみでは，太陽の寿命は 1000 万年にしかならない．太陽の年齢

は現在では 46 億年と見積もられており，重力エネルギーだけでは，何桁も足りないことになる．

そこで登場したのが，核エネルギーである．19 世紀末に放射能が発見され，化学反応にくらべてはるかに大きなエネルギーを生みだす現象（核反応）の存在することがわかった．そして 1938 年にアメリカのハンス・ベーテとドイツのカール・フリドーリヒ・ワイツゼッカーが独立に水素 4 個をヘリウム原子 1 個に融合して莫大なエネルギーを取り出す核融合反応（水素燃焼反応）を発見した．この水素燃焼反応では，生成されたヘリウムの原子核の質量が使われた 4 個の水素の原子核の質量の和より 0.7% だけ少なくなっている．この不足した 0.7% の質量が，アインシュタインの質量とエネルギーの等価原理（$E = mc^2$）により莫大なエネルギーに変わるわけである．

水素の核融合反応には，CNO 反応と呼ばれる反応と，p-p 反応と呼ばれる反応の 2 種類がある．CNO 反応は，炭素（C），窒素（N），酸素（O）を触媒として水素 4 個をヘリウム 1 個に合成する核反応であり，p-p 反応は水素の原子核である陽子と陽子を反応させて重水素をつくる反応からスタートし，最終的には同じく水素 4 個からヘリウム 1 個を生成する核反応である．前者は，太陽より大きな質量の主系列星の内部で，後者は太陽やそれ以下の質量の星の内部で進行する核反応であることが知られている．

恒星内部で水素のような軽い元素を融合してより重い元素をつくる核反応を熱核融合反応（thermo-nuclear reaction）という．恒星内部のガスでは，その高温のためいろいろな元素はプラスに帯電した原子核とマイナスの電荷をもつ電子に分かれたプラズマ状態にある．ところが，プラスに帯電した原子核同士が衝突して核反応を起こすには，原子核の電気的クーロン力による反発が障害になる．しかし，量子力学のトンネル効果を考慮すると，太陽や恒星内部の温度でもクーロン力の壁を乗り越えてある確率で核反応が起こることがわかった．この場合，核反応の反応率は温度が上がると急激に上昇するので熱核融合反応と呼んでいる．

現在では，太陽のエネルギー源は水素の熱核融合反応であるという考えは広く受け入れられている．太陽をはじめ恒星は宇宙空間に浮かぶ巨大な核融合炉であるといってよい．

2.1.5 太陽ニュートリノ

近年，直接目で見ることができない太陽の奥深くを探る研究が注目されている．その一つは，太陽中心領域で進行する核融合反応で発生するニュートリノを測定する実験であり，他の一つは太陽の固有振動を観測して太陽の内部を探ろうとする研究である．

（1） 標準太陽モデル

直接観測できない太陽の内部構造を知るには，天体物理学の理論を使う．このような理論を，恒星の内部構造と進化の理論という．詳細は 3.3 節にゆずるが，恒星の内部構造と進化の理論は，1950 年代から 1960 年代にかけて大きな進展を遂げ，現在では太陽の内部構造はよくわかっていると考えられている．

この理論によれば，太陽は中心で水素をヘリウムに変換する核融合反応でエネルギーを賄う主系列星で，恒星としてはもっとも平凡な星の一つである．内部での核融合反応の結果，星の内部の化学組成は徐々に変化する．化学組成の変化に伴い星の内部構造も変化していくが，これを時間とともに追跡することを恒星進化を計算するという．

実際，太陽の内部構造についても，恒星内部構造と進化の理論に基づき詳細な計算がされている．太陽の場合，その年齢は約 46 億年といわれており，星として誕生した初期太陽の状態から，水素の核融合反応を 46 億年続けた後の現在の太陽に至るまでの進化の計算もされている．このような計算によって得られた理論的太陽内部構造モデルを「標準太陽モデル」と呼んでいる．この標準太陽モデルによれば，現在の太陽は，中心温度が 1500 万度，中心密度が水の密度の 150 倍，核融合反応により中心の水素の約半分を消費した「中年の星」ということになっている．

（2） 太陽内部での核融合反応とニュートリノ

太陽の中心で進行している核反応は，陽子-陽子反応（p-p 反応）と呼ばれ水素 4 個をヘリウム 1 個に合成する熱融合反応である．

この反応は，簡単には，

2.1 太　　陽

$$4p \rightarrow {}^4\text{He} + 2e^+ + 2\nu_e \tag{2.1}$$

と書き表される．ここで，p，^{4}He は，陽子およびヘリウム原子核，e^+ は陽電子，ν_e は電子型ニュートリノである．すなわち，ヘリウムが 1 個生成されるごとに，2 個の電子型ニュートリノがつくられるのである．

　この水素の核融合反応の際に，エネルギーが発生する．このエネルギーは，ガンマ線とニュートリノの形で放出される．ガンマ線は X 線より高いエネルギーをもつ電磁波の一種で，太陽内部の物質と強い相互作用をする．すなわち，ガンマ線は太陽内部の物質によって吸収，再放射を繰り返しながら内部から外側に運ばれ，最終的には太陽表面から可視光の形で宇宙空間に放射される．太陽表面から放射されるエネルギーはこのように太陽内部の核反応で発生したガンマ線が形を変えたものである．

　ニュートリノは電気的に中性の素粒子で，3 種類（電子型，ミュー型，タウ型）のものが存在する．また，それぞれのニュートリノにはその反粒子があり，反粒子まで入れれば，全部で 6 種類のニュートリノが存在する．太陽内部の核反応で発生するニュートリノは電子型ニュートリノ（ν_e）である．

　太陽中心での核融合反応で発生したニュートリノは，物質との相互作用が極端に弱いため，太陽内部を素通りして直接地球までやってくる．このニュートリノを地球上で捕まえれば，太陽内部の核反応を直接“見る”ことになる．以下に述べる太陽ニュートリノ観測実験は，このようなわけで太陽内部構造の検証，ひいては恒星の内部構造と進化の理論の検証としてはじめられた．

　実際，太陽中心での核反応で発生するニュートリノの流量（フラックス）は，地球上で $1\,\text{m}^2$ あたり毎秒 600 兆個という莫大な数であると見積もられている．しかし，ニュートリノは物質とほとんど相互作用しないので，人間の体も地球もそのまま通り抜けていってしまう．ニュートリノが物質との相互作用が極端に弱いことは，また測定が極めて難しいということでもある．

26　　　　　　　　　　　　第 2 章　太陽と太陽系

（3）　太陽ニュートリノの観測実験

（a）　塩素を使ったアメリカの実験

太陽ニュートリノ実験の先駆となったのはアメリカである．アメリカのレイモンド・デービスは，1960 年代から太陽ニュートリノの観測実験を続けてきた．この実験は，アメリカのサウスダコタ州ホームステークにある廃坑の地下 1.5 km のところに 600 トンの四塩化エチレン（C_2Cl_4）というドライクリーニングに使う液体を満たしたタンクを置き，太陽から飛来するニュートリノとタンクの中の塩素の同位体 ^{37}Cl との反応の結果生成される放射性アルゴン ^{37}Ar をタンクから回収して，太陽ニュートリノ・フラックス（流量）を測定するものである．

デービスの太陽ニュートリノ観測実験は，1960 年代末ごろから結果がではじめたが，測定値が太陽内部構造モデルから予想される値の 3 分の 1 という結果になり，恒星内部構造の理論から予測されるだけのニュートリノが太陽からやってこないという困った状況になった．

いったい，太陽では理論で予測されるような核融合反応が起こっていないのであろうか．太陽は恒星としてはもっとも平凡な主系列星である．もっともよくわかっていると思われた太陽の内部構造の理論がニュートリノの観測で検証できないとなると，天体物理学の基礎が大きくゆさぶられることになる．これが有名な「太陽ニュートリノ問題」と呼ばれる天体物理学上の大問題であった．

デービスの実験は長い間，唯一の太陽ニュートリノ観測実験であったが，その後 1980 年代になって，東京大学宇宙線研究所の「カミオカンデ」による太陽ニュートリノの測定実験がはじまった．

（b）　カミオカンデによる太陽ニュートリノ測定実験

カミオカンデというのは，岐阜県神岡鉱山の中に置かれた実験装置で，これはもともと素粒子の大統一理論に基づく「陽子の崩壊」現象をキャッチしようとして建設された素粒子実験の装置であった．しかし，同時に天体からのニュートリノを測定するのに適した装置でもあり，1985 年ごろから太陽ニュートリノの測定実験もはじめていた．この装置は，神岡鉱山の地下 1000 m に 4500 トンの水を蓄え，天体から飛来するニュートリノと水の

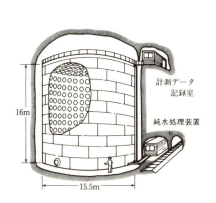

図 2-7 カミオカンデの装置の概念図とその内部の写真.

中の電子とが弾性散乱を起こし，跳ね飛ばされた電子が水中を光速より速く走ることによって生ずるチェレンコフ光を光電管で観測するものである（図 2-7）．このような実験をはじめて間もなく，1987 年に大マゼラン雲で超新星爆発が起こり，このカミオカンデにより超新星からのニュートリノをキャッチし，ニュートリノ天文学の誕生ということで一躍有名になった装置である．

デービスの実験装置と比較して，カミオカンデの優れている点は，ニュートリノを実時間で測定していること，およびエネルギーの高いニュートリノ測定ではニュートリノの飛来方向もある程度押さえることができることが挙げられる．

太陽ニュートリノについてもカミオカンデの結果が得られるようになり，その結果でも，やはり測定値は理論の半分程度ということになった．また，ガリウムを使ったヨーロッパの GALLEX と呼ばれるグループによる太陽ニュートリノ測定実験でも測定値が理論値よりも小さいことがわかった．

（4） 太陽ニュートリノ問題の解決策

太陽ニュートリノ問題の解決策として，これまで次の 3 つの異なる可能性が検討されてきた．それらは，(a)ニュートリノ測定実験の問題（実験物理の

問題），(b)ニュートリノ崩壊，振動の可能性（素粒子物理の問題），(c)太陽内部構造の問題（天体物理の問題）の3つの可能性である．

（a）　ニュートリノ測定実験の問題

第1の可能性というのは，太陽からはニュートリノが理論値と違わずに地球まできているが，測定実験のどこかに問題があり，ニュートリノの一部を捕捉しそこなっているという可能性である．

この可能性は実験が唯一であった時代にはその可能性を否定するのが難しかったが，いくつかの異なる実験がでそろい，いずれも実験値のほうが理論からの予測値より小さいということが明らかになり，現在ではこの可能性は消えた．すなわち，太陽ニュートリノ問題は実在し，なんらかの解決を要求しているということである．そこで，第2および第3の可能性について検討する．

（b）　素粒子物理学の問題の可能性

素粒子物理学のほうから考えられている可能性の一つにニュートリノ振動説というものがある．すでに述べたように，ニュートリノには電子型，ミュー型，タウ型の3種類がある．ニュートリノという素粒子は現在もよくわからない部分があり，とくにニュートリノに質量があるのかどうか，現在の素粒子論ではまだわかっていないのである．

もし，ニュートリノが質量をもっているとすると，ニュートリノが太陽から地球までやってくる間に，別の種類のニュートリノに変化してしまうことが起こる．これがニュートリノ振動説である．太陽内部の核反応で発生するニュートリノは電子型ニュートリノであり，また上述した実験で測定しているのも電子型ニュートリノである．ニュートリノが飛行中に別種のニュートリノに変化したとすれば，実験値が理論値より少ないことになる．

（c）　太陽内部構造の問題の可能性

もう一つの可能性は，標準太陽モデルにまだ問題があり，ニュートリノの理論予測値が間違っているという可能性である．このような可能性として，標準モデルでは考慮されていない強力な磁場とか速い自転などを太陽内部に仮定して，太陽内部のガス圧を下げて，ニュートリノの理論予測値を下げるという可能性などが探られたが，いずれも成功には至らなかった．

また，太陽の進化が不安定で，太陽内部での核反応の火が着いたり消えたりしていて，現在はちょうど核反応が弱い時期で，そのためにニュートリノの測定値が理論値に比べて小さいというような可能性も検討されたが，十分に説得力のある説にはならなかった．

この問題に関しては，ニュートリノとは別の方法で太陽の内部構造を観測的に検証することが強く望まれる．次の 2.1.6 項で述べる「日震学」はまさにこのような研究である．

（5）　太陽ニュートリノ問題の最終的決着

以上，見てきたのは 1990 年代半ばにおける太陽ニュートリノ問題の現状であった．21 世紀に入り，カミオカンデの後継実験装置である「スーパーカミオカンデ」およびカナダのサドバリーニュートリノ観測所（Sudbury Neutrino Observatory，通常 SNO と略す）と呼ばれる新しい実験装置による結果が出るようになった．その結果，太陽ニュートリノ問題は素粒子としてのニュートリノの問題，すなわちニュートリノ振動にその原因があることが明らかになり，太陽ニュートリノ問題は最終的に解決をみた．

スーパーカミオカンデは，カミオカンデの後継装置として 1996 年から稼働し始めた装置で，同じく神岡鉱山の地下 1000 m の場所に設置され，直径 39 m，高さ 42 m の水槽に 5 万トンの純水が貯えられたもので，カミオカンデの 10 倍以上の性能がある（図 2-8）．一方，カナダの SNO 実験は水の代わりに重水を用いた装置である．重水（D_2O）は，水分子中にある水素原子 2 個と酸素原子 1 個のうちの水素の原子核を 2 個とも重水素原子核（D と書く）で置き換えた水である．SNO 装置は，カナダのサドバリー鉱山の地下 2000 m に重水 1000 トンを貯えた装置である．

SNO 装置では 3 つの測定方法によりニュートリノを検出するが，そのうちの一つは電子ニュートリノのみを検出する測定方法である．一方，スーパーカミオカンデの測定では，観測されるニュートリノは主として電子ニュートリノであるが，反応確率が低いながら，ミューニュートリノやタウニュートリノにも反応する．2000 年代になって，これら 2 つの装置による太陽ニュートリノの測定結果が得られるようになった．その結果，両実験とも観測値は

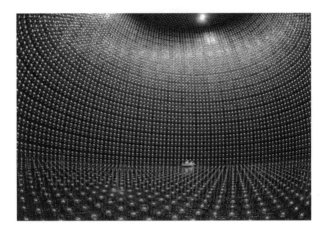

図 2-8　スーパーカミオカンデ内部の写真．2001 年に光電子増倍管の 70% が破損するという大事故が起きたが，この図は修復後の写真．

理論値の 2 分の 1 以下であったが，スーパーカミオカンデの方が少し数が多いことがわかった．そこで SNO 実験の結果とスーパーカミオカンデの結果を同時に説明するためには，電子ニュートリノだけでなく，ミューニュートリノやタウニュートリノもやってきていると結論された．これは，太陽中心付近で生まれた電子ニュートリノが，地球に到達する間に一部ミューニュートリノやタウニュートリノになっているということである．すなわち，太陽ニュートリノでニュートリノ振動が起こっていることを意味する．

　また，SNO 実験における 3 つの異なる測定方法の結果を組み合わせると，電子ニュートリノだけでなく，ミューニュートリノおよびタウニュートリノも測定でき，実際に太陽からはミューニュートリノとタウニュートリノもやってきていることが明らかになった．すなわち，ニュートリノは太陽中心から地球までやってくる間にその姿を変えたのである．

　実は，スーパーカミオカンデによる「大気ニュートリノ実験」で，やはりニュートリノ振動が起こっているという証拠が見つかっていた．大気ニュートリノ実験というのは，宇宙線が地球大気に衝突してできたニュートリノを観測する実験で，上方からくるニュートリノと下方からくるニュートリノ

（地球の反対側の大気に宇宙線が当たってできたニュートリノが地球を貫通してやってくるもの）の数を観測，比較するもので，上下非対称性があるというスーパーカミオカンデの実験結果が得られた．この結果は，ニュートリノが地球を貫通してくる間に別の種類のニュートリノに変換した，すなわちニュートリノ振動が起こっているとして理解される．

このようにして，これまで質量がゼロと思われていた素粒子のニュートリノに質量があり，その結果ニュートリノ振動が起こっていたということで，太陽ニュートリノ問題はここに完全に解決をみた．そして，太陽ニュートリノ実験を最初に発案し，アメリカのホームステークでのニュートリノ実験を主導し，「太陽ニュートリノ問題」の存在を明らかにしたアメリカのデービスと，1987年に大マゼラン雲で起こった超新星爆発で発生したニュートリノをカミオカンデ装置で観測した日本のカミオカンデ実験グループのリーダーであった小柴昌俊が，「ニュートリノ天文学」という新しい研究分野を開拓したということで，2002年度のノーベル物理学賞を受賞した．また，「ニュートリノ振動」という現象が実際に起こることを明らかにしたという業績に対して，「スーパーカミオカンデ」による大気ニュートリノ実験を主導した梶田隆章と，太陽ニュートリノのSNO実験を主導したカナダのアーサー・マクドナルドが，2015年度のノーベル物理学賞を受賞した．

2.1.6 日 震 学

太陽の観測は，光や電波，X線などによってさまざまな観測がなされてきた．しかし，それはあくまでも太陽表面から外側の観測である．太陽はガス球であるが，光球と呼ばれる表面より内部は不透明であるので，電磁波のいかなる波長域による観測でも光球より内部を直接見ることはできない．ところが，地震波を使って地球の内部構造を探るのと同じ手法で，太陽表面の振動を観測して太陽の内部構造を探ることが可能になってきた．このような研究を地震学に対応させて日震学（helioseismology）という．これは，たとえてみると，太陽に聴診器をあて，その鼓動を聴き内部の状態を知る方法といってよい．日震学により，直接目で見えない太陽内部の温度分布，回転速度分布などについて，現在ではかなり正確な知識が得られるようになってきている．

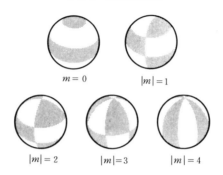

図 2-9 太陽表面での固有モードのパターンの例 ($l = 4$ で異なる m のモードの場合).

　お寺の鐘をつくとその鐘特有な音を出す．またいろいろの楽器を鳴らすと，それぞれの楽器はそれ特有の音を出す．鐘や楽器の音を聴けば，それがどのようなものかはある程度推察できる．これは，鐘や楽器にはそれぞれ固有の振動の仕方があり，それに対応して固有の音がでるからである．

　太陽をはじめ恒星の場合も，それぞれ特有の振動の仕方があり，それを太陽や星の固有振動という．振動という立場から見ると，太陽や星はそれぞれ一つひとつが楽器であるといってよい．楽器にはいろいろの種類があり，それぞれに音色が違うように，星もその質量や進化の段階によって固有振動の音色に微妙な差がある．その音色の違いを聴き分けて内部を探るわけである．

　太陽や星は自分自身がつくりだす重力と内部の高圧のガスの圧力とがつりあったガス球である．このようなガス球の固有振動は，量子力学ででてくる球面調和関数を使って記述される．そしてその固有振動モードは3つの整数の値をもつ量子数 (n, l, m) で指定される．図 2-9 は太陽や星の固有振動モードのパターンの例である．ここで，量子数 (l, m) は，表面にどれだけモザイク模様ができているか，そのパターンを表し，量子数 n は深さ方向の振動の節の数を表している．

（1）　太陽振動の観測

　すでに 2.1.2 項で述べたように，太陽表面を望遠鏡で観測すると，小さな

2.1 太　陽　　　　　　　　　33

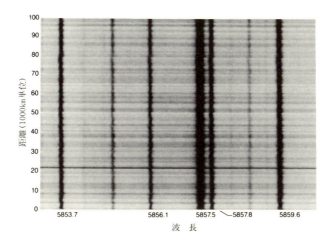

図 2-10　太陽大気の運動によるドップラー効果でギザギザになったスペクトル線．横軸は波長（オングストローム：Å），縦軸は分光器のスリットがあたっている太陽面上の距離に相当する．暗い暗線は，太陽大気ガスが，太陽内部からの光を吸収して現れた吸収線である．波長方向にギザギザしているのは，大気ガスの上下運動によるものである．

米粒状の模様（粒状斑）が見える．粒状斑は，沸騰したやかんのお湯や熱いみそ汁などで見られるのと同じ対流現象で，対流の渦を上から見たものである．実際，太陽大気が煮えたったお湯のような対流運動により上下運動をしていることは，太陽表面にスリットをあててスペクトルを撮ると，スペクトル線が対流運動によるドップラー効果でギザギザになっていることからもわかる（図 2-10）．

カリフォルニア工科大学のロバート・レイトンらは 1960 年に太陽表面の運動速度場の研究をしていて，太陽表面が周期約 5 分で振動していることを発見した．すなわち，太陽表面の運動速度場は，対流運動と振動速度場の重なったものであることがわかった．この振動速度場は，周期が約 5 分であるため太陽の「5 分振動」と呼ばれた（図 2-11）．太陽の 5 分振動は，はじめ太陽大気に局在する現象と思われていたが，その後の研究で p モードと呼ばれる太陽全体の固有振動であることが 1970 年代に入って明らかになった．p モードというのは，音波の固有振動のことである．太陽は，楽器が鳴るよ

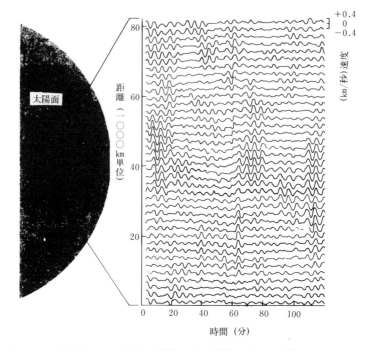

図 2-11 太陽大気の 5 分振動．横軸は時間（単位：分）で，縦軸は太陽面上のいろいろな位置（単位：1000 km）によるドップラー速度（単位：km/s）．太陽表面の長さ 8 万 km の場所について，大気の上下運動が時間とともにどう変わるかをプロットしたものである．各地点での表面のガスが，約 5 分の周期で，上下運動をしていることがわかる．

うに振動していたのである．

　太陽の固有振動の基準振動の周期は約 1 時間である．太陽の基準振動モードはまだ観測されていない．太陽全面にわたる振動を観測しそれを解析することにより，個々の固有モードに分解することができ，5 分振動が量子数 (n, l, m) が異なる何千何万個の音波の固有振動の重ねあわせであることが明らかになった．図 2-12 は，太陽振動の診断図と呼ばれる図で，観測される太陽振動のパワースペクトルを示している．実際，現在では，太陽振動に関してモードの量子数として，$l = 1 \sim 1000$，$n = 0 \sim 40$，の数千，数万の固有振動モードの振動数が観測から求められており，それを使って太陽の内部構造について多くのことが説明できるようになってきた．

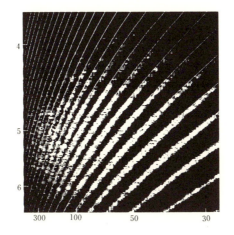

図 2-12　太陽 p モードの診断図．観測値（白色）と理論値（実線）の比較（横軸：波の水平方向の波長，縦軸：振動の周期）．

（2）　日震学でわかったこと
（a）　表面対流層の深さ

太陽中心領域における核融合反応で生じたエネルギーは，中心から表面へ向けて太陽内部を放射の形で運ばれてくる．しかし，太陽の表面から深さで約 20〜30% では，エネルギーは主に対流によって運ばれている（表面対流層）．ところが，この表面対流層がどのくらい深くまで達しているかということについては，対流によるエネルギー輸送についての理論が不十分で，純理論的に表面対流層の深さを正確に決定することができなかった．ところが，5 分振動を使った日震学により太陽の表面対流層の深さを観測から決めることが可能になった．それによると，対流層の深さは太陽半径の約 30% で，以前考えられていたより，対流層は深いことが明らかになった．

（b）　太陽内部の音速分布

太陽振動は p モードと呼ばれる音波の固有振動モードである．したがって，その振動数は内部の音速分布を反映しているはずである．実際，この固有振動の振動数のモード依存性を解析することにより，太陽内部の音速を求めることができる．

音速は基本的には温度によって決まるので，太陽内部の温度分布を求めることができるといってよい．太陽ニュートリノの観測から太陽標準モデルに対して疑問が投げかけられたわけであるが，日震学のほうからは現在の標準太陽モデルで大きくは間違っていないという保証が得られたのである．

しかし，より厳密な比較をすると，太陽振動の振動数について観測と理論の間に約 0.3% ほどの食い違いがある．これは，一見するときわめて小さい数字であり，天体物理学の常識からすると，無視してよいと思われるかもしれない．ところが，太陽固有振動の観測値および理論値の精度はいずれもこれよりも高く，この差は有意な差であるといえる．現在の標準太陽モデルは，まだ改良の余地があるということである．

（c） 太陽内部の自転速度分布

太陽表面にできる黒点が太陽表面上を移動していくことから，太陽が自転していることはすでにガリレオによって知られていた．太陽の自転は，剛体の回転のようにすべての物質が一様な角速度で回転しているのではなく，太陽の赤道部分のほうが極近くより速く回転する差動回転と呼ばれる自転である．このような観測は太陽表面にできる黒点などの移動から求められたもので太陽表面近くの自転のようすを表すと考えられている．日震学を使うと，太陽のもっと奥深い内部の自転速度分布も求められる．

量子数 n, l が等しく m のみが異なるモードの振動数の差から，太陽内部の自転角速度分布を求めることができるようになってきている．太陽内部の自転角速度分布については，以前からいろいろの論争があり，表面にくらべて内部はずっと速い角速度で回っているとする考え方があった．しかし，日震学により太陽内部の自転角速度は表面の値とあまり変わらないことが明らかになった．

実際，対流層の下の放射層での自転速度は一様回転（剛体回転）に近く，その回転角速度は表面での中緯度での回転角速度に近い．そして，自転角速度の急激な変化は対流層の底の非常に薄い層に集中していて，この層を「速度勾配層（タコクライン）」と呼んでいる．この速度勾配層がダイナモ機構で必要とされる差動回転を供給している可能性があり，現在精力的に研究されている．

2.2 太陽系の姿

2.2.1 新しい太陽系像

従来，太陽系には水星，金星，地球，火星，木星，土星，天王星，海王星，冥王星の9個の惑星があるということになっており，また学校教育でもそのように教えられてきた．しかし，以下に説明するような事情で，これまで惑星とされていた冥王星が惑星の定義からはずれ，準惑星（dwarf planet）と呼ばれる天体に分類されることになった．その結果，太陽系の惑星の数は8個ということになった．

近年，海王星の外側，太陽系外縁部に冥王星に匹敵する天体が次々に発見され，これらの天体を惑星と呼ぶかどうかという問題が持ち上がり，2006年に開催された国際天文学連合の総会で惑星の定義について検討されることになった．実は，これまでは惑星の定義はほとんど自明ということで，敢えて厳密な定義はされていなかったのである．国際天文学連合の総会で採択された惑星の定義は，（1）太陽のまわりを回り，（2）質量が十分大きいため自己重力で，ほぼ球形の重力平衡状態を持ち，（3）自分の軌道周辺から他の天体を一掃している，という3つの条件を満たすというものである．この定義によれば，冥王星は第3の条件を満たさず，惑星からはずれることになる．上記の会議では，冥王星のように（1），（2）の条件を満たすが，（3）の条件を満たさない天体を「準惑星」と呼ぶことになり，冥王星と小惑星の中で最大の「ケレス」，最近見つかった冥王星に匹敵する天体「エリス」の3つを準惑星と定義することになった．その後さらに，「マケマケ」と「ハウメア」という2つの天体が準惑星と定義されることになった．冥王星，エリス，マケマケ，ハウメアはいずれも海王星より外側にある準惑星で，これらを「冥王星型天体」と呼ぶ．今後，太陽系外縁部についての研究が進むと，冥王星型天体の数が増えることが考えられる．なお，今回の惑星の定義，準惑星という新たな天体の導入および「準惑星」という呼称に関しては，天文学者の間で現在も議論の続いている問題である．

冥王星を惑星の定義からはずすきっかけになったのは，海王星の外側にた

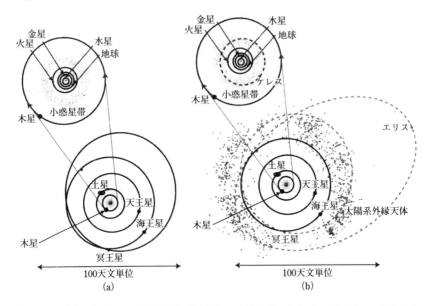

図 2-13 (a) これまでの太陽系像と (b) 新しい太陽系像. ケレス, 冥王星, エリスの3つの準惑星の軌道は破線で描かれている.

くさんの小天体（太陽系外縁天体）が次々と発見され，その中に冥王星に匹敵する大きさの天体（冥王星型天体）が発見されるようになったからである．従来の太陽系像としては冥王星が太陽系の最果ての天体ということであったが（図 2-13(a)），新しい太陽系像では太陽系は冥王星のはるか外側まで広がっているというものである（図 2-13(b)）．

2.2.2 太陽系天体の大きさと軌道

太陽系内の主要天体の基本量について表 2-1 に示す．この表からわかるように太陽自身が太陽系の質量の 99.9% を占めており，残りの 0.1% の大部分を木星が占めている．地球を含めた他の惑星からの寄与はさらに少ない．太陽系内の天体は，基本的には黄道面と呼ばれるほぼ同一平面内を同じ方向に太陽のまわりを回っている．

2.2 太陽系の姿

表 2-1 太陽系天体の諸量.

(1)	(2)質量 （地球＝1）	(3)赤道半径 （1000 km）	(4)密度 （g/cc）	(5)軌道長半径 （天文単位）	(6)離心率	(7)軌道 傾斜角（°）	(8)軌道周期 （太陽年）
太陽	3.33×10^5	696	1.41	–	–	–	–
水星	0.055	2.44	5.43	0.387	0.205	7	0.241
金星	0.815	6.05	5.24	0.723	0.007	3.4	0.615
地球	1.000	6.38	5.52	1.000	0.017	–	1.000
火星	0.107	3.40	3.93	1.524	0.093	1.85	1.881
木星	318	71.5	1.33	5.203	0.048	1.30	11.86
土星	95.2	60.3	0.69	9.55	0.055	2.49	29.46
天王星	14.5	25.6	1.27	19.2	0.046	0.77	84.02
海王星	17.2	24.8	1.64	30.1	0.009	1.77	164.8
月	0.0123	1.74	3.34				

（1） 惑星の大きさ

（a） 地　球

地球は赤道がほんのわずかだけふくらんだ回転楕円体で，その半径は約
6400 km である．これは，距離の単位として，地球の赤道から極までの距離
の 1 万分の 1 を 1km と定義したことに由来する.

太陽系内で一番大きな惑星である木星は，半径が地球の 11 倍，質量は地
球の約 300 倍，太陽の質量の約 1000 分の 1 である.

（b） 地球型惑星と木星型惑星

太陽系内の惑星は，基本的にはサイズが小さく密度の高い地球型惑星とサ
イズは大きいが密度が低い木星型惑星の 2 つに分かれる．水星，金星，地
球，火星が地球型惑星で，平均密度が 3～5，岩石質の表面をもちいずれも小
惑星帯よりも内側に位置する惑星である．それに対して，木星，土星，天王
星，海王星が木星型惑星で，平均密度は 0.7～1.7，水素とヘリウムからなる
大きな大気をもつ巨大ガス惑星である.

図 2-14 に太陽と比較した相対的な惑星の大きさを示す．この図からそれ
ぞれの惑星の大きさを実感できる.

（2） 惑星の軌道

太陽と地球間の平均距離は 1 億 5000 万 km，光の速さで 8 分 19 秒かか
る．この長さを，天文学では 1 天文単位（1 AU と書く）と呼んでいる．天

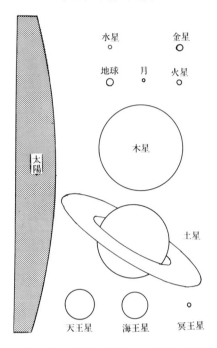

図 2-14 惑星（および月と冥王星）と太陽の相対的大きさ.

文単位はもっとも基本的な量である．惑星は太陽のまわりを円に近い楕円軌道を描いて公転している．太陽系内の惑星はほとんどすべて同一平面（黄道面）内を公転している．惑星の中で軌道面が黄道面から一番傾いているのが水星で，その軌道傾斜角は 7°，他の惑星の軌道傾斜角は 3.4° 以内におさまっている．太陽系内の天体の軌道のようすを図 2-15 に示す．

太陽から惑星までの平均距離（楕円軌道の長半径 a）を天文単位で表した場合，いろいろな惑星までの距離が次のような簡略式，

$$a = 0.4 + 0.3 \times 2^n$$

でよく近似できることが知られており，チチウス・ボーデの法則（あるいは単にボーデの法則）と呼ばれている（表 2-2）．このボーデの法則は単なる経験式にすぎないが，太陽系内での惑星形成が太陽からの距離の関数として指数関数的に実現したことを示唆している．また，この式で $n = 3$ に対応する

2.2 太陽系の姿

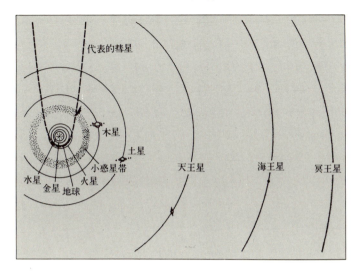

図 2-15 太陽系. 惑星の大きさは 4000 倍に拡大して描いてある.

表 2-2 惑星軌道長半径とボーデの法則.

	水星	金星	地球	火星		木星	土星	天王星	海王星
n の値	$-\infty$	0	1	2	(3)	4	5	6	7
ボーデの法則	0.4	0.7	1.0	1.6	(2.7)	5.2	10	20	39
実際の軌道長半径	0.39	0.72	1.00	1.52		5.2	9.55	19.2	30.1

ところに惑星が存在しないが,そこは多くの小惑星が存在する小惑星帯に対応している.

　天文学的数字という表現があるが,宇宙の大きさを実感するにはまず太陽系の大きさからはじめるのがよい.太陽系の大きさを 100 億分の 1 に縮尺すると,太陽は直径 14 cm のリンゴ大の大きさになり,地球はそこから 15 m 離れたところにある 1.4 mm のケシ粒ほどの大きさ,土星は 150 m 先になる.太陽系内で一番遠い惑星である海王星の軌道を太陽系の大きさと考えると,太陽系は太陽を中心にした直径 1 km の円盤と見なすことができる.実際の太陽系では,後ほど見るように,冥王星に代表される太陽系外縁天体と呼ばれる小天体が海王星の軌道の外側まで広がっている.太陽系を後にして太陽系外へ足をのばすと,一番近い恒星は 4.3 光年で,この縮尺では

42   第 2 章　太陽と太陽系

4000 km 先にあたる．宇宙の果ては 138 億光年先であるから，一番近い恒星
からさらにその 32 億倍のところにあることになる．

（3）　惑星の自転

　太陽系の天体は，太陽を中心に黄道面と呼ばれる円盤上を公転している．
唯一の例外は，彗星（ほうき星）で，彗星の中にはその軌道面が黄道面から
90° あるいは 180° 近くも傾いたものがある．

　太陽系内天体の自転については，基本的には太陽を含めて太陽系の天体の
公転と同じ方向に回転している．これは，基本的には太陽系の形成過程と深
く結びついていると考えられている．しかし，これには 2 つの例外があり，
その 1 つが金星の自転で，金星の自転は逆回転で自転周期は 243 日である．
また，天王星の自転軸は軌道面に対して横倒しになっている．

2.2.3　惑星運動についてのケプラーの 3 法則

　17 世紀に活躍したドイツの天文学者ヨハネス・ケプラー（1571–1630）は，
デンマークの天文学者チコ・ブラーエ（1546–1601）が行った精密な惑星の
位置についての観測結果を整理して，ケプラーの 3 法則と呼ばれる法則を発
見した．ケプラーの 3 法則は次のように表される．

1. 惑星は太陽を一つの焦点とする楕円軌道上を動く（楕円軌道の法則）．
2. 太陽と惑星とを結ぶ線分が一定時間に描く三角形（扇形）の面積は一
   定である（面積速度一定の法則）．
3. 太陽系のすべての惑星，彗星などについて，公転周期（T）の 2 乗は，
   軌道長半径（a）の 3 乗に比例する（調和の法則）．

式は

$$\frac{a^3}{T^2} = 一定 \tag{2.2}$$

　ケプラーの第 1 法則は楕円軌道の法則と呼ばれるもので，図 2-16(a) に示
すように，惑星の軌道は楕円で，太陽は楕円の中心ではなく楕円の一つの焦
点に位置している．ケプラー以前の天文学者は天体の軌道について円を基準

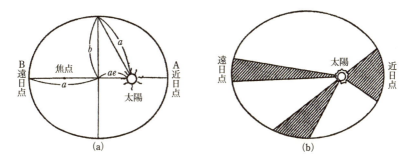

図 2-16 (a) 惑星の楕円軌道（ケプラーの第1法則）と (b) 面積速度一定の法則（ケプラーの第2法則）.

にして考えていたのに対して，ケプラーがはじめて惑星の軌道として楕円軌道という正しい答えを出したのである．

数学的にいうと，楕円は2つの固定点からの距離の和が等しい点の軌跡で，2つの固定点が焦点である．楕円の中心を原点にする直交座標 (x, y) において，楕円の方程式は

$$\left(\frac{x}{a}\right)^2 + \left(\frac{y}{b}\right)^2 = 1 \tag{2.3}$$

と書かれる．ここで，a, b は楕円の長半径，短半径と呼ばれる量で，長軸，短軸の長さを表している．楕円の円からのずれを表す量として，以下の式で定義される離心率（e）がある．

$$e = \sqrt{1 - \left(\frac{b}{a}\right)^2} \tag{2.4}$$

前記直交座標で，楕円の焦点は $(\pm ae, 0)$ という位置にあり，太陽はそれらのいずれかに位置している．惑星の軌道上で太陽に一番近い点を近日点，一番遠い点を遠日点という．円は楕円の2つの焦点が一致した特別の場合に対応する．

第2法則である面積速度一定の法則によれば，惑星の公転速度は一定ではなく，太陽に最も近い点（近日点）で最も速く，太陽から遠い点（遠日点）で最も遅い（図2-16(b)）．この第2法則は，ニュートン力学において力が中心力の場合の角運動量保存則に対応している．ケプラーの3法則は，惑星に

44 第 2 章 太陽と太陽系

限らず，太陽系内天体で太陽の引力を受けて運動する天体すべて（小惑星，彗星など）にも当てはまる．

アイザック・ニュートン（1642–1727）が惑星運動についてのケプラーの3法則から万有引力の法則を発見した話はあまりにも有名である．ニュートン力学の最初の勝利はエドモンド・ハレーによってもたらされた．ハレーは，1682 年に出現した大彗星についてニュートン力学を使って軌道計算をし，周期 76 年の楕円軌道であることを知った．そして，それから 76 年後の1759 年にこの彗星が再現することを予言した．ハレー自身は予言を確かめる前に亡くなったが，1759 年に予想通り彗星は出現し，「ハレー彗星」と名づけられた．

2.2.4 地球型惑星と月

すでに見てきたように，太陽系の惑星は，地球型惑星と木星型惑星の 2 つに分類される．地球型惑星は，水星，金星，地球，火星の 4 つでその表面が岩石質の固体表面を持つことが特徴である．以下にそれぞれの惑星の各論について述べる．

（1）水　　星

水星は太陽に最も近い惑星で，その大きさは半径が 2439 km，地球半径の0.4 倍，質量は地球の 0.055 倍という小さな惑星である．太陽系内の惑星では最大の離心率（$e = 0.205$）の楕円軌道を持っている．公転周期は 88 日，内惑星であるため，太陽からある角度以上離れない（最大離角）．その最大離角は，18°〜28° の間を変動する．

水星の自転周期は長い間不明であったが，水星にレーダーで電波をあててその反射波のドップラー効果から自転周期は公転周期の 2/3 倍の 56.65 日であることがわかった．水星の 1 日の長さは，公転周期の 2 倍の 176 日である．水星には大気がないので，昼間は 350℃ になるが，夜は −100℃ 以下にまで下がる厳しい環境である．

惑星探査機として水星を観測したのは 1973 年に打ち上げられた「マリナー 10 号」で，水星に接近し，水星の表面の写真を撮影した．それによれ

ば，水星の表面には月表面にあるようなクレーターがたくさん見つかった．

なお，水星は衛星を持たない．衛星を持たない太陽系内の惑星は，水星と金星だけである．

（2）　金　　　星

金星は，「宵の明星」，「明けの明星」として，夕方の西空，明け方の東空に明るく輝き，最も明るくなったときには −4.7 等と 1 等星の 100 倍にも達する，地球から見て，太陽，月に次ぐ明るい天体である．

金星は半径，質量などの点で地球に一番似た天体で，半径は 6052 km で地球の半径の 0.95 倍，質量は地球質量の 0.815 倍である．金星は厚い雲に覆われているので，可視光や赤外線望遠鏡では表面の模様を見ることができない．ソ連の探査機ベネラ 9 号，10 号が金星表面に着陸して観測を行った．金星の表面は，気温が 400℃ と高温で，気圧は 90 気圧もある．大気の成分は CO_2 が 95% で，残りは N_2 である．金星の自転周期は 243 日で，公転とは逆方向に自転している．一方，金星大気には「スーパーローテーション」といって，4 日で 1 回転してしまうほど高速の流れが存在する．

（3）　地　　　球

地球は水の惑星ともいわれ，液体の水が存在し，また生命を宿すという点でユニークな惑星である．地球の太陽からの平均距離は 1 億 5000 万 km（1 天文単位），地球の自転周期は 23 時間 56 分（1 恒星日），公転周期は 365.2564 日（1 恒星年），赤道傾斜角 23.5° である．地球表面の約 3 割が陸地，7 割が海洋で，水の惑星とよばれる所以である．地球は太陽からの距離，自転周期，赤道傾斜角などが適当で，大気，海洋に恵まれ，生物の生存に都合のよい環境が整った惑星である．

地球大気の組成は，N_2 が約 78%，O_2 が約 21% である．地球大気の起源としては，火山活動など惑星の内部からの脱ガスでできたと考えられている．今から約 38 億年前に原始の海の中に地球上最初の生命が誕生し，その後，38 億年かけて生命は進化を遂げ，現在のような多種多様な生物を生み出してきた．動物の呼吸に必須の酸素（O_2）であるが，地球が誕生した初期の

図 2-17 夜半球の地球の衛星写真．世界地図の中で人工の光が強い場所がよくわかる．[NASA 提供]

原始大気には酸素は含まれていなかったと考えられている．酸素（O_2）は，シアノバクテリアと植物の炭酸同化作用により，二酸化炭素（CO_2）からつくられたと考えられている．

地球の内部構造であるが，中心にコア（核），それを取り巻くマントル，そして表面の薄い皮のような地殻からなっている．マントルは，ケイ酸塩などの岩石からなる固体であるが，地質学的な時間スケールでは粘性流体としてふるまい，大陸移動を引き起こす原動力になるマントル対流が起こる．核は鉄とニッケルの合金からできており，さらに内核と外核の2つの部分からなる．外核は地震波の横波が伝わらないことから液体でできており，一方内核は固体からなる中心核である．

21世紀に入り，人間の活動に伴う地球の環境問題が大きくクローズアップされている．二酸化炭素（CO_2）などの温室効果ガスの排出による地球温暖化，人口増加，資源の枯渇といった問題である（図 2-17）．こうした問題を解決するためには，人類が宇宙の中の人間という立場で，人類と地球の未来について考えていくことが重要である．

(4) 月

地球の衛星である月は，半径は 1738 km で地球のそれの約 1/3.7，質量は

地球の約 1/81，表面重力は地球の約 1/6 である．月の地球のまわりの公転軌道面（白道）は，地球の公転面（黄道）に対して 5°9′ だけ傾いている．

月の公転周期と自転周期とは等しく 27.32 日で，そのため月はいつも地球に同じ面を向けている．月の表面には多数のクレーターがある．クレーターは隕石（小惑星などの小天体）の落下による痕である．地球にも隕石の衝突はあるが，地球の場合，大気や水の浸食作用により隕石孔は時間が経つと消されてしまう．それでもアリゾナの隕石孔（直径 1.3 km，深さ 180 m）など，地球でも最近たくさんの隕石孔が見つかってきている．

月の起源としては，巨大衝突説（ジャイアント・インパクト説）が有力である．この考えによれば，地球誕生初期に火星クラスの原始惑星が地球に衝突し，それによってできた地球まわりの円盤状に分布する破片が集まって月ができたというものである．

月は 1960 年代のアメリカのアポロ計画で地球以外に人類が着陸した唯一の天体である．また，2007 年に日本が打ち上げた人工衛星「かぐや」は，月の起源と進化を調べることを目的にした本格的月探査衛星で，月周回軌道に入り，月の全域について元素・鉱物分布，地形・表層構造，重力分布，磁場分布などについてこれまでにない高い精度の観測を行い，すでに月の表面の精密な地形図を作ることに成功している（図 2-18）．

図 2-18 日本の月観測衛星「かぐや」によるハイビジョンカメラで撮影された月面写真．［JAXA 提供］

（5）火　星

　火星は地球のすぐ外側をまわる惑星で，地球に近い天体として古くから生命の存在の可能性が疑われてきた天体である．そのため，いくつかの惑星探査機が火星に向けて打ち上げられ，その中には火星の表面に着陸して表面の岩石などの分析を行ったりしているものもある．

　火星の半径は，3397 km で地球の 0.53 倍，質量は地球の 0.107 倍で，金星とは違って小さな惑星である．火星の自転周期は 24 時間 37 分，赤道傾斜角は約 25° と地球の値によく似ている．そのため，火星には地球と同じく季節の変化があり，火星の両極にある白い極冠は季節により大きさが変化する．極冠はドライアイス（CO_2 の氷）と水の氷からできていて，季節により変化するのはドライアイスの極冠が消長するためと考えられている．火星には二酸化炭素を主成分とする大気があるが，表面での気圧が地球の気圧の 1000 分の 6 と，地球に比べて薄い．火星には太陽系で最大の火山であるオリンポス山があり，その高さは 25 km，直径は 600 km にもなる．また，現在の火星表面には水は存在しないが，昔，水が流れたと推定される地形がいくつか見つかっており，過去には火星表面に大量の水が存在していた可能性が推定されている．

　火星にはファーボスとダイモスという 2 つの衛星があるが，いずれも直径 20 km 程度と他の惑星の衛星に比べて小さい．そのため，ファーボス，ダイモスともに（天体の重力平衡形状である）球形ではなく，ジャガイモのような形をしていて，表面にはクレーターがある．

2.2.5　木星型惑星

　地球型惑星に対比されるのは木星型惑星で，木星，土星，天王星，海王星の 4 つである．

　木星型惑星の特徴は，太陽系で地球型惑星の外側を公転していて，半径が地球型惑星に比べて大きく，固体の表面をもたない巨大ガス惑星である．その平均密度は 1 g/cm^3 前後と水の密度に近く，地球型惑星の 5 g/cm^3 に比べて小さい．また，土星がリングを持つことは有名であるが，最近になって木星，天王星，海王星にもリングが見つかっている．地球型惑星の場合，衛

星を持つのは地球と火星だけで，その衛星の数は地球が 1 個，火星が 2 個と少ない．それに対して，木星型惑星は多数の衛星を持つことも大きな特徴である．

（1）木　　星

木星は太陽系内で最大の惑星で，半径は 7 万 1500 km で地球の約 11 倍，太陽の約 1/10 である．質量は地球の約 318 倍，太陽の約 1/1000 である．

木星の自転周期は 9 時間 50 分と，その大きな図体にかかわらず速い．その結果，木星は自転による遠心力で赤道部分が膨らんだ扁平な形をしている．木星はガス惑星として知られるように地球の固体地面に対応する層がなく，厚い大気で覆われている．木星の大気の組成は太陽と似た元素組成で，水素とヘリウムが主要成分である．また，表面には大赤斑という模様が見えるが，これは大気の対流の渦である．

木星の内部構造であるが，中心に地球型惑星の岩石と鉄でできた核があり，それを金属水素と液体水素の層が取り巻いていると考えられている．

木星には多数の衛星があり，2023 年の理科年表によれば，軌道が決定し登録番号のついている衛星だけで 72 個あり，その他に存在は確認されているがまだ登録番号がつくところまで行っていないものを含めると 80 個の衛星がある．木星の衛星としてはガリレオが見つけた 4 個の大きな衛星があり，木星に近い側からイオ，エウロパ，ガニメデ，カリストである．また，惑星探査機ボイジャーがイオで火山噴火を観測したことは有名である（図 2-19）．

また，木星は磁場を持ち，磁極のところでオーロラ現象が観測されている．木星は惑星の中で一番強い電波を放射しており，その強度が一番強い波長はおよそ 10 m の電波であり，木星デカメータ電波と呼ばれている．

（2）土　　星

土星は太陽系で 2 番目に大きな惑星で，半径は約 6 万 km で地球の約 10 倍，質量は地球の約 95 倍である．土星の平均密度は，0.71 g/cm^3 と水の密度より小さい．もし土星を入れる大きな器があれば，土星は水に浮いてしまうということである．

図 2-19　惑星探査機「ガリレオ」が撮影した木星の衛星「イオ」．2つの火山の噴煙が撮影されている．1つはイオの左側縁から上空に伸びた噴煙（挿入の拡大図上），もう1つは画面中央，昼夜の境界の昼側にある「プロメシウス」火山からの噴煙とその影（拡大図下）．[NASA 提供]

図 2-20　土星探査機「カッシーニ」が土星とリングを上から見下ろした位置で撮影したもの．[NASA 提供]

　土星も木星と同じように速く自転していて，その自転周期は10時間14分である．土星はリング（環）を持つことで有名であるが，リングは直径数センチメートルの氷片が多数円盤状に集まって，土星のまわりを公転している（図 2-20）．土星も多数の衛星を持つが，その中の一つタイタンは大気を持つことで知られている．

2.2 太陽系の姿

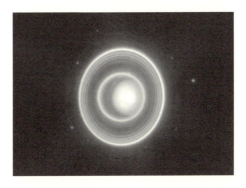

図 2-21 ジェイムズ・ウェッブ宇宙望遠鏡（JWST：5.3 節参照）による天王星の赤外線画像．横倒しになった天王星とそのリングがきれいに見えている．また，天王星の主な衛星もリングの外側に写っている．

（3）天王星

大昔から知られていた 5 個の惑星（水星，金星，火星，木星，土星）以外の惑星で最初に発見されたのが天王星で，1781 年にウィリアム・ハーシェルによって発見された．天王星は，明るさは約 5 等で，軌道長半径は約 19 天文単位，公転周期は 84 年である．天王星の赤道半径は 2 万 5500 km，質量は地球の 14.5 倍である．自転周期は 17 時間 14 分であるが，赤道傾斜角が 97.9 度とほとんど横倒しの状態で自転している．

天王星に環（リング）があることは，1977 年に天王星の星食（恒星が惑星に隠される現象）の際に発見された．星食が起こる前後に星が 5 回ほど減光したことから 5 個のリングがあることがわかった．その後の惑星探査機による観測で，天王星には全部で 11 個のリングがあることが判明した（図 2-21）．

（4）海王星

天王星発見後 60 年以上経過した頃，天王星の軌道が未知の天体による引力を受けて，ふらついていることがわかり，未知の天体の捜索が始められた．1846 年にフランスのロジェ・ルベリエが天体力学を使って未知の惑星の位置を計算，ドイツのヨハン・ゴットフリート・ガレがルベリエの予測位

置に新しい惑星を発見，海王星と名づけられた．海王星の発見は，このように「天体力学の勝利」として知られる画期的な出来事であった．

海王星の軌道長半径は 30.11 天文単位，公転周期は 164.8 年で，太陽系内で太陽から最遠の惑星である．海王星の半径は天王星の半径より少し小さいが，その質量は地球の 17 倍と天王星よりわずかに重い．海王星には現在までのところ 14 個の衛星が知られているが，その中の最大の衛星トリトンは大きさおよび質量が冥王星とほとんど同じで，冥王星と双子説がある．

2.2.6 太陽系内小天体

太陽系内には惑星と衛星以外にもたくさんの小天体が存在する．

（1）小 惑 星

すでに 2.2.2 項で述べたように，火星の軌道と木星の軌道の間には大きな間隙があり，チチウス・ボーデの法則の $n = 3$ に対応する惑星が存在しない．そこで $n = 3$ に対応する天体を探す試みがなされていたが，19 世紀の最初の年にイタリアのジュゼッペ・ピアッジが火星と木星の間に新しい天体を発見，「ケレス」と名づけられた．この天体は軌道長半径が 2.77 天文単位で，チチウス・ボーデの法則が予測する 2.8 とよく一致していた．ところがその後，1802 年に「パラス」，1804 年に「ジューノ」，1807 年に「ベスタ」と同じような天体が次々に発見され，いずれもこれまで知られていた惑星に比べて大きさが小さく，惑星ではなく「小惑星」と名づけられた．

小惑星は，その大部分が火星と木星の軌道の間にある小天体で，一番大きな小惑星がケレスで，直径が 914 km である．その後，ケレスに比べてずっと小さい小惑星が次々に見つかり，またサイズが小さい小惑星ほどたくさん存在する．小惑星は太陽系形成過程で惑星にまで成長できなかった微惑星（微惑星については次の 2.2.7 項参照）と考えられている．これまで発見された小惑星の数は 100 万個を大きく超えている．こうして発見された小惑星で軌道が確定したものには小惑星番号が付され，その数は約 50 万個を超えており，さらに命名されたものの数は 2 万個以上ある．

小惑星の研究では，日本人天文学者，平山清次が 1918 年に同じ起源を持

2.2 太陽系の姿

図 2-22　日本の探査機「はやぶさ」が撮影した小惑星「イトカワ」の姿．[JAXA 提供]

つと思われる「小惑星の族」という概念を世界に先駆けて提案したことは特筆に値する．現在では平山の「族」は小惑星研究においてもっとも重要な概念の一つとなっている．

　また，日本の小惑星探査機「はやぶさ」が 2005 年 9 月に大きさが 500 m という小惑星「イトカワ」に到着し，「イトカワ」の表面物質を採取，地球に持ち帰った（図 2-22）．さらにその後継機である「はやぶさ 2」は 2018 年に小惑星「りゅうぐう」に到着，「りゅうぐう」の砂や石を採取し，それらの入ったカプセルを地球に帰還させた（2020 年 12 月）．「りゅうぐう」は炭素型（C 型）と言われる種類の小惑星で，有機物を含む可能性のある小惑星である．実際，「りゅうぐう」で採取された試料を解析した結果，アミノ酸などの有機物の存在が確認された．地球上での生命の起源と関連して，生命の材料になるアミノ酸などの有機物の起源として宇宙からもたらされたという説があり，それに力を貸すような結果であった．

　また，アメリカ NASA の小惑星探査機「オシリス・レックス」が，小惑星「ベンヌ」から採取した試料を入れたカプセルの回収に成功した（2023 年 9 月）．

（2）　冥王星と太陽系外縁天体

　1846 年の海王星発見以後，新しい惑星の発見はしばらくなかったが，1930 年にアメリカのクライド・トンボーが海王星の外側を公転する新惑星を発見，「冥王星」と名づけられた．そこで太陽系の惑星は，太陽から近い順に，

水，金，地，火，木，土，天，海，冥という言い回しで記憶する9個の惑星の時代が，70年以上続くことになる．

　冥王星は赤道半径が1140kmで月の半径1740kmよりも小さな天体で，地球型惑星，木星型惑星のどちらにも属さない例外的な惑星であった．また，冥王星の軌道離心率および軌道傾斜角が，それぞれ0.249と17.1°と，他の惑星と比べて大きな値を持つ．また大きな離心率のため，冥王星の軌道は海王星の軌道の内側まで入っている．しかし，3次元的に見ると，海王星の軌道と冥王星の軌道は交差していない．また，冥王星と海王星の軌道周期は3：2の整数比の共鳴関係になっていて，両者が接近するのを避けるようになっている．

　冥王星が発見されると，さらにその外側に第10惑星ともいえる惑星が存在するかどうかが問題になる．しかしその後，長い間冥王星より遠い軌道を持つ天体は見つからなかった．ところが1992年にハワイ大学のデビット・ジューイットとジェーン・ルーが冥王星の外側を公転する新天体を発見，1992QB1と名づけられた．この天体は直径が300km程度で冥王星に比べても小さな天体であった．その後，このような天体が次々に見つかってきた．

　実は「彗星はどこからやってくるのか」という彗星の起源に関連して，「オールトの雲」と「カイパーベルト」という2つの場所が太陽系内に理論的に想定されていた．オールトの雲はオランダの天文学者ヤン・オールトが最初にその存在を提唱したもので，太陽からはるかかなた$10^4 \sim 10^5$天文単位という遠いところに太陽を球形に包む彗星の巣（これを「オールトの雲」と呼ぶ）があり，そこにある小天体がときどき太陽系の内側に落ちてきて，放物線軌道に近い長周期の彗星として観測されるという考えである．

　一方，カイパーベルトは，オランダ生まれのアメリカの天文学者ジェラルド・カイパーが1950年代に提案した考えに基づくものである．それによると，太陽系ができるとき，惑星になりそこなった氷の小天体が，海王星の外側，数十天文単位のところに円環（ベルト）状に存在していて（これを「カイパーベルト」という），これらの小天体が天王星や海王星などの重力でゆさぶられて，ときどき太陽系の内側に入ってきたのが，短周期の彗星である

という考えである.

1992 年以後に冥王星以遠に見つかった小天体は,「カイパーベルト」に起源を持つ天体で,「カイパーベルト天体」あるいは「エッジワース・カイパーベルト天体」(EKBO) とも呼ばれる. なお, ケネス・エッジワースはカイパーとは独立に同じような考えを提案した人である. いったんカイパーベルト天体が見つかり出すと, 次々にこのような天体が見つかり, すでに 1000 個以上のカイパーベルト天体が見つかっている. そしてその中には大きさで冥王星に匹敵するような天体も見つかってきた. 2003 年に見つかり, 現在「エリス」の名前で知られる天体は直径が 2400 km で冥王星に匹敵する大きさを持っている. 冥王星はカイパーベルト天体の中の特別大きな天体の一つということである.

すでに 2.2.1 項で述べたように, このような事情で太陽系の惑星の定義が再検討され, 冥王星は惑星の定義からはずれた. また, 海王星の外側にある小天体, すなわちエッジワース・カイパーベルト天体を「太陽系外縁天体」(英語で Trans-Neptunian Object 略して TNO) と呼ぶことになった. 太陽系外縁天体の中には直径が 1000 km を超すものがいくつかあり, 今後も準惑星と定義されるものが増えていくことが予想される. また太陽系外縁天体の中にはその軌道が冥王星の軌道の 10 倍にまで達するものがあり, 太陽系の大きさも見直されることになる.

（3） 彗星と流星

夜空に長い尾を引いて現れる彗星（ほうき星）は古くから人々の関心を引いてきた. 彗星は太陽系のはるか彼方から, 細長い楕円軌道あるいは放物線軌道を持って太陽に近づいてくる小天体である. 彗星は頭と呼ばれる明るい部分と尾からできている（図 2-23）. 頭は彗星の本体である固体の核とそれを取り巻く明るく輝く「コマ」からなる. 尾は太陽と反対方向にまっすぐ伸びるイオンの尾と, 曲がった塵の尾がある. イオンの尾は電離したガス（プラズマ）で, 太陽風によって太陽と反対方向に吹き流される. 一方, 塵の尾は固体微粒子からなる尾で, 彗星の軌道に沿って長く伸びる.

彗星の本体である核は, 大きさが直径数 km で, 通常‘よごれた雪だるま’

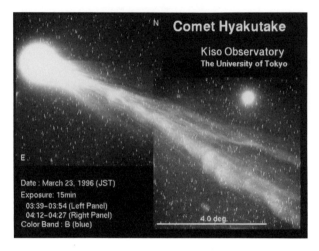

図 2-23　1996 年 3 月末に地球に大接近した百武彗星．［木曾観測所撮影］

と形容されるように氷など揮発性の固体成分と塵からなる．彗星は太陽からはるか彼方にあるときは，小さな小惑星のような固体の天体であるが，太陽に近づくと，太陽の強い放射を受けて，揮発性成分が昇華し，それに伴いガスと塵が核から放出され，コマと尾ができ，ほうき星の姿になる．

　彗星には公転周期が 200 年以下の短周期彗星と公転周期がきわめて長い長周期彗星がある．すでに本項（2）で述べたように，短周期彗星の多くは海王星の外側を公転するカイパーベルト天体が海王星や天王星の重力で軌道を乱され，太陽系の内側まで落ちてきたものと考えられる．一方，長周期彗星はオールトの雲にあった小天体がなんらかの原因で太陽系の内側まで落ちてきたもので，その軌道は放物線軌道に近く，その出現は一度きりか，あるいは周期があったとしても 1 万年と長いものである．

　流れ星あるいは流星は，微小な流星物質（塵）が地球大気に時速 10 km から数十 km で突入し，大気中で発光したもので，通常地球大気中で燃え尽きる．流星が発光するのは地上 100〜200 km の高さで，流星物質は 40〜80 km の高さで燃え尽きてしまう．流星物質の大きさは数 cm から数 mm 程度と小さい．流星が光る理由は，塵が空気との摩擦で昇華し，できたプラズマ（高温の電離ガス）が発光するものである．

流星には散在流星と流星群の2つがある．流星群は毎年決まった時期に現れるもので，有名なものとして8月に現れるペルセウス座流星群，11月に現れるしし座流星群がある．一方，散在流星は特別な流星群に属さない流星である．

流星群では，たくさんの流星が空の一点（これを放射点という）から放射状に流れる．流星群の基になる塵は，母彗星がその軌道上に残していったものである．たとえば，しし座流星群は公転周期33年のテンペル・タットル彗星がその軌道上に残していった塵による．毎年決まった時期に流星群が起こるのは，地球が母彗星の軌道を横切るときに地球が塵の集団に突入するからである．

また，母彗星の軌道上でも彗星に近いあたりにたくさんの塵が残されており，しし座流星群の場合，母彗星の公転周期が33年であるので，33年ごとにその前後数年に流星群の大出現が起こる．彗星の軌道近くにあった塵も時間がたつと，だんだん拡散していき，いずれはどの彗星起源のものかわからなくなる．散在流星はこのような塵が地球大気に突入したものと考えられる．

特別に明るい流星を火球といい，満月ほど明るくなることがある．隕石は特別大きな流星物質（小惑星）が，地球大気中に突入し途中で燃え尽きずに地表まで落下したものである．月のクレーター，アリゾナの隕石孔などは隕石が月や地球に衝突したときにできた痕である．今から6400万年前に起こった恐竜の絶滅は，直径が10 kmほどの小惑星が地球に衝突したために起こった災難である，という考えが現在では有力である．

彗星は，基本的にはケプラーの法則に従う楕円軌道を持っており，太陽系に束縛されている天体であるが，それに対して双曲線軌道を持ち太陽系外から地球近傍までやってきて，また太陽系から出ていってしまう天体があり，「恒星間天体」と呼んでいる．これらの天体は太陽系での彗星，小惑星などと同種の天体と考えられているが，恒星に束縛されておらず宇宙空間をさまよっていて，たまたま太陽系近傍に来て，太陽系の内部まで入り込み，観測されたものと思われる．このような天体としては2017年にハワイ・マウイ島のパンスターズ望遠鏡（パンスターズ望遠鏡：地球に接近する小惑星や彗

星を監視するための広視野の望遠鏡）で見つかった「オウムアムア」と呼ばれる天体と 2019 年に発見された「ボリソフ彗星」の 2 例が知られている．今後観測が進むとこうした天体が多く発見されるようになると思われる．

2.2.7 太陽系形成のシナリオ

第 1 章で述べた「われわれはなぜ存在するのか」という人類のもっとも基本的疑問に直接かかわる問題として，①われわれの太陽系はどのようにしてできたのか？　②他にも惑星系をもつ星はあるのか？　③地球外文明は存在するのか？　といった問題がある．

これらの疑問に答えるためには，われわれの太陽系がいかにしてできたかという太陽系の成因を明らかにする必要がある．

太陽系の成因については，大昔から偉大な哲学者が考えてきた問題である．たとえば，カント－ラプラス説と呼ばれる仮説では，高速回転する原始太陽が収縮する過程で赤道面に取り残した回転円盤状のガスの中で，ガスがところどころで冷えて凝縮して惑星ができたという考えである．一方，遭遇説と呼ばれる別の考えでは，原始太陽が他の星と遭遇した際に，遭遇した相手の星による潮汐力で，太陽のガスの一部が剝ぎ取られ，そのようなガスが凝縮して惑星ができたというものである．

ここで問題になるのは，果たして太陽系のように惑星系をもつ星の形成は，星形成としてはまれな現象なのか，一般的な現象なのかということである．現在の太陽系形成についての考え方によれば，太陽系のように惑星系ができるような現象は星形成としてはかなり一般的な現象であるということである．現在広く受け入れられている太陽系形成のシナリオは以下のようである．

後の 4.1.5 項で述べるように，現在の星形成のシナリオでは，収縮する星間雲のコアに原始星が誕生し，その原始星を取り巻く回転ガス円盤ができる．とくに，太陽系形成の場合で問題になるこのような回転円盤を原始太陽系円盤あるいは原始惑星系円盤と呼んでいる．原始太陽系円盤の場合も，さらに一般の星形成の場合の回転ガス円盤も，原始星のまわりをケプラーの円運動をしている．すなわち，回転の遠心力と重力がつりあった状態にある．

星間ガスは水素とヘリウムを主成分とし，それより重い元素を約 2 ないし 3% 含んでいる．星間ガスが収縮してできたこのような回転ガス円盤では水素とヘリウムは気体になっているが，それより重い元素は大部分が固体微粒子である塵になっている．そして，ガスの粒子にくらべて重い固体である塵は，時間がたつにつれて円盤の赤道面に沈殿していき，ガスの円盤より薄い塵の層をつくるようになる．そして円盤の赤道面に沈殿した塵の層の密度が増大していくと，塵の層では自己重力が効いてきて，重力的に不安定になり，塵自身の自己重力により円盤面内での層状に分布する状態から，層が分裂していくつかの塊に成長する（図 2-24）．

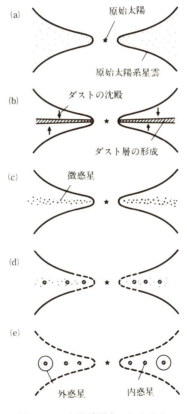

図 2-24 太陽系形成のシナリオ．

60　　　　　　　　　　第 2 章　太陽と太陽系

　このように塵の層から生まれた塊は直径が 10 km 程度の固体の塊で，微惑星と呼ばれている．そして，原始太陽のまわりを取り囲む回転円盤の中にたくさんのこのような微惑星ができる．小惑星や彗星の核は，惑星にまで成長せずに取り残された微惑星であろうと考えられている．微惑星は，お互い同士の衝突を繰り返しているうちに合体してより大きな塊になる．いったん特別大きな塊ができると，大きな塊は重力的にまわりの微惑星を集めて一層大きくなり，原始惑星へと成長していく．

　岩石質でできた地球型の惑星は，このようにして微惑星が衝突，合体を繰り返しながら大きな惑星まで成長してきたものである．したがって，生まれたての原始地球では微惑星が地球に次々と落下していた．1994 年に起こったシューメーカー・レビー第 9 彗星の木星への衝突はこのようなプロセスの一つと考えられている．

　一方，木星型惑星についても途中までのプロセスは地球型惑星の場合と同様である．木星型惑星の場合，原始惑星がある程度成長すると，その重力により円盤中にある水素とヘリウムのガス成分を取り込んで濃い大気層をまとうようになる．このような大気層自身の質量が大きくなると，大気層は原始惑星に陥没し，さらにその外側に大気層を吸着して，質量を増やしていき，現在の木星型大惑星ができたと考えられている．

2.3　太陽系外惑星

　前節で述べたように，もし太陽系の形成（惑星系の形成）が恒星誕生のプロセスとして一般的な現象であるとすると，他の星の中にも惑星系があってもよいはずである．実際，現在では太陽系外にたくさんの惑星が見つかっている．

　ここ二十数年の間にこの分野の研究は目覚ましい発展を遂げ，太陽系外にたくさんの惑星が見つかり，2023 年の時点でその数は 5000 個を超えていて，今後この数はさらに増えていくと期待される．多くの太陽系外惑星が発見されて，太陽系の惑星しか知らなかった以前の状態に比べて，太陽系以外の惑星系は極めて多様性に富んでいることがわかり，我々の太陽系はこのよ

うな多様な惑星系の一つの形にすぎないことが明らかになった.

　以下では太陽系外惑星（以下では系外惑星と略す）の研究の現状について詳しく述べる. その前に, 惑星誕生のふるさとである原始惑星系円盤の観測について述べる.

2.3.1　原始惑星系円盤の観測

　第 4 章「わが銀河系」で詳しく述べるが, 原始星や生まれたての星であるおうし座 T 型星のまわりに, 電波のミリ波や赤外線による観測で回転ガス円盤状のものが観測されている. これらの回転ガス円盤は, わが太陽系で惑星誕生の舞台となった原始太陽系円盤と同じ種類の回転ガス円盤であろうと考えられている.

　その代表がアルマ望遠鏡で観測されたおうし座 HL 星のまわりの原始惑星系円盤である. アルマ望遠鏡（アタカマ大型ミリ波サブミリ波干渉計：ALMA Atacama Large Millimeter/submillimeter Array）は, 南米チリのアンデス山脈の標高 5000 m のアタカマ高地に建設された巨大電波望遠鏡で, ミリ波やサブミリ波という波長の短い電波（8.5–0.32 mm）で天体を観測する電波干渉計である. アルマ望遠鏡は, 口径 12 m のアンテナ 54 台と口径 7 m のアンテナ 12 台の合計 66 台のパラボラアンテナを最大基線長 16 km で展開, 0.01 秒角（視力 6000）という高解像度を実現する. 日本が主導する東アジア, 北米, 欧州南天天文台加盟国およびチリの国際協力で 2002 年から建設が進められ, 2013 年に本格的な運用が開始された（図 2-25）.

　その最初の成果が図 2-26 に示すおうし座 HL 星のまわりの原始惑星系円盤である. おうし座 HL 星は, おうし座 T 型星という生まれたての若い星で, 図 2-26 に示すようにアルマ望遠鏡の観測で, 原始惑星系円盤が観測された. これは電波のミリ波の連続光によるおうし座 HL 星のダスト（塵）円盤の画像である. 図からわかるように, 同心円状のいくつかの間隙（ギャップ）が観測されていて, 円盤内での惑星形成を示唆している. アルマ望遠鏡によりいくつかの若い星のまわりの原始惑星系円盤が観測されていて, うみへび座 TW 星の場合, おうし座 HL 星の場合と同様に円盤内に複数の間隙が存在していることが知られていたが, その円盤内にさらに小さな電波源が

図 2-25　アルマ望遠鏡：南米チリの標高 5000 m のアタカマ砂漠に建設されたアタカマ大型ミリ波サブミリ波干渉計．［ALMA 提供］

図 2-26　アルマ望遠鏡によるおうし座 HL 星の塵円盤の電波画像．［ALMA 提供］

見つかり，まさに惑星が出来かけている証拠ではないかと考えられている．

2.3.2　系外惑星の発見

　太陽系外に惑星系を持った星を見つけることは，観測天文学の大きな目標であった．このような試みとして，惑星系による星の固有運動のふらつきを見つけるというものがある．なかでも太陽から 2 番目に近いバーナード星で木星程度の惑星を伴っていることによる固有運動のふらつきを発見したという報告が 1960 年代になされたが，結局これはその後の観測で確認できなかった．

2.3 太陽系外惑星

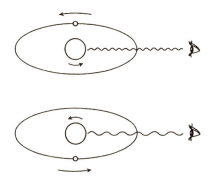

図 2-27 ドップラー法による系外惑星探査の原理.

ところが，1995 年から 1996 年にかけて太陽系外で惑星を持つと思われる星が次々に 3 つも発見された．ここで使われた観測方法は，固有運動の観測ではなく，星のスペクトル線のドップラー効果を使って観測する方法である．もし太陽のような星のまわりを木星並みの質量をもった巨大惑星が公転運動しているとすると，親である星自身も巨大惑星の重力に引かれるため，その共通重心のまわりを公転運動することになる．親星の公転運動によるスペクトル線のドップラー偏移の変動を観測して，間接的に惑星を観測しようとするものである（図 2-27）.

まず，1995 年 10 月にジュネーブ天文台のミシェル・マイヨールとディディエ・ケローが，ペガスス座の 51 番星という太陽に似た主系列星のまわりに，木星質量程度の惑星を発見したという発表を行った．彼らは，ペガスス座 51 番星の視線速度が周期 4.23 日，速度振幅として秒速 590 m で規則的に変動していることを発見したのである．この規則的変動としては，この星が目に見えない木星程度の惑星を伴っていて，その重力で本体（親星）がゆり動かされているという解釈である．マイヨールたちの観測は他の観測者によっても確認され，太陽系外惑星の発見第 1 号になる.

この観測から，この星のまわりを回る天体の質量の下限として木星の 0.47 倍という値を得た（木星の質量は太陽質量の約 1000 分の 1）．質量の下限しか得られない理由は，惑星らしき天体の公転軌道傾斜角がわからないからである．この惑星の親星からの距離は 0.05 AU で，太陽から水星までの距離よ

りさらに近いことになる．その後，ペガスス座 51 番星の惑星と同じように，親星のすぐ近くを木星並みの質量を持つ惑星が公転している場合がいくつか見つかり，このような系外惑星をホットジュピター（灼熱巨大惑星）と呼んでいる．

　マイヨールたちの観測に少し遅れて，アメリカのジェフリー・マーシーとポール・バトラーが，おおぐま座 47 番星とおとめ座 70 番星という 2 つの星のまわりにそれぞれ木星の数倍から 10 倍程度の質量を持つ天体が回っていることを，1996 年 1 月に開かれたアメリカ天文学会で報告した．なお，太陽型主系列星のまわりを公転する系外惑星の第 1 発見者であるマイヨールとケローは，この業績により 2019 年のノーベル物理学賞を受賞した．

2.3.3　系外惑星の観測方法

（1）　ドップラー法（視線速度法）

　マイヨール達が使った観測方法は，親星のスペクトル線のドップラー偏移を観測して，親星の視線速度の変動から惑星の存在を間接的に見つけるという方法で，このような方法はドップラー法と呼ばれている．ドップラー法の場合，星のスペクトル線の波長を，波長がよくわかっている多数のヨードの線と比較して精密に波長決定する「ヨードセル法」が開発され，飛躍的に進展した．2010 年頃までは，系外惑星の発見は主にこのドップラー法での発見が主であったが，その後次に述べるトランジット法を使った宇宙空間から観測するケプラー衛星などのデータが出てきて，現在ではトランジット法による系外惑星の発見が約 80% と一番多い．

（2）　トランジット法

　ドップラー法とともに系外惑星の発見に有効な方法として，惑星による親星の食を観測する方法があり，トランジット法と呼ばれている．

　親星のスペクトル線のドップラー効果を使う観測では，惑星の質量の下限しかわからないという問題があった．その理由は，惑星の親星のまわりを回る軌道傾斜角がわからないからである．しかし，もし惑星が親星の手前を通過すれば，惑星による食現象のために親星の明るさが減るはずである（隠す

天体の方が隠される天体よりも小さい場合，この現象を「トランジット」（通過）と呼んでいる）．トランジット法は，星の光度の時間変化を観測するもので，「測光的方法」とも呼ばれている．これはまた，太陽系で内惑星である水星および金星が太陽面を通過する現象と基本的に同じ現象である．連星系の場合にも，食連星の食を観測，解析することにより，連星の両星についての情報（軌道傾斜角，両星の質量，半径などの情報）が得られることが知られている．したがって，惑星探査の場合も惑星によるトランジットが観測できれば，惑星についての情報が飛躍的に増えることが期待できる．

惑星による親星の食の観測は，1999年にペガスス座51番星に似たHD209458という星ではじめて見つかった．この星は，世界最大口径の望遠鏡であるハワイのケック望遠鏡（口径10 m）で発見された系外惑星を持つ星で，惑星の公転周期は3.5239日ときわめて周期が短い．そして，この星について測光観測を行った結果，惑星が親星の前面を通過することによる減光が観測された．図2-28は，ハッブル宇宙望遠鏡を使った，より精度の高い観測結果を示す．

惑星が親星の前面を通過することによる減光量は，惑星によって隠された親星の面積を表し，それはまた，親星に対する惑星の相対的な大きさを表している．親星の大きさ（半径）は星の光度と表面温度で推定できるので，惑星によるトランジットでの減光量から惑星の半径が求められる．また，ドッ

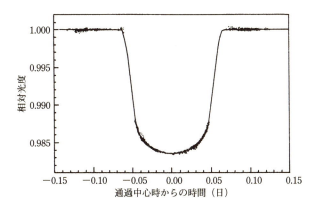

図 2-28 惑星による親星の食の光度曲線（トランジット法）．

プラー法による視線速度の観測と組み合わせると，惑星の質量，半径，平均密度などが求められる．

トランジット法は，分光器などの特殊な装置を必要としないため小さな望遠鏡でも観測できるので，アマチュア天文家でも系外惑星探しに参加できるという特徴がある．また，宇宙空間からの観測では高精度の測光観測が可能で，地球サイズの小さな惑星もこの方法で発見できる．2006 年 12 月にフランスが打ち上げた「コロー」(COROT) および 2009 年 3 月にアメリカのNASA が打ち上げた「ケプラー」(Kepler) と呼ばれる天文衛星は，トランジット法を使った系外惑星探査を主要目的とする衛星である．

ケプラー衛星は，地球のような生命を宿す可能性のある惑星 (habitable planet：ハビタブルゾーンにある地球型惑星) を探すことを目的にした衛星で，はくちょう座の方向の 105 平方度の広がりをもつ天の領域の約 15 万個の恒星の明るさの変化を 0.04% という高い精度で連続観測した．「ハビタブルゾーン」は，「生命居住可能領域」，あるいは「生存可能圏」と訳され，太陽型恒星および赤色矮星のまわりを回る惑星で，その表面に生命の存在に必須な H_2O が液体の水として存在できるような親星から適当な距離にある領域という意味である．太陽系の場合のハビタブルゾーンは，太陽からの距離がおおよそ 0.9–1.4 天文単位 (正確な値は研究者によってまちまちである) の領域で，地球のみがこの領域に入り，金星や火星はこの領域からは外れていると考えられている．

ケプラー衛星は 2009 年から観測を始め，2019 年にそのミッションを終了したが，トランジット法により 2600 個以上の系外惑星を発見，系外惑星探査に革命的変革をもたらした．そして，太陽型主系列星および赤色矮星のまわりを回るハビタブルゾーンにある地球型惑星もたくさん見つけている．ケプラー衛星のデータは，その高い測光精度のため系外惑星の探査だけでなく，変光星，連星系，星震学など恒星天文学にも大きく貢献している．

ケプラー衛星の後継機として，2018 年にアメリカの NASA は「TESS」衛星 (Transiting Exoplanet Survey Satellite) を打ち上げた．ケプラー衛星は天の限られた領域 (全天の 0.25%) だけをカバーし暗い星 (したがって遠い星) のデータが主であったが，TESS 衛星は天の広い領域 (全天の 80%)

　　　　　　　　　　　　2.3　太陽系外惑星　　　　　　　67

をカバーし，明るい星（したがって近い星）のまわりを公転する系外惑星を
探査する．近い星のまわりの系外惑星が発見できれば，その後に他の望遠鏡
で更に詳しい解析が可能になる．

（3）　重力マイクロレンズ法とパルサー法

　ドップラー法とトランジット法が系外惑星探査の主要観測方法であるが，
それ以外にも重力マイクロレンズ法とパルサー法がある．

　重力マイクロレンズ法は，アインシュタインの一般相対論に基づく重力レ
ンズ効果を使って惑星系を見つける方法である．第4章の「わが銀河系」の
ところで詳しく説明する「暗黒物質の探査」（4.2.6項「MACHO の探査」）
で出てくる重力マイクロレンズ効果で，レンズ役を果たす星が惑星を連れて
いる場合，惑星の存在による特徴的光度曲線の形が現れる．これを使って惑
星を探査するのが重力マイクロレンズ法であり，この方法ですでにいくつか
の系外惑星が見つかっている．

　一方，パルサー法は，普通の恒星ではなく，超高密度星であるパルサー
（中性子星）のまわりに惑星質量の小天体を発見したという話である．これ
は，普通の星のドップラー法で恒星のスペクトル線の波長の伸び縮みのかわ
りに，パルサーのパルス周期の伸び縮みから親星（この場合，中性子星）が
惑星質量のお伴の天体を連れているという発見である．実は，惑星質量の小
天体を伴星に持つ星として最初に発見されたのはこのパルサー法によるもの
で，1991年のことである．しかし，パルサーはわれわれの太陽系の太陽の
ような普通の星ではないので，パルサー法による惑星質量の伴星の発見は，
系外惑星としては別扱いに考えられている．

（4）　直接撮像法

　これまで述べた系外惑星の探査では，親星に与える重力効果（ドップラー
法，パルサー法）あるいは親星の光を隠す食現象（トランジット法）や光度
変化（重力マイクロレンズ法）など間接的に惑星を探査する方法で，直接惑
星自身の光を観測したわけではない．

　惑星の明るさは親星に比べて，数億分の1以下の明るさと暗いため，通常

の方法では惑星を直接撮影することは不可能である．そこで，日食外に太陽コロナを撮影するコロナグラフ（太陽の光球を遮蔽板で蔽って希薄なコロナを撮影する装置）の原理を恒星の観測に応用して，系外惑星を観測しようという計画がすばる望遠鏡をはじめ，世界の巨大望遠鏡で進められてきた．

そして，2008 年から 2009 年にかけて，3 つの星のまわりの塵円盤の近くに惑星らしき天体が撮影されたという報告がなされた．最初に報告されたのは，ハッブル宇宙望遠鏡による観測で，みなみのうお座の 1 等星フォーマルハウトに惑星を見つけたというものである．フォーマルハウトは太陽から 25 光年という近距離にある A 型星（A 型星：星のスペクトル型については 3.1.5 項を参照）で，フォーマルハウトのまわりに塵円盤が観測され，その塵円盤の内縁がくっきりして，その塵円盤の内側に惑星と思われる光点が観測された．そして 2 年間隔をおいた観測でその光点が移動していて公転運動を示すことがわかった．同じような直接撮像法により，地球から 128 光年の距離にある HR8799 という恒星で，木星の数倍の質量を持つ巨大惑星が 3 つも，親星から天王星の軌道（20 AU）より遠いところを公転していることがわかった．また，日本のすばる望遠鏡による直接撮像観測でも，GJ504 という恒星のまわりを公転する惑星が見つかっている．

2.3.4　系外惑星の特徴

2023 年の時点で，系外惑星の数は 5000 個を超え，さらに今後この数は飛躍的に増加することが期待される．ここでは，これまでに観測から得られた系外惑星の特徴を，箇条書きにまとめる．

（1）わが銀河系には約 1000 億個の恒星があると言われている．太陽型の主系列星，それより数も多く暗い赤色矮星の場合，多くの星が惑星を持っていて，さらに複数の惑星を持つ場合も珍しくない．そうしたことを考えると，わが銀河系では恒星の数よりも惑星の数の方が多いものと思われる．すなわち，系外惑星の存在は極めて一般的である．

（2）これまでに見つかった惑星の質量は，地球質量程度から木星質量の約 20 倍程度まで，その半径も地球規模から木星の 2 倍程度まで広く存在し，地球型岩石惑星も木星型巨大ガス惑星もどちらも存在する．

2.3 太陽系外惑星　　　　69

（3）惑星の軌道周期としては1日程度の短いものから数千日，数万日という長いものまで広い範囲にわたっている．このように広い範囲にわたっているのは，異なる観測方法で発見される惑星の公転周期に大きな違いが出るからである．

（4）系外惑星として最初に発見されたペガスス座51番星の惑星のように，軌道長半径が小さく，離心率も小さく，親星のすぐ近くを公転する巨大惑星系がいくつか見つかっている．これらの惑星の場合，主星の潮汐力により公転軌道は円軌道で，公転と自転が同期していて，常に惑星の同じ面が主星の方向を向いていて，その表面は1000 Kを超える高温になっている．これら主星に近い軌道を持つ巨大惑星は，その質量によってホットジュピターあるいはホットネプチューンと呼ばれている．これらの惑星は，形成時には親星からは数天文単位の遠いところで出来たが，その後の惑星系円盤あるいは他の惑星との相互作用の結果，このように親星に近い軌道まで移動してきたものと考えられている．

（5）逆に軌道長半径が0.3天文単位より大きい系外惑星の場合，離心率が大きい（離心率$e > 0.3$）楕円軌道を持つものが半数程度あり，離心率が0.9を超える太陽系の場合の彗星の軌道のような系外惑星もある．

（6）太陽系の惑星はどれも太陽の自転と同じ向きに公転しているが，系外惑星では主星とは逆向きに公転する惑星もあることがわかってきた．このような逆行惑星は現在までに10個ほど見つかっている．

（7）これまで観測された系外惑星では，多重惑星系がかなりあり，7つまで惑星を持つ系も見つかっている．

（8）フォーマルハウトなど塵円盤を持つ恒星で，親星のまわりを回る惑星の直接撮像観測が行われるようになった．

（9）惑星系を持つ星の大気の化学組成には特徴があり，一般に重元素量の多い星ほど惑星系を持つ確率が高い．2.2.7項「太陽系形成のシナリオ」で述べたように，惑星は原始星のまわりの塵円盤の中の塵（固体成分）が凝縮して微惑星が出来，微惑星が集積して原始惑星あるいは固体のコアが出来たとする惑星形成シナリオと，この観測事実はよく合致する．

（10）太陽型星や赤色矮星のまわりのハビタブルゾーンにある地球型惑星も

決して珍しくない．なお，ハビタブルゾーンは，生命維持に必要と思われる液体の水が存在可能な領域という意味で，実際にその惑星で液体の水が見つかったというわけではない．

（11）系外惑星とは異なり，特定の恒星に束縛されることなく，宇宙空間に孤立して存在する惑星質量（質量が木星質量の 13 倍以下）の天体が見つかってきており，これらを「浮遊惑星」あるいは「準褐色矮星」と呼んでいる．浮遊惑星の起源としては，①もともとは恒星のまわりを回る惑星であったが，他の惑星などとの重力的相互作用で系から放り出されて浮遊惑星になったという可能性と，②恒星や褐色矮星と同じように，星間雲の中から単独でこのように小さな質量の天体（惑星質量の天体）も誕生したという可能性（この場合は，準褐色矮星という呼び名がふさわしい）の 2 つがある．浮遊惑星と言っても，実際にはこのように異なる起源を持つものが混じっているのかもしれない．

系外惑星の研究は，現在の天文学の中で最も活発に研究が進められている分野であり，上記の箇条書きした系外惑星の特徴も今後大きく書き換えられる可能性があることを付け加えておく．

第3章

恒星の世界

　「恒星」という言葉は，もともと英語の"fixed star"の訳語で，黄道12宮をぬって歩く太陽，月，惑星に対して，天球上に固定されている星という意味で恒星と名づけられたものである．また，この性質のため，恒星の配置は古くから星座の形で親しまれており，オリオン座，カシオペヤ座，ヘルクレス座，おおぐま座などギリシャ神話にまつわる話は子供のころに一度は聞いたことがある人が多いと思う．「星」という言葉は，もともとは太陽と月を除く夜空に輝く発光天体すべてをいい，惑星をはじめ流れ星やほうき星まで含まれるが，狭義では恒星を意味する．本書では星といった場合，特に断らないかぎり，狭義での恒星を意味する．

　また，恒星という言葉は，未来永劫に変化することのない宇宙（天界）の象徴というふうにも考えることができる．しかし，現在ではこれら恒星の一つひとつが，太陽と同じように，自ら光り輝く天体であることを，われわれは知っている．そして，恒星が小さな点にしか見えないのは，宇宙空間のはるか遠くに存在するからであり，また，天球上に固定されているように見えるのは，単に星が遠くにあるからだ．実際には，個々の星は宇宙空間の中を運動しており，その結果，天球上に固定されているように見える星も少しずつ位置を変えていき（これを星の固有運動と呼ぶ），星座の形も時間が経つにつれ少しずつ崩れていく．

3.1 星についての基本的諸量

3.1.1 星までの距離

天体までの距離は，天文学でもっとも基本になる量である．太陽近傍の星までの距離は，太陽のまわりの地球軌道を基線にした三角測量の原理を使って測る．図 3-1 に示すように，星が太陽と地球を見込む角度を年周視差と呼び，それを角度の秒で表し，π と書く．すなわち，半年離れて同じ星の位置を正確に測定して年周視差を求めるのである．星までの距離は，この量の逆数で表し，パーセク（pc）という．すなわち，年周視差が π である星の距離 d は $d = 1/\pi$ pc となる．角度の 1 ラジアンは約 $57°$ であるから，1 pc は 1 天文単位の 57 倍の 60 倍の 60 倍，3.26 光年にあたる．10 pc の距離は年周視差で $0.1''$，32.6 光年である．年周視差を使って測った星の距離を，三角視差という．

太陽系から一番近い恒星はケンタウルス座のアルファ星で，その距離は 4.3 光年，年周視差で $0.75''$ である．角度の 1 秒（英語で 1 arcsecond，$1''$ と書く）というのは，東京から富士山の頂上を見たとき（約 100 km と仮定），50 cm の大きさの物を識別する程度の小さな角度である．19 世紀も中ごろ近くの 1838 年になって，はじめて恒星の年周視差が測定されたのもうなずけることである．

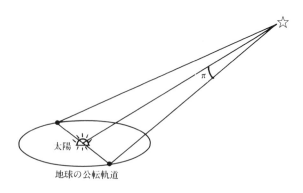

図 3-1 年周視差.

3.1 星についての基本的諸量

　地上での観測の場合，地球大気の乱れで星の位置がゆらいでしまうため，年周視差の精度は ±0.01″ で，100 pc を超える距離の天体をこの方法では測定できなかった．1989 年にヨーロッパ宇宙機関（ESA）が打ち上げた人工衛星「ヒッパルコス」は，地球大気の影響を受けない宇宙空間から恒星の年周視差を測定することを目的にした人工衛星で，年周視差で 0.001″（1 mas），距離で 1 kpc（1 kpc ＝ 1000 pc）という遠くの星までの距離が測定でき，約 12 万個の星の年周視差を測定した．ここで 1 mas（1 milliarcsecond）というのは，1 ミリ秒角，すなわち 1000 分の 1 秒角である．ちなみに銀河系の中心までの距離は約 8 キロ・パーセク（8 kpc：約 2 万 6000 光年）である．

　さらに ESA は「ヒッパルコス」衛星の後継機として 2013 年 12 月に位置天文観測衛星「ガイア（Gaia）」を打ち上げた．ガイア衛星は搭載した望遠鏡も検出器もヒッパルコス衛星に比べて格段にグレードアップしており，20 等までの 10 億個以上の星の年周視差と固有運動を測定した．また，15 等より明るい天体の場合，年周視差の精度としては 0.02–0.03 mas と「ヒッパルコス」衛星より 2 桁近く精度が向上している．ガイア衛星は銀河系の 3 次元地図の作成を目的にした衛星で，この分野で画期的な成果を挙げている（4.2.8 項参照）．

　可視光以外では電波による天体の位置測定として，電波望遠鏡の干渉技術を利用した日本の国立天文台の「VERA プロジェクト」があり，年周視差として 0.01 mas という精度を達成した．ガイア衛星も VERA プロジェクトも，銀河系の 3 次元地図づくりを目的としたプロジェクトである．

　ところで，年周視差の方法で測れない天体の距離はどのようにして測るのであろうか？　天文学では，距離のはしご（distance ladder）という原理を使ってより遠くまでの天体の距離を求めることができる．すなわち，これまでになんらかの方法ですでに距離がわかっている天体についての性質から明るさの指標となるような物理量（距離の物差しと呼ぶ）を見つけ（たとえば，後述するセファイド変光星の周期－光度関係），距離の知られていない遠くの天体についてその性質を使って真の明るさ（絶対等級）を推定し，それと見かけの明るさの比較からその天体までの距離を求める．以下，次々に別の物差しを使ってより遠くの天体までの距離を測定していくものである．これ

は,ちょうど「はしご」を使って,一歩ずつ上へ上へと上がっていくのと同じ原理であるので,「距離のはしご」と呼んでいる.

3.1.2 星の明るさ

星の明るさは等級で表す.1等星,2等星,…,6等星と数字が増えるとともに,星は暗くなる.全天でもっとも明るい星十数個が1等星,肉眼で見えるもっとも暗い星が6等星にあたる.また,星の等級は対数目盛りで,5等級の差が明るさ100倍に対応している.したがって,1等級の差は,明るさ $10^{2/5} = 2.512$ 倍に対応する.図3-2は,いろいろな天体の見かけの明

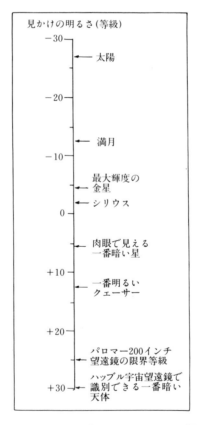

図 **3-2** いろいろな天体の見かけの明るさ(等級).

るさを等級で表したものである．一番明るい太陽の明るさは -27 等級，現在，地上の望遠鏡で観測できる一番暗い天体は約 $+25$ 等級で，50 等級の差がある．これは明るさで 10^{20} 倍の差にあたる．

　天体の明るさをいう場合，地球上で観測される明るさを「見かけの明るさ」といい，その天体が宇宙空間に放射するエネルギー流量である「真の明るさ」と区別する必要がある．天体の真の明るさを表すのに，通常その天体を $10\,\mathrm{pc}$（32.6 光年）の距離に置いたときの明るさで表し，それを絶対等級と呼んでいる．天体の見かけの明るさを l，真の明るさを L，その天体までの距離を d で表すと，

$$l = \mathrm{const}\,\frac{L}{d^2}$$

の関係がある．また，ある天体の見かけの明るさを m 等級とし，絶対等級を M 等級とすると，$m = -2.5\log_{10} l + \mathrm{const}$ および $M = -2.5\log_{10} L + \mathrm{const}$ であるから，

$$m = M - 2.5\log_{10}(l/L) = M + 5\log_{10}(d/10\,\mathrm{pc}). \tag{3.1}$$

見かけの等級と真の等級の差，$m - M$，は，その天体までの距離を代表する量であるので，距離指数（distance modulus）と呼んでいる．太陽の見かけの明るさは -27 等で，絶対等級は 4.7 等である．

3.1.3　星の運動

　天球上に固定されているように見える恒星も，実際にはわが太陽系からいろいろの距離にあり，またわれわれに対して相対的な空間運動をしている．空間運動のうち，われわれの視線に直角方向の動き，すなわち天球上に投影された運動を固有運動と呼び，視線方向の速度を視線速度という．

（1）　固 有 運 動

　固有運動は，背後にある遠くの天体に対する恒星の天球上でのわずかな位置の移動として観測される．固有運動は，その天体が 1 年あたりに天球上を移動する角度（秒）で表す．固有運動を測定するには，数年から数十年間隔をおいて，同じ視野の星の位置を正確に測定して求める．固有運動の場合，

測定の期間が長いほど大きな移動が起こるので，年周視差の測定より遠くの星まで測定可能である．実際，恒星の固有運動は，年周視差の発見より前から知られていた．しかし，固有運動の測定にも限界があり，地上からの観測では1万光年を超える天体の固有運動の測定は困難である．一方，ガイア衛星の場合，圧倒的に精度の高い位置決定により，さらに遠くの天体まで固有運動の測定が可能になった．

　固有運動から実際の直角方向の速度になおすには，固有運動にその星までの距離を掛ける必要がある．逆のいい方をすると，固有運動の大きな星は普通近くにある星であるといえる．この事情は，列車の中から外の景色をながめた場合にわれわれがふだん経験する事柄である．

（2）　視 線 速 度

　恒星の視線速度は，星のスペクトル線のドップラー効果から測定する．測定したスペクトル線の星および実験室での波長を，それぞれ λ と λ_0 とし，その差を $\Delta\lambda = \lambda - \lambda_0$ と書くと，視線速度 (V_r) は，

$$V_r/c = \Delta\lambda/\lambda$$

で与えられる．ここで，c は光速度である．

　視線速度の場合，光源が観測者から遠ざかる場合，すなわち赤方偏移の場合を正，近づく場合，すなわち青方偏移の場合を負と定義する．視線速度の場合は，固有運動と違って，遠くの天体であってもスペクトルが観測可能であれば測定できる．したがって，銀河系外天体については，固有運動は測定できないが視線速度は測定可能である．

3.1.4　星からの放射スペクトルと星の光度

　プリズムや回折格子などの分光器を使って，星の光を異なる波長の電磁波に分けて観測することを，スペクトル観測あるいは分光観測という．分光学（spectroscopy）により，恒星からの情報は飛躍的に増え，恒星の表面温度，密度，化学組成といった星の物理量が観測から求められるようになった．天体分光学の発達により，真の意味での天体物理学がはじまったといえる．

（1） 星の連続スペクトル

太陽や星の光を分光器を通して見ると，七色の連続した光の帯が見える．これを連続スペクトルと呼ぶ．また，星のスペクトルをとると，連続スペクトルを背景にして，ところどころ暗線（吸収線）が見える．これをスペクトル線（吸収線）という．また，星によっては，背景の連続スペクトルより明るい線が見えることがある．これを輝線スペクトルという．星の連続スペクトルは高温のガスのだす熱放射である．すでに太陽のところで述べたように，太陽は表面温度約 5800 K の黒体放射（熱放射）にあたる放射をだしている．黒体放射あるいは熱放射というのは，電熱器のニクロム線からの放射と同じ放射で，ある与えられた温度 (T) の物体はプランクの熱放射（黒体放射）の法則にしたがって電磁波を放射する．

すなわち，発光体の単位表面積，単位時間あたり振動数が ν から $\nu + d\nu$ までの電磁波のエネルギー放出量は，

$$B_\nu(T)d\nu = \frac{2\pi h\nu^3}{c^2} \frac{1}{\exp(h\nu/kT) - 1} d\nu \tag{3.2}$$

で与えられる．ここで，k, h, および c は，ボルツマン定数，プランク定数，および光速であり，このような放射エネルギー分布をプランク分布という．図 3-3 はいろいろな温度のプランク分布を示す．

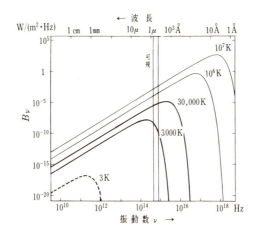

図 **3-3** いろいろな温度の黒体放射．

$h\nu \ll kT$ の場合，光子のエネルギーが kT にくらべて小さいような長波長の光子（レイリー・ジーンズの領域と呼ばれる）に対しては，

$$B_\nu(T)d\nu = \frac{2\pi\nu^2 kT}{c^2}d\nu \tag{3.3}$$

で与えられる．この場合，放射強度は温度に比例する．

一方，逆の極限である $h\nu \gg kT$ の場合，ウィーンの法則と呼ばれ，

$$B_\nu(T)d\nu = \frac{2\pi h\nu^3}{c^2}\exp(-h\nu/kT)d\nu \tag{3.4}$$

で与えられ，振動数 ν の増加とともに放射強度は指数関数的に減少する．

また，全振動数について積分した放射のエネルギーフラックスは，

$$B = \int_0^\infty B_\nu(T)d\nu = \sigma T^4 \tag{3.5}$$

で与えられる．ここで σ はシュテファン－ボルツマン定数である．すなわち，黒体放射では放射エネルギー流量は，温度の 4 乗に比例する．この関係をシュテファン－ボルツマンの法則という．

（2）　星 の 光 度

恒星の半径を R，表面温度を T とすると，星の表面積は $4\pi R^2$ であるから，恒星の表面から単位時間に放射される全放射エネルギー流量（L）は，

$$L = 4\pi R^2 \sigma T^4 \tag{3.6}$$

で与えられる．ここで，T は星からの放射が黒体放射である場合の温度である．これまで，星の明るさといっていたのはこの全放射エネルギー流量のことで，これを星の光度（luminosity）という．

恒星の表面からの放射は完全には黒体放射ではないが，星の光度と星の表面積と単位面積あたりの放射流量（フラックス）を式(3.6)の形で結びつける温度を，星の有効温度（effective temperature）と呼び，T_{eff} と書く．星の全放射光度 L，半径 R，有効温度 T_{eff} は，恒星のもっとも基本的な物理量である．

3.1 星についての基本的諸量　　　79

（3）　星の色と表面温度

星からの放射が黒体放射であるプランク分布で近似できる場合，プランク分布は波長の関数として，

$$B_\lambda(T)d\lambda = \frac{2\pi hc^2}{\lambda^5}\frac{1}{\exp(hc/kT\lambda)-1}d\lambda \tag{3.7}$$

で与えられる．このプランク分布の最大値を与える波長 $\lambda_{\max}$ は，

$$\lambda_{\max} = 0.289\,\mathrm{cm}/T \tag{3.8}$$

で与えられ，温度に逆比例する．この法則をウィーンの変位則と呼ぶ．たとえば，太陽の表面温度 $5800\,\mathrm{K}$ に対するプランク分布の最大値を与える波長は $\lambda_{\max} = 0.5\,\mu\mathrm{m}$ で，色としては黄緑色に対応する．

星の色を知ることにより星の表面温度について推察ができるため，星の色を正確に測定する必要がでてくる．たくさんの星の色を正確に測定する方法として，異なった色フィルターをつけて星の明るさ（等級）を測定して星の色を決定する方法がある．色フィルターとしてよく使われるものに U, B, V の 3 色フィルターがある．これは，紫外に感じる U（ultra violet），青色に感じる B（blue），黄色に感じる V（visual）の 3 つのフィルターで，それぞれのフィルターを使って測った星の明るさを紫外（U）等級，青色（B）等級，実視（V）等級と呼ぶ．とくに青色等級から実視等級を引いた（$B-V$）の値を色指数と呼び，星の色と表面温度の目安を与える．色指数と星の表面温度の関係は，

$$B - V \simeq \frac{9000}{T} - 0.85 \tag{3.9}$$

で与えられる．すなわち，色指数が大きい星ほど，星の色が赤く，表面温度が低い．

3.1.5　星のスペクトル型

星のスペクトルを撮ると，ところどころに暗い縞（吸収線）が見える．これは星の大気中にあるいろいろな元素に対応するスペクトル線である．実験室では，明るい光源の手前に温度の低いガスを置いてスペクトルを撮ると，そのガス固有の吸収線が見える．星の場合，星の大気が外に向かって温度が

低くなっているために，星のスペクトルにこのような吸収線が生ずる．星のスペクトルを観測することにより，星の大気中の元素の化学組成や星の温度などの情報が得られる．

　星によって吸収線スペクトルの見え方が違う．星のスペクトルを撮り，スペクトル線の見え方によって星を分類することを，星のスペクトル型分類という．現在使われている分類はハーバード分類と呼ばれ，星によってO型星，A型星，K型星などと分類される（図3-4）．そして，このスペクトル型は，星の表面温度と対応がついていることが，現在ではわかっている．星のスペクトル型を高温の星から低温の星へとならべると，次のようになる．

$$O-B-A-F-G-K-M(-L-T)$$
（Kの右上からR—N、右下からS）

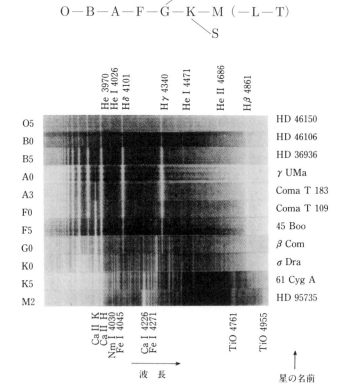

図 3-4　主系列星のスペクトル（陰画：黒い部分が光の強い部分を表す）とスペクトル型．

3.1 星についての基本的諸量　　81

表 **3-1**　星のスペクトル型の特徴と代表的星.

スペクトル型	温　度	色	星の例	スペクトルの特徴
O	数万度	青白		電離ヘリウムの線
B	25000–11000 K	青白	リゲル，スピカ	水素と中性ヘリウムの線
A	11000–　7500 K	白	シリウス，織女星	水素のバルマー線
F	7500–　6000 K	薄黄	カノープス ⎫	水素のバルマー線
G	6000–　5000 K	黄	太陽，カペラ ⎭	および金属元素の線
K	5000–　3600 K	だいだい	アルデバラン	金属の吸収線が非常に強い
M	3600 K 以下	赤	⎰ アンターレス ⎱ ベテルギウス	金属の吸収線 TiO などの分子の吸収線

　また，表 3-1 は星のスペクトル型の特徴と代表的星についてまとめたものである．星のスペクトル型は基本的には温度の系列であるが，低温度星（K型および M 型）で R–N 型および S 型の分岐がある．これは化学組成の差によって生じた分岐である．一方，L–T 型はもともとのハーバード分類には存在しなかったが，最近になって見つかった M 型より低温の星および褐色矮星のスペクトル型として新たに導入されたものである（3.2.5 項参照）．

3.1.6　星の化学組成

　星のスペクトルの解析から，星の表面温度，表面重力，化学組成などが求められる．このようにして求められた星の化学組成によれば，星を構成する元素は大部分が水素で次に多い元素はヘリウムで水素の 10 分の 1，それに次ぐ元素は酸素，炭素でヘリウムの 100 分の 1 である．また，星の大気の化学組成比とその他の天体（たとえば星間ガス）の化学組成比とで大きな差はなく，星や星間ガスなどから求められた平均の化学組成比を宇宙化学組成（cosmic abundance）と呼んでいる．表 3-2 に宇宙化学組成を示す．天文学では，天体の化学組成を表すのに元素の相対的重量比を使い，水素（X），ヘリウム（Y），その他の元素（Z）で表す．この定義では $X + Y + Z = 1$ であり，太陽のような星では $X \sim 0.70$，$Y \sim 0.28$，$Z \sim 0.02$ である．

3.1.7　ヘルツシュプルング・ラッセル図（HR 図）

　星を分類したり星の内部構造と進化の問題を扱う場合，もっとも重要な図として HR（Hertzsprung-Russel）図と呼ばれる図がある．この図は，この

表 3-2 宇宙化学組成.

元　素	原子量	化学組成比 数	化学組成比 重量
水素（H）	1	1000	1000
ヘリウム（He）	4	100	400
炭素（C）	12	0.45	5
窒素（N）	14	0.1	1
酸素（O）	16	0.8	13
ネオン（Ne）	20	0.1	2
マグネシウム（Mg）	24	0.04	1
硅素（Si）	28	0.04	1
硫黄（S）	32	0.02	0.5
アルミニウム（Al）	40	0.004	0.1
鉄（Fe）	56	0.04	2

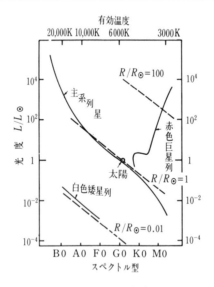

図 3-5　HR 図の概念図.

種の図を最初に提案した2人の天文学者（アイナール・ヘルツシュプルングとヘンリー・ラッセル）の名前の頭文字をとって一般にHR図と呼んでいる．

　HR図では，横軸に星の表面温度 T_{eff}（観測ではこれに対応する星の色またはスペクトル型），縦軸に星の明るさ，L（光度すなわち絶対等級），をとる．図3-5はHR図の概念図である．HR図をつくるには星の絶対等級が必要であり，絶対等級を知るためにはなんらかの方法で星までの距離を求め

る必要がある．一番簡単な方法としては，年周視差が測定可能な近傍の星を使ってHR図をつくるものである．その他，ヒヤデス星団のように星団の星が共通の空間運動をしている場合，その性質を使って星団までの距離を求め（運動視差），HR図をつくる．

次に星のスペクトル型の2次元分類について述べる．星のスペクトル線の見え方は星の大気の温度で主に決められるが，ほんのわずかであるが大気の密度にも依存する．この性質を使うと，星のスペクトルから星の表面温度だけでなく，密度も推定できる．同じ表面温度の星でも，主系列星と半径の大きい巨星，超巨星では星の大気の密度に大きな差があり，半径の大きい巨星，超巨星は，主系列星に比べて星の大気の密度が低い．星のスペクトルの2次元分類は，この原理に基づくもので，星の表面温度の系列である通常O，B，A，…のスペクトル型と星の密度の系列に対応する光度階級（I，II，III，IV，V）の2次元で分類する．光度階級のI，III，Vは，それぞれ超巨星，巨星，矮星（主系列星）を表す．すなわち，同じG型の星でも巨星と主系列星ではほんのわずかであるがそのスペクトルに差があり，その差を使って光度階級を推定することができる．光度階級から推定された星の絶対等級を分光的絶対等級といい，それと見かけの明るさを比較して求めた星までの距離を分光視差という．

3.2 いろいろな恒星

3.2.1 活動性に満ちた星の世界

太陽をはじめ，恒星は莫大なエネルギーを宇宙空間に放射して輝いている．このような星が永遠に輝き続けることができないことは明らかである．星は現在も星間ガス雲の中から生まれ，核燃料を消費し，最後は死んでいくことをわれわれは知っている．しかし，このような星の一生は，何千万年，何億年という気の遠くなるような時間の話である．現在，われわれが普通観測する時間のスケールでは，大部分の星は安定で，静かに変わることなく輝き続けているといってよいであろう．しかし，これらの星の一つひとつを詳しく調べてみると，星の世界は決して静かな世界ではなく，そこには激しく

変化する活動に満ちた世界が繰り広げられているのである.

たとえば，ある星はちょうど心臓が脈打つように星全体が規則正しく膨張と収縮を繰り返す脈動変光星であったり，また別の星では恒星風といって星の表面から秒速 1000 km にものぼる速度でガスが噴きだしていたり，また別の星では光球の外側に 1000 万度という高温のコロナが広がっていて，そこから強力な X 線を放射していたりといった具合である．このような立場から恒星の世界をながめると，「星は生きている」という表現が一番ぴったりくると，私は思っている．ここで星は生きているという表現を使ったが，この表現は 2 通りの意味に解釈することができる．一つは星の一生を人の一生になぞらえて考えるもので，いわば平均像としての星の一生を問題にするものである．星の一生の問題は 3.3 節で詳しく述べる.

それに対して，もう一つは個々の星を取り上げて，そこで生起するもろもろの活動現象を，人の生き様にたとえて考えるものである．ちょうど，人間一人ひとりをとってみれば，それぞれ顔や性格が違うように，星も一つひとつをとってみると，それぞれ異なった形の活動を行っている．いってみれば，星一つひとつがそれぞれ違った「顔」をもっているのである.

それでは，いったいどのような星で，どのような現象が起こっているのだろうか．図 3-6 は，さまざまな活動性や特異性を示す星の HR 図上での位置を示したものである．この図において，主系列に沿って高温の星から見ていこう.

まず左上の O 型星，B 型の超巨星といった高温で光度の大きい星がある．これらの星については，1960 年代の末からロケットや人工衛星を使って，紫外域スペクトルの観測がなされるようになった．その結果，これらの星の外層大気は秒速 2000〜3000 km にものぼる速度で星から噴きだしていて，星から質量放出が起こっていることが明らかになった．さらに，1978 年末にアメリカが打ち上げた X 線衛星「アインシュタイン天文台」の観測により，これらの早期型星は X 線も放射していることが明らかになった．B 型星の領域に移ると，ケフェウス β 型と呼ばれる脈動変光星が主系列からほんの少し進化した位置に存在する．また B 型星には，Be 型と呼ばれる輝線スペクトルを示す星がある．Be 星は星自身が高速に自転していて，赤道からガス

3.2 いろいろな恒星

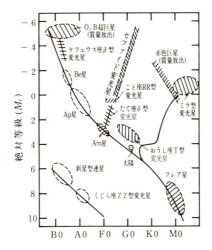

図 3-6 HR 図上での活動性を示すいろいろな星の位置.

が噴きだしていると考えられている.

A 型星の領域には, Ap, Am 星と呼ばれる金属元素のスペクトル線が異常に強い星が存在する. また, Ap 星の中には数千から数万ガウスという強い磁場をもつ磁変星と呼ばれる星もある.

次に晩期型星について見てみよう. 晩期型の代表として太陽があり, 太陽は G 型の主系列星で, 星としてはもっとも平凡な, おとなしい星といってよいであろう. ところが, 太陽の場合, 他の星と違ってわれわれに近いため, その表面の細かい点までよく観測できる. 実際, 太陽では黒点が現れ, フレア (太陽面爆発) やプロミネンスが発生したり, 電波や X 線でバースト (爆発現象) を起こしたりといった具合で, 活動と変化に満ち満ちている.

晩期型星の中には, 太陽の活動を何十倍, 何百倍にも大きくしたような活動を示す星がある. このような星としては, 太陽フレアのような爆発現象が星全面で起こり, 星全体の明るさが突然増大する「フレア星」, あるいはまた「りょうけん座 RS 型星」と呼ばれる太陽型の活動が特別に激しい連星がある. フレア星は, 閃光星とも呼ばれ, 主に絶対等級の小さい赤色矮星 (M 型主系列星) で起こるが, 一部には K 型矮星で起こる. りょうけん座 RS 型星というのは, 成分星が G 型星と K 型星, 周期が数日の一見したところなん

の変哲もない連星系である．ところが，このりょうけん座 RS 型星は，HR
図上の対応する主系列近傍の星にくらべて格別に強力な X 線を放射してお
り，また電波や X 線で大規模なフレアが観測されている．

次に主系列から離れて，巨星領域を見てみよう．まず目につくのが脈動変
光星である．HR 図上で G・K 型超巨星から A 型の主系列にかけて細長い
帯状の領域に脈動変光星が存在する．これはセファイド変光星，こと座 RR
型変光星，たて座 δ 型変光星など主だった脈動変光星を含む領域で，セファ
イド不安定帯と呼ばれている．セファイド変光星は，後ほど述べる周期−光
度関係ゆえに「宇宙の灯台」として，われわれ天の川銀河の外にあるよその
銀河までの距離を測る「物差し」として使われる重要な天体である．また，
赤色巨星・超巨星の領域にはミラ型脈動変光星（長周期変光星）が存在する．
さらに，赤色超巨星の場合，星の表面から質量放出が起こっていることも知
られている．

今度は HR 図上で主系列よりも下に位置する星に注目してみよう．ここに
は白色矮星があるが，白色矮星の中にも脈動変光星が存在することがわかっ
てきた．この白色矮星の脈動変光星は，変光周期が 100〜1000 秒で，くじら
座 ZZ 型変光星と呼ばれている．また，3.5.2 項で詳しく述べる新星型近接
連星（激変星）は，白色矮星を成分星とする近接連星系である．また，白色
矮星列を高温側まで延長したところに，惑星状星雲の中心星が存在する．惑
星状星雲の中心星は，赤色超巨星がその外層を星の外に放出した後，白色矮
星へ進化する途上にある星と考えられている．

以上ざっとひとわたり HR 図上をながめてみた．これからもわかるよう
に HR 図上ほとんど全域にわたって，なんらかの活動性や特異性のある星
が存在する．別のいい方をすれば，完全に静かでなんの活動性も特異性も示
さない星は実際上存在しないといっても過言ではあるまい．ただ星によって
違っているのは，それぞれ HR 図上の異なった領域にある星は異なった現象
を呈するということである．

3.2.2 連　　星

これまでのところでは，星は基本的には単独に存在するとして話を進めて

きた．ところが，実際に存在する星の約半数は連星（binary stars）ないし多重星であるといわれている．

連星というのは，2つの星が万有引力によってお互いに引き合って，その共通重心のまわりを公転運動している系である．連星系の公転運動は，太陽のまわりの惑星の公転運動と同様，ニュートン力学に基づく二体問題，すなわちケプラー運動として記述される．

恒星の基本的物理量として，星の質量，半径，光度，表面温度（有効温度）がある．このうち，半径，光度，有効温度はHR図をつくる基礎になる量として，単独星についても求められる．しかし，星の質量は，連星の場合のみ正確に求められる．したがって，恒星の質量－光度関係，X線星におけるブラックホールの可能性など，連星であることを使って星の質量を決定することが重要になってくる事柄がいくつかある．

連星系の中でも，とくに2つの星の間の距離が1つの星の直径と同じ程度に接近している星を近接連星（close binary）と呼んでいる．このような系では，しばしば2つの星の間で，星の物質の交換が行われ，それに伴って連星系固有の現象が起こってくる．新星の爆発，強力なX線を放射するX線星などの特異な星は，近接連星系である．実際，これまでにないような異常な星を発見した場合，まず最初に連星の可能性，とくに，近接連星系の可能性を検討してみるとよい．

連星として観測される方法により，連星は次のような3つに分類される．

（a）実 視 連 星

シリウスA，Bのように，望遠鏡で空間的に2つの星に分離して見える星を実視連星（visual binary）という．一般に，このような実視連星は2つの星の間の距離が大きく，公転周期も数十年から数百年と長い．実視連星は，長期間にわたって観測することにより公転軌道を決定することが可能である．

（b）分 光 連 星

望遠鏡の視野の中では，2つの星に分離して見えないが，分光（スペクトル）観測により連星であることがわかる星を分光連星（spectroscopic binary）という．分光連星としては，分光観測で2つの星のスペクトルが見える場合

と，1つの星のスペクトルしか見えないが，連星の公転運動に伴うスペクトル線のドップラー偏移により連星であることがわかる場合の2通りの場合がある．2.3節で述べたスペクトル線のドップラー偏移の変動を調べて，星のまわりの惑星系を探す話は，この分光連星を探す方法のことである．また，後述の6.3.2項にでてくる連星パルサーの場合は，パルス周期の変動をスペクトル線の変動と同様に使って，分光連星と同じ原理により，連星の軌道を決定するものである．

(c) 食 連 星

連星系の軌道面がたまたま観測者の視線方向にあるため，2つの星の公転運動により一方の星が相手の星の手前にきて，相手の星を隠す食現象により明るさが変動する星を食連星（eclipsing binary）という．図3-7はアルゴルという名前で知られるペルセウス座 β 星の明るさの変動を示す．アルゴルというのはアラビア語で悪魔の星という意味で，すでに18世紀にはこの星が2日と21時間の規則正しい周期で明るさが変動することが知られていた．

食連星の場合，食の光度曲線を解析することにより連星の軌道要素，両星の半径などを求めることができる．なお，2.3.3項で述べた系外惑星探査のトランジット法は，食連星で隠す側の星が恒星の代わりに惑星である場合に当たる．

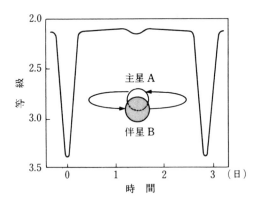

図 3-7　食連星アルゴルの光度曲線．

3.2.3 脈動変光星と星震学

脈動変光星は，星自身が膨張と収縮を繰り返すことによって変光する星である．脈動変光星の代表として，ケフェウス座 δ 星があり，通常この星に代表される脈動変光星をセファイド変光星と呼んでいる．ケフェウス座 δ 星は，5 日 8 時間 47 分の規則正しい周期で，極大光度 3.7 等から極小光度 4.9 等まで 1 等級ほど明るさが変わる．また，ミラの名前で知られるくじら座 o 星は，1 年近い周期で極大光度 2 等から極小光度 10 等まで変光する．脈動変光星では，単に明るさが変わるだけでなく，星の膨張・収縮するようすがスペクトル線のドップラー偏移としても観測されている．

脈動変光星の脈動周期は，白色矮星の変光星のように秒や分と単位の短いものから，赤色超巨星の変光星のように年の単位の長いものまで，たいへん広い範囲にわたっている．脈動変光星の脈動現象は，星の固有振動である．

恒星は，自分自身の重力を内部のガスの圧力で支えているガス球である．このガス球の固有振動が脈動である．セファイド変光星やミラ型変光星などの脈動は，星が球形を保ったまま膨張と収縮を繰り返す「動径脈動」と呼ばれる固有振動である．それに対して，この項の後半で議論する「星震学」で扱う固有振動は，星の形が球形からずれるような振動で，「非動径振動」と呼ばれるものである．われわれの身近な事柄で固有振動が登場するものとして，楽器がある．固有振動という面から見ると，脈動変光星は一つひとつがいろいろな楽器に対応している．

動径脈動する脈動変光星の周期（P）は，星の平均密度 $\langle \rho \rangle$ の平方根に逆比例するという関係，

$$P \propto 1/\sqrt{\langle \rho \rangle} \tag{3.10}$$

がある．

セファイド変光星には有名な周期－光度関係があり，周期の長い星ほど絶対光度が大きくなっている（図 3-8）．周期－光度関係は，式(3.10)の関係をセファイド変光星に適用して，星の平均密度の代わりに星の光度を使って表した関係と考えてよい．この周期－光度関係を使うと，セファイド変光星の周期からその絶対光度がわかり，それと見かけの明るさと比較すれば，セ

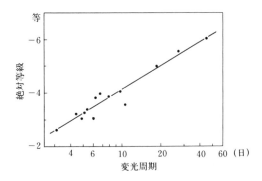

図 3-8 セファイド変光星の周期 – 光度関係.

ファイド変光星までの距離がわかる．アンドロメダ星雲など銀河系外星雲（銀河）までの距離は，その銀河の中にあるセファイド変光星を使って決められている．

また，セファイド変光星やこと座 RR 星など脈動変光星について調べてみると，HR 図上のある特定の領域にある星のみが脈動変光星になっている．脈動変光星になる星にはなにか特別なメカニズムがあるため，星の固有振動が励起され，脈動変光星として観測されるのである．すなわち，脈動変光星自身が一種の熱機関になっていて，星の内部の熱エネルギーを振動の運動エネルギーに転換する「自動車のエンジン」の働きをする機構が存在するのである．セファイド変光星の場合，表面近くにある水素とヘリウムの部分電離している層がこの自動車のエンジンの役割を果たしていることが知られている．

21 世紀に入り，急激に進展した分野に「星震学」がある．星震学は，恒星の振動を観測して，恒星の内部構造を調べる研究である．すでに本書の太陽の 2.1.6 項で，太陽の振動を観測して太陽の内部構造を調べる「日震学」について扱った．太陽も恒星の一つであるが，太陽の場合その表面を 2 次元の面として観測できる．太陽では「5 分振動」と呼ばれる振動が 1960 年代に検出され，1970 年代にそれが太陽の非動径振動と呼ばれる固有振動であることが判明，その固有振動を使って太陽内部を探る研究が行われるようになり，「日震学」と呼ばれた．「日震学」では，太陽の振動の観測の解析から，

太陽の内部の音速分布（温度分布），対流層の深さ，太陽内部の自転速度分布など，太陽内部について，他の方法では得られない貴重な情報を得ることができ，大きな成功を収めたことはすでに 2.1.6 項で述べた．

　同じ原理を恒星に適用して恒星の内部構造を探ろうという「星震学」の試みはすでに 1980 年代には想定された．しかし，恒星の場合，表面を分解して観測することはできず，また太陽の 5 分振動に対応する振動の場合，その変光あるいは速度の振幅が小さく，20 世紀中は有意な観測結果を得られなかった．一方，脈動変光星の脈動も恒星の固有振動でその振幅は十分大きいが，脈動変光星の場合の脈動は動径脈動の基準振動かその倍振動で，観測されるモードの数が 1 個かせいぜい数個程度で，星震学として恒星内部を探るにはモードの数が少なすぎた．

　20 世紀の末から 21 世紀にかけて，地上観測からも星震学に使える観測データが少しずつ得られるようになった．しかし，21 世紀に入りこの状況を大きく変えたのは，系外惑星探査を目的とした宇宙望遠鏡の打ち上げがある．すでに 2.3 節で述べたように，フランスのコロー衛星（2006 年打ち上げ）および NASA のケプラー衛星（2009 年打ち上げ）などがある．特にケプラー衛星は，系外惑星の探査を目的にたくさんの星の明るさを高い精度で長時間連続観測し，その結果，系外惑星探査だけでなく，変光星の研究および「星震学」に革命的な変化をもたらした．ケプラー衛星の観測で太陽型主系列星および赤色巨星で太陽型の多数の固有振動モードが観測され，振動を使って恒星内部を探る「星震学」が文字通り成立した．

　日震学のところで述べたように，恒星の（非動径）固有振動モードは量子力学で出てくる 3 つの量子数（n, l, m）で指定される．さらに振動の復元力の性質により p モード（pressure mode：圧力波モードあるいは音波モード）と g モード（gravity mode：重力波モード）の 2 種類がある．ここで出てくる重力波（gravity wave）は，海面の波に対応するもので，一般相対論で出てくる「重力波」（gravitational wave）とは違うことに注意が必要である．一般に局所的には p 波の振動数の方が g 波の振動数より高い．太陽の「5 分振動」は p モードで，またセファイド変光星の動径脈動は p モードである．

恒星誕生直後の単純な内部構造を持つ主系列星では，非動径振動のモード l（エル）を固定した場合，p モードの振動数が g モードの振動数より高く，p モードでは動径方向の節の数が増えるとともに振動数は増加していくのに対して，g モードでは動径方向の節の数が増えると振動数は逆に減少していく．そして，p モードは主に恒星の外層が振動する音波のモードであるが，g モードは恒星内部が振動する重力波のモードである．しかし，主系列星でも進化の進んだ段階の星や赤色巨星では，進化の結果，恒星の内部が収縮するのに対して外層が大きく膨張する．その結果，内部の g モードの振動数が増加して，外層の p モードの振動数に近い領域まで上がってくる．すると，恒星内部では g モードとして振舞うが，外層では p モードとして振舞う「混合モード」が現れるようになる．こうした現象は理論的にはすでに 1970 年代に知られていたが，21 世紀に入りケプラー衛星などの観測により赤色巨星で実際にこうした「混合モード」が存在することが確認された．混合モードを使うと，恒星内部の深い層のことを星震学により調べることが可能になった．

3.2.4 星からの質量放出

太陽はコロナから惑星間空間に電離ガス（プラズマ）を流出しており，これを太陽風と呼んでいることはすでに 2.1.2 項で述べた．HR 図上の広い範囲にわたって星からも質量放出があることが現在では知られている．星からの定常的質量放出を一般に「恒星風」と呼んでいる．太陽の場合，この質量放出の割合は，1 年に 10^{-14} 太陽質量程度で，星の質量放出としては小さいほうである．質量放出の大きい星は，O 型星，B 型超巨星などの早期型星であり，また晩期型星では M 型超巨星が挙げられる．これらの星は，一般に HR 図上で上方に位置する光度の大きい星である．

（1） 早期型星からの質量放出

1960 年代後半からはじまったロケットや人工衛星を使った恒星の紫外域スペクトル観測により，表面温度が高く，光度の大きい O 型星，B 型超巨星から強い恒星風が吹きでていることが明らかになった．すなわち，これらの

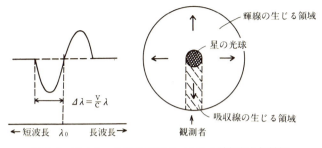

図 3-9 はくちょう座 P 星型スペクトル線輪郭と恒星風.

星の紫外域にある 3 回電離した炭素（CIV），硅素（SiIV）の共鳴線（原子のエネルギー準位において基底状態からの遷移に対応するスペクトル線）がいわゆる「はくちょう座 P 星型プロファイル」を示していたことである．

はくちょう座 P 星型プロファイルというのは，図 3-9 に示すように，スペクトル線の短波長側は吸収線に長波長側は輝線になっているものをいう．これは，星から球対称に質量放出がある場合にできる典型的スペクトル線の輪郭（プロファイル）である．

早期型星からの恒星風におけるガスの膨張速度は秒速 1000〜3000 km で，これは星の表面からの脱出速度（約 600 km/s）を十分超えるほど大きい．また，質量放出の割合は，1 年あたり 10^{-8}〜10^{-5} 太陽質量と，きわめて大きな値になっている．

これらの星からの質量放出の原因であるが，放射圧による質量放出とする考えがもっとも有力である．これら高温の星では星からの放射が非常に強く，星の光球より外側では紫外（UV）領域にあるたくさんのスペクトル線に働く放射圧の総和は星の重力より大きくなり，星から物質が外の空間に流失してしまうのである．実際，観測される質量放出率は星の全放射光度（L_{bol}）と一番相関がよく，全放射光度が大きいほど，質量放出率も大きくなっている．また，X 線を放射していることから，これらの星の外層には温度が 100 万度を超える高温のガスが存在していることになる．

さらに HR 図の O 型星の領域には，スペクトルが幅広い輝線だけからなるウォルフ・レイエ星（Wolf-Rayet 星：WR 星）と呼ばれる一群の星が存在する．これらの星では，恒星風により星の表面からガスが流出し，空間的

に広がった大気が出来, そこから幅の広い輝線が生じていると考えられている. ウォルフ・レイエ星は, 現在の質量は太陽質量の約5倍から数十倍の星であるが, もともとの星の質量はそれより大きく, 銀河系の中でも最も大きな質量の星であったが, 現在は強い恒星風により星の水素外層を失いつつある段階の星と考えられている. ウォルフ・レイエ星はいずれ超新星爆発を起こして, その一生を終える.

（2）　赤色巨星からの質量放出

　HR図上で, 恒星風の強い星としてはもう一つ赤色超巨星がある. ベテルギウス（オリオン座アルファ星）, アンタ－レス（さそり座アルファ星）といったM型超巨星のスペクトルで, 強い金属吸収線プロファイルに中心部分が短波長側に少しずれた深い吸収構造が見られることは以前から知られていた. これは, 星から放出された物質が星自身を取り巻いていて, そこから短波長側にずれた吸収線が生じたと現在では考えられている. さらに, 赤色巨星, 超巨星では, 星を取り巻く球殻中のダスト（塵）から赤外熱放射や電波の分子線なども観測され, これらの星から多量の質量放出があることが明らかになっている. また, ミラ型長周期変光星は, OH, H_2O, SiOなどの電波領域の分子線の強い電波源になっており, これらの星も質量放出が大きいことを示している. 赤色巨星, 超巨星からの質量放出の特徴として, 一般に温度の低い（$T \leq 10^4$ K）冷たい恒星風であること, また膨張速度が秒速10～20 kmと小さいことなどが挙げられる. これは赤色巨星, 超巨星の半径が大きく, したがって重力ポテンシャルの井戸が浅いからである.

　次にこれらの星からの質量放出の割合であるが, M型巨星で1年で10^{-8}～10^{-6}太陽質量程度, M型超巨星で1年あたり10^{-7}～10^{-5}太陽質量程度と見積もられている. また, 星がHR図を右上へ上りつめるほど, 質量放出率も増大する. そして, 最終的には星の水素からなる外層がすべて失われ, 惑星状星雲をへて, 星の中心部が白色矮星になるという星の進化のシナリオと, この観測はよく一致している.

　赤色巨星, 超巨星からの質量放出のメカニズムであるが, ダストに働く放射圧による加速説, あるいは脈動変光星での脈動に伴う衝撃波説などが

ある．いずれにしろ，これらの星の場合，星の半径が大きく，重力のポテンシャルの井戸が浅いという事実があり，これは質量放出を容易にする一因になっている．

3.2.5 褐色矮星

太陽のような普通の星と巨大ガス惑星である木星の中間のような天体に褐色矮星（brown dwarf）と呼ばれる天体がある．太陽のような普通の星は，内部の水素核融合反応でエネルギーを賄っている．ところが星の質量が太陽質量の 10 分の 1 以下（厳密には 0.08 倍以下）になると，星の重力が十分大きくないため，星の中心温度が水素の核融合が起こるほど高温にならない．このような星では，星として誕生しても，水素の核融合が起こる主系列に到達する前に冷えて暗い星として一生を終わってしまう．

褐色矮星の存在自身はすでに 1960 年代に予言されていたが，暗くて見つけにくいため，なかなか見つからなかった．ところが，1995 年に日本人天文学者中島紀を含むパロマー天文台のグループが太陽から 5.7 pc のところにあるグリーゼ 229 という M 型矮星に暗い伴星（グリーゼ 229B）を発見，この伴星が褐色矮星であることが明らかになった．それ以後，こうした低質量の褐色矮星がたくさん発見されるようになり，主系列星のスペクトル型で一番低温の M 型星よりさらに低温の L 型星，それよりさらに低温の T 型星が褐色矮星のスペクトル型として導入された．これらの星の表面温度は 800〜2500 K で，放射のほとんどは赤外線放射である．褐色矮星グリーゼ 229B の場合，その表面温度は 900 K，メタンや水蒸気の強い吸収線が検出されている．褐色矮星では，重力収縮のエネルギーと重水素の核融合エネルギーが星のエネルギー源であると考えられている．

褐色矮星と木星のような巨大ガス惑星とを分ける質量の境界は，必ずしもはっきりしていないが，木星質量の十数倍のところにあると思われている．しかし，褐色矮星と巨大ガス惑星とではその内部構造も形成過程も異なると考えられる．すでに 2.2.7 項で述べたように，惑星の場合，親星のまわりの回転円盤中の塵が固まって微惑星ができ，さらに微惑星が衝突合体を繰り返して原始惑星ができる．木星のような巨大惑星の場合は，原始惑星がさら

に回転円盤中のガスを吸着して巨大ガス惑星にまで成長すると考えられている.

　一方,褐色矮星は普通の星形成過程と同じ過程でできると考えられている.すなわち星形成の場合,分子雲が収縮する過程で分子雲中のガスの密度の濃い部分が自己重力で固まって星ができる.褐色矮星は,普通の星と比べて質量が小さい.しかし,褐色矮星の数が銀河あるいはわれわれの銀河系の中にどのくらいあるのか,まだよくわかっていないため,銀河あるいは銀河系の中で,褐色矮星がどの程度,重力源としての役割を果たしているのかはまだ解明されていない.後ほど,4.2.6項で議論するように,銀河や銀河系の中で目には見えないが重力源として重要な役割を果たす暗黒物質の候補の一つに MACHO 天体と呼ばれる天体現象があるが,褐色矮星は MACHO 天体の有力な候補の一つである.

3.3　星の内部構造と進化

3.3.1　星はなぜ光り輝くのか

　恒星と惑星の違いはよく知られているように,惑星が太陽の光を反射して輝いているのに対して,恒星は自分自身で光をだして輝いていることである.太陽は,もっとも平凡な恒星であり,銀河系には約 10^{11} 個ものこのような恒星が存在すると考えられている.

　恒星とは?とあらためて問われると,正確に定義するのは難しい.しかし,物理的にいえば,「恒星とは,自分自身がつくりだす重力を内部の圧力で支えて,自ら光り輝いているガス球」であるといえる.恒星の定義である星が光り輝く理由であるが,よく物の本には星の内部には核燃料があり,核融合反応でエネルギーを発生するから,と書いてある.この表現は半分正しく,半分間違っている.正しいといった意味は,大部分の星のエネルギー源は核融合エネルギーであるというためであり,一方,半分間違っているといった意味は,星は核燃料があるかないかにかかわらず,光り輝く運命にあるということである.

　その理由は以下の通りである.星は自分自身のつくりだす重力を内部の圧

力で支えているガス球であると上で述べた．星の内部のガスは，一般に次の
理想気体の状態方程式，

$$p = \frac{\mathfrak{R}}{\mu}\rho T \tag{3.11}$$

により表される．ここで，p は圧力，ρ は密度，T は温度，$\mathfrak{R}$，μ はそれぞ
れ気体定数，平均分子量である．すなわち，星は自らの重みを支えるために
は内部が高温，高圧でなければならない．実際，星の内部での核融合反応に
ついてまだ知られていなかった 1920 年代にすでに，太陽の中心温度は 1000
万度にも達していることが知られていた．一方，外の宇宙空間は絶対温度
3 K という低温である．すると，高温の星の内部から星の表面に向けて，エ
ネルギーが流れる．表面まで流れてきた熱エネルギーは表面から放射の形で
外の空間に四方八方に放出される．これが，星が輝く理由である．

一方，星が安定してエネルギーを外の空間に放出し続けるためにはエネル
ギー源が必要である．

3.3.2　星のエネルギー源

すでに第 2 章「太陽と太陽系」で述べたように，恒星のエネルギー源は
水素などの軽い元素をより重い元素に融合する熱核融合反応である．温度
が 1000 万度を超す恒星内部では，いろいろな元素はプラスに帯電した原子
核とマイナスの電荷をもつ電子とに分かれた電離状態（プラズマ状態）にあ
る．核反応を起こすためには，このようなプラスに帯電した原子核同士が星
の内部の高温による熱運動により高速で衝突する必要がある．たとえば，水
素燃焼反応である CNO 反応では，炭素の原子核 ^{12}C に陽子 p が衝突して
窒素の同位元素 ^{13}N が生成する次の反応からスタートする．

$$^{12}\mathrm{C} + \mathrm{p} \rightarrow {}^{13}\mathrm{N} + \gamma \tag{3.12}$$

しかし，星の内部の温度程度では原子核同士が衝突して核反応を起こすに
は，原子核の電気的クーロン力による反発力が障害になる．しかし図 3-10
に示すように，量子力学ででてくる「トンネル効果」のために，わずかの確
率ではあるが原子核同士が衝突して核反応を起こす．この場合，温度が上昇
すると，核反応率は急激に増大する．

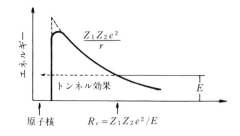

図 3-10 核反応の際のクーロンの壁とトンネル効果. 衝突する原子核のエネルギーはプラズマの温度とともに上昇し, 核反応を起こす確率も急激に増大する.

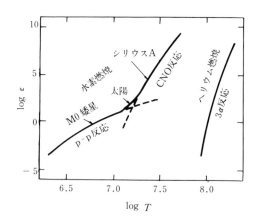

図 3-11 水素燃焼とヘリウム燃焼による核融合エネルギー発生率 ϵ (ϵ の単位は erg/g・秒). 太陽およびシリウスの中心でのエネルギー発生率を矢印で示す.

　図 3-11 は星の内部での水素およびヘリウムの核融合反応によるエネルギー発生率 (ϵ) を温度の関数として示したものである. 図からもわかるように, 核融合によるエネルギー発生率は温度の上昇とともに急激に増大する.
　次に重力エネルギーについて述べる. 恒星内部でのエネルギー源としては核エネルギー以外に重力エネルギーがある. 恒星が誕生した最初の段階では, まだ中心の温度が核反応が進行するほど十分高くない. そのような場合のエネルギー源は, 重力エネルギーである. 核反応によるエネルギー補給が

ない場合，星は表面から放射によってエネルギーを失うと，星全体が収縮する．収縮により，星の重力ポテンシャルエネルギーが解放される．このエネルギーの約半分は放射として星の表面から失われ，残りの半分は星自身の内部の温度を高めるのに使われる．実験室の通常の気体は，エネルギーを失えば，当然気体の温度は下がる．ところが，星の場合にはエネルギーを失うことによって，星の内部の温度は逆に上昇する．このような星の性質は，自己重力系に特有の性質で，「有効比熱が負の系」であるという．この性質は，後述するように「核反応の安定性」の話と深い関係がある．

3.3.3　星の内部構造と進化の理論

（1）　恒星内部構造の基本方程式

星の内部構造を知るには，物理学の法則が星の内部にもあてはまるとして方程式を立て，その方程式を解くことによって理論的に求められる．

太陽は太陽系の生成以来，46 億年という長い時間にわたって現在とあまり変わらない明るさで輝き続けてきたと考えられている．このように長い時間安定して太陽が輝き続けていられるのは，太陽が安定な平衡状態にあるからである．太陽をはじめ恒星の平衡状態を記述するのは，①静水圧平衡，②熱平衡の 2 つの平衡条件である．

第 1 の条件の静水圧平衡というのは，星の内部の各点で星自身の重力と圧力勾配による力がつりあっているという条件である．また，第 2 の条件である熱平衡というのは，星の表面から放射の形で失うエネルギーを内部で生成される核融合エネルギーで賄っているという条件である．また，第 3 の条件としては内部で発生した核エネルギーは放射あるいは対流といった形で内部から表面へ向けて運ばれる．これを熱輸送の条件という．これらの条件と，星自身の重力は星をつくっている物質自身によって生みだされているという第 4 の条件の自己重力の条件を方程式の形で書くと，次のような 4 つの微分方程式で表すことができる．

$$\frac{dp}{dr} = -\frac{GM_r}{r^2}\rho, \tag{3.13}$$

$$\frac{dL_r}{dr} = 4\pi r^2 \rho \epsilon, \tag{3.14}$$

$$\frac{dT}{dr} = -\frac{3\kappa\rho}{4ac}\frac{1}{T^3}\frac{L_r}{4\pi r^2}, \tag{3.15}$$

$$\frac{dM_r}{dr} = 4\pi r^2\rho. \tag{3.16}$$

これらの 4 つの微分方程式は，星の内部での動径座標 r を独立変数とし，星の内部の物理量，圧力 p，温度 T，ある半径 r より内側にある物質の質量 M_r および半径 r の球面を通過するエネルギー流量（光度）L_r の 4 つの変数についての常微分方程式になっている．ただし，ここでは第 3 の条件式である熱輸送の式は，放射による熱輸送の場合の式である．

恒星の内部構造を解くというのは，これら 4 つの微分方程式について星の中心および表面での境界条件を満たすような解を求めることである．実際にこれらの微分方程式を解くには，さらに①星の内部での物質の状態方程式，②星の内部での核融合反応によるエネルギー生成率（ϵ），③放射によるエネルギー輸送の式にでてくる物質の放射に対する不透明度（κ）などについての知識があらかじめ必要である．

（2）　恒星の進化

恒星内部での核融合反応の結果，星の内部の化学組成は徐々に変化していく．この結果，星の内部構造も同様に変化していく．これを「星は進化する」という．恒星内部構造と進化の理論は 1950 年代から 1960 年代にかけて急速に発展し，現在では恒星の内部構造と進化の大筋はわかっていると考えられている．次に星の一生について概観してみよう．

3.3.4　星の誕生と主系列への進化

近年，星の誕生についての研究は急速な発展を遂げた．これは，電波分子分光学，赤外線天文学などといった新しい天文学の分野の発展に負うところが大きい．われわれはこの「新しい目」によって，これまでは見ることのできなかった星の誕生の現場を観測できるようになった．星の誕生については，第 4 章「わが銀河系」であらためて取り上げるので，ここでは簡単にふれることにする．

星の誕生は，分子雲と呼ばれる高密度の星間雲が収縮して，その中に "星

3.3 星の内部構造と進化

の赤んぼう"（原始星）ができるところからはじまる．生まれたばかりの原始星は，星間雲の中にうもれている．このような星からでた光は星間雲の中の塵に吸収され，赤外線の形で再放射される．こうした生まれたての星を示すと思われる赤外線星がオリオン星雲の中などで見つかっている．

次に，原始星の進化について考えてみよう．生まれたての星は，内部の温度がせいぜい数十万度で，この程度の温度では原子核反応は起こらない．原始星は，表面から放射によってエネルギーを失うと星全体が収縮し，それに伴って内部の温度も上昇する．このような星では，収縮に伴って解放されたエネルギーの約半分は放射エネルギーを賄うのに使われ，残りの半分は星の内部の温度を上げるのに使われる．そして，星の内部の温度は，収縮に伴い，星の半径に逆比例して上昇する．

星の中心の温度が 1000 万度を超えるようになると，中心で水素の核融合反応がはじまる．そして，星は中心での核融合反応で生じたエネルギーと星の表面から放射されるエネルギーがつりあった主系列星になる．星は一生の大部分を中心付近での水素の核融合反応を行っている主系列星として過ごす．主系列に達する前の進化段階の星を重力収縮段階の星あるいは前主系列星という．

前主系列星の進化で興味深いのは，HR 図上での進化の道筋である．前主系列星の進化を最初に計算したのは，アメリカのルイス・ヘニエのグループである．彼らの計算によれば，重力収縮段階にある星は半径が大きく表面温度の低い状態からスタートして，収縮に伴って徐々に表面温度を上げながら，最終的に主系列に到達するというものである．すなわち，HR 図上を右から左へ水平に近い道筋を通って主系列に至るというものである．

ところが，1961 年に京都大学の林忠四郎は，重力収縮段階にある星は星全体が対流平衡にあり，図 3-12 に示すように，HR 図を水平よりもむしろ垂直に近い道筋に沿って収縮してくることを発見した．現在，この道筋は「ハヤシ・トラック」と呼ばれている．この理論によれば，核反応を行っていない前主系列星では主系列星よりも明るく，しかも半径の大きい初期の段階ほど明るいことになる．おうし座 T 型星と呼ばれる星は，この進化の段階にあると考えられている．おうし座 T 型星については，次の第 4 章で詳しく述べることにする．

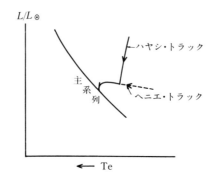

図 3-12 重力収縮段階(前主系列段階)の星の進化の道筋.

3.3.5 主系列星

原始星からスタートした星は,収縮に伴って,星の半径が小さくなり,中心温度を増大させていく.やがて星の中心温度が 1000 万度以上になると,水素の核融合反応がはじまる.そして,中心での核エネルギー発生率と星の表面からの放射率が等しくなったところで,星の収縮は止まり,HR 図上の主系列星に落ち着く.星は一生の大部分を,中心での水素の核融合反応でエネルギーを賄う主系列星として過ごす.太陽をはじめとした主系列星は,いわば宇宙空間に浮かぶ巨大な核融合炉であるともいえる.

主系列星は,HR 図上で左上の O 型星から右下の M 型星まで長い系列をつくっている.これらの星はすべて中心で水素燃焼段階にある星で,HR 図上の位置の違いは星の質量の違いを表している.すなわち,高温の O, B 型星は,太陽質量の 10 倍ないしそれ以上の大質量星であるのに対し,M 型星は太陽質量の半分以下の小質量星である.しかし,星の内部構造と進化について,まだよくわかっていなかった 20 世紀はじめのころ,主系列は星の進化の系列であると考えられた.すなわち,星は高温の O, B 型星として生まれ,その後主系列に沿ってだんだん冷えていき,ついに低温の M 型星になり,最後は光らない星となって死んでいくというわけである.そこで,O, B, A 型の高温の星を早期型星,G, K, M 型の星を晩期型星と呼んだ.現在では,この考えが間違っていることはよく知られているが「早期型星」お

3.3 星の内部構造と進化

および「晩期型星」という言葉は現在でもそのまま使われている.

主系列が星の進化の系列ではなく,星の質量の違いによる系列であることを,最初に理論的に明らかにしたのはイギリスのアーサー・エディントンである. 1924 年に,エディントンは星の内部が放射平衡にあると仮定して,有名な質量−光度関係を理論的に導くことに成功した. 質量−光度関係というのは,星の明るさ L は星の質量 M とともに急激に増大するという関係で,次のように表せる.

$$L \propto M^{\alpha} \tag{3.17}$$

ここで α は 3 ないし 4 くらいの定数である.

主系列にいる間に消費できる核燃料はその星の質量に比例すると仮定すると,主系列星の寿命 (τ) は,

$$\tau \propto \frac{M}{L} \propto M^{1-\alpha} \tag{3.18}$$

と表せる. ここで,太陽の場合の水素燃焼による主系列の寿命は約 100 億年である.

すなわち,O,B 型の大質量星は光度の大きいエネルギーの浪費家で,その主系列の寿命も約 1000 万年から 1 億年と短命である. それに対して太陽よりも質量の小さい G,K,M 型の主系列星は明るさもずっと暗くエネルギーの倹約家で,寿命も 100 億年以上とたいへん長くなっている.

次に恒星における核反応の安定性について述べる. 太陽をはじめ主系列星は水素燃焼反応でエネルギーを賄っている巨大な核融合炉であると述べた. 水素の核融合といえば,基本的には水爆と同じ原理による核反応である. このような星の核融合炉は暴走を起こす心配はないのだろうか.

水素の核融合反応のエネルギー生成率は,温度とともに急激に増大するという性質がある. この性質のため,水爆の場合,いったん核反応が起こると核反応で解放されたエネルギーにより温度が上昇し,一層核反応が促進され雪だるま式に反応が進み爆弾になるわけである.

それに対して,恒星の場合,重力エネルギーのところで述べたように,エネルギーを失うと収縮して逆に星の内部の温度を上げるという通常実験室で経験する気体とは違う性質,「負の有効比熱」をもつ系としてふるまう. す

なわち，仮に星の内部で核反応によるエネルギーの発生量が表面から失うエネルギーより大きいということが起こると，星は膨張して逆に内部の温度が下がってしまう．すると，核融合反応によるエネルギー生成率が下がり，核反応エネルギー発生の超過は解消される．いいかえると，星は内部にサーモスタットを備えていて，核融合反応率を常に表面から放射によって失うエネルギー量に見合うよう調整できるようになっている．したがって，主系列星は安定して核融合反応で長い時間輝き続けることができるのである．

3.3.6 進化の進んだ星

　主系列星は中心部分（コア）で水素を燃焼して輝いている．その結果，星のコアでは核燃料の水素が徐々に消費され，灰であるヘリウムが溜まってくる．そして，中心の水素が完全に使いつくされると，水素燃焼箇所は中心からコアのまわりの薄い球殻部分に移っていく．これが主系列段階の終了である．その後，核燃料のなくなったコアは収縮していく．それに対して，水素燃焼部位である球殻を境にして，星の外層は急激に膨張する．その結果，星は高密度のコアと密度が低く半径が大きな外層部からなる二重構造をとるようになる．このとき，星は HR 図上で主系列を離れ，赤色巨星へ向けて急速に進化していく（図 3-13）．その後の進化の細かい点については，星の質量によって異なっている．しかし，基本的シナリオは次のようである．

　中心のヘリウムのコアはさらに収縮を続け，それに伴って中心の温度も増大していく．そして中心の温度が 1 億度以上になると，これまで灰として扱ってきたヘリウムにも火がつく．そして，ヘリウムは 3α 反応という核融合反応により炭素に変えられる．中心でヘリウムの燃焼がはじまると，星のコアの収縮は止まる．すると，これまで膨張を続けていた星の外層も膨張を止め，むしろ収縮に向かう．その結果，星は HR 図上で赤色巨星列から離れ，青色巨星，黄色巨星の位置までいったん逆戻りする．

　中心でヘリウムが燃えつきた後の進化は，中心での水素の燃焼後の進化の場合と似た経過をたどる．すなわち，ヘリウムの燃焼領域はコアのまわりの球殻に移る．そして，中心の炭素のコアは，また収縮をはじめる．しかし，今度の場合ヘリウム燃焼球殻の外に，水素燃焼球殻もある複雑な構造にな

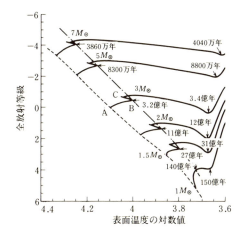

図 3-13 いろいろな質量の星の主系列から赤色巨星へ向けての進化.

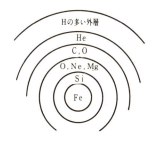

図 3-14 進化の進んだ大質量星の内部構造（タマネギ構造）.

る．その後の進化については，大質量星と小・中質量星とでは異なった進化の道筋を通る．この大質量星と小・中質量星との境界は，太陽質量の8ないし10倍の質量のところにある．以下では，2つの場合に分けて考察する．

3.3.7 大質量星の死と超新星爆発

大質量星の場合では，さらに中心で炭素燃焼，珪素（Si）燃焼と核反応が続き，最後に鉄のコアができるところまで進む．このような星は図3-14に示すように，ちょうどタマネギのように，幾重にも球殻が重なった内部構造をもつことになる．

106   第 3 章　恒星の世界

　ヘリウムの燃焼およびそれ以後の核融合反応によって発生するエネルギー
は，水素燃焼のエネルギーの 10 分の 1 程度である．したがって，主系列以
後の進化の進んだ星の寿命は，主系列の寿命の 10 分の 1 以下と短い．HR
図上でセファイド変光星や赤色超巨星などは，これら進化の進んだ星に対応
している．

　核燃料を使い果たしてしまった星は，最後に超新星爆発を起こして死んで
いく．そして，超新星爆発の残骸として中性子星あるいはブラックホールに
なる．大質量星の場合，中心では次々に核融合反応が進み，最後に鉄のコア
ができるところまで進化する．鉄は原子核の中ではもっとも安定な原子核で
あり，これ以上の核融合反応は起こらない．その結果，鉄のコアはさらに収
縮が進み，中心の温度は 30 億度を超える高温になる．すると，次式のよう
な反応により鉄がヘリウムと中性子に分解する．

$$^{56}\mathrm{Fe} + \gamma \to 13\,^{4}\mathrm{He} + 4\mathrm{n} - 124.4\,\mathrm{MeV} \qquad (3.19)$$

　この反応は，高温状態で鉄が光子を吸収することによって起こるので，鉄
の光分解と呼ばれている．この分解反応は吸熱反応であるため，星の中心の
圧力が下がり，さらに収縮が進む．すると，コアの重力が一層強くなり，星
は加速度的につぶれていく．この現象は，ちょうど爆発と反対であるので，
爆縮と呼ぶ．また，このような現象を星の「重力崩壊」という．

　重力崩壊によってつぶれつつある星の中心核では，どんどん密度が上が
り，10^{15} g/cc という原子核の密度と同程度の高密度になる．このような高
密度になると，コアの物質は中性子化し，そのような状態での核力による反
発力により星の収縮が止められる．収縮の止まったコアにその外側にある物
質が自由落下してきてコアにぶつかり跳ね返される．これを「バウンス」と
いう．この際，莫大な重力エネルギーが解放される．解放された重力エネル
ギーは，大部分はニュートリノの形で星の外層へ伝えられる．このニュート
リノの一部が外層で吸収され，そのエネルギーにより星の外層は吹き飛ばさ
れる．これが「超新星爆発」であると考えられている．

　超新星爆発により，星の外層の物質は秒速数千 km という高速で星から放
りだされる．このようすは，超新星爆発時のスペクトルで高速で膨張する球

殻として観測されている．また，超新星爆発により放出された物質は，星の内部での核反応をへている物質や，また超新星爆発の際に急速に進行した核反応にさらされた物質であり，ヘリウムより重い，いろいろな元素が含まれている．超新星爆発で星から放出された重元素は，やがて星間ガスに混入し，現在の星間ガスの化学組成が形成されたのである．

人類や地球上の生物をつくっている炭素をはじめいろいろな重元素も元をたどれば，このようにして超新星爆発により星間空間に撒き散らされた物質からできたものである．

次に超新星の分類と過去の超新星について述べる．超新星（supernova）は，1つの星がある日突然明るく輝きはじめ，1つの銀河全体の明るさに匹敵するほどの明るさに達する現象である．超新星爆発は，星の一生の最期を飾る大爆発である．超新星は大きく分けて，そのスペクトルに水素の線が観測されない I 型と水素の線が観測される II 型の 2 つのタイプがある．超新星は，さらにそのスペクトルと光度曲線により Ia，Ib，Ic などと，細分類されている．

II 型超新星は，上に述べたように大質量星がその一生を終える際の大爆発であると考えられている．また，Ib，Ic 型超新星の場合，スペクトルに水素が観測されないが，3.2.4 項で述べたウォルフ・レイエ星のように大質量星が恒星風によって水素の外層を失った後に，超新星爆発を起こしたものと考えられている．一方，Ia 型超新星は，連星系中の白色矮星に伴星からの物質が流入し，白色矮星の表面に降り積もっていき，白色矮星がその上限質量であるチャンドラセカール限界質量を超えてしまったために起こる大爆発であると考えられている．

わが銀河系内で起こった超新星で，その爆発が観測された超新星としては，1572 年に出現しチコ・ブラーエによって観測された超新星（チコの超新星と呼ばれている）や 1604 年に出現しケプラーにより観測された超新星（ケプラーの超新星）がある．

また，後述する「かに星雲」のもとになった超新星として，1054 年に出現した超新星がある．この超新星の場合，西洋にはその出現の記録がないが，

中国，日本には記録があり，「天に客星あり」という形で記された星*であると考えられている．

わが銀河系以外の銀河では，平均50年から100年に1回の割合で，超新星が出現している．銀河系の場合，最後に観測されたのがケプラーの超新星で，それ以来すでに400年近くが経過している．そろそろ超新星が出現してもよいころである．ただし，わが銀河系の場合，銀河円盤内でしかもわれわれから遠いところで超新星が出現したとすると，星間塵にさえぎられて見えない場合が十分考えられる．したがって，実際にはケプラーの超新星以後にも超新星が出現している可能性は否定できない．

3.3.8 大マゼラン雲に出現した超新星

わが銀河系ではないが，お隣の銀河である大マゼラン雲（16万光年の距離）の中に，1987年2月23日に超新星が出現した（図3-15）．この超新星はケプラーの超新星以来400年ぶりに肉眼で観測できた超新星であった．この超新星は，1987年度で最初に見つかった超新星であるので「SN 1987A」と名づけられている．超新星1987Aは，近代的観測装置が整備されてからはじめてわれわれにきわめて近いところで出現した超新星であり，ニュート

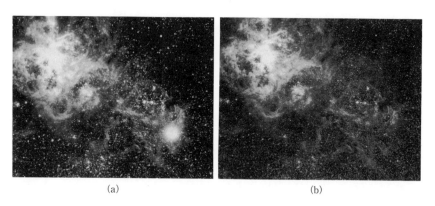

図 3-15 大マゼラン雲に出現した超新星1987Aと30 Doradus星雲．(a) 超新星出現後，(b) 出現前．[天文月報, Vol. 81, No. 2 （1988）のカバー写真より転載]

---

* この超新星は，昼間でも20日間ほど見えたとのことである．日本では藤原定家の『明月記』にこの星の記述がある．

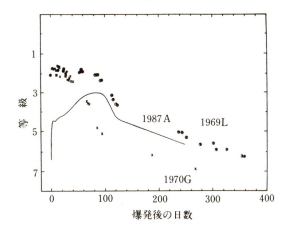

図 3-16 超新星 1987A の光度曲線と他の II 型超新星との比較．実線は超新星 1987A で，⊕および×は他の II 型超新星．最初の 2〜3 ヵ月の光度曲線は他の超新星とは異なるが，指数関数的減光に入ってからは基本的には同じようすを示す．

リノ，X 線，紫外線，可視光，赤外線などによる詳しい観測がなされ，超新星についての研究がおおいに促進された画期的な超新星である．

この超新星は，スペクトルに水素のバルマー線が観測されていることから，II 型超新星であることがわかった．しかし，この超新星は II 型超新星の典型的なものとはいくつかの点で異なったふるまいを示した．まず，この超新星が最初に光でとらえられたのは，以下に述べるニュートリノバーストからわずか 3 時間後のことで，その明るさは 6.4 等級であった．その後 10 日ほどは 4.5 等級程度の明るさにとどまっていた（図 3-16）．その明るさは典型的 II 型超新星にくらべて 20 分の 1 の明るさしかなかった．その後 2 ヵ月かけて増光していき，3 等級程度のなだらかな巨大期をへて，1 ヵ月ほど急激に暗くなった後，1 日に 0.01 等の割合で指数関数的に暗くなっていった．この減光の割合は，超新星爆発時にできる放射性元素 ^{56}Co が ^{56}Fe に崩壊する半減期 77 日とよく一致しており，この段階の超新星の熱源が放射性元素 ^{56}Co にあることを示している．

110 第 3 章 恒星の世界

この超新星の場合，はじめて①超新星爆発の際のニュートリノバーストが観測されたこと，②爆発前の星が同定されたこと，という 2 点で画期的であった．以下でこの 2 点について簡単にふれる．

（1） 超新星 1987A からのニュートリノの検出

この超新星 1987A の観測でもっとも画期的だったのは，この超新星爆発に伴うニュートリノが検出されたことである．ニュートリノの観測は，①超新星爆発の際，実際に星の重力崩壊が起こっていることを証明したこと，②電磁波以外の観測手段で太陽系外の天体をはじめて観測することに成功し，「ニュートリノ天文学」という新しい研究分野を切り開いた点で画期的であった．

すでに 2.1.5 項の太陽ニュートリノのところで紹介した東京大学宇宙線研究所の神岡陽子崩壊実験装置「カミオカンデ」により，大マゼラン雲で出現したこの超新星からのニュートリノバーストが 13 秒間に 11 個のイベントとしてとらえられたのである（図 3-17）．また，神岡とほぼ同じ時間にアメリカのオハイオ州にある IMB グループも，8 個のニュートリノを検出した．ニュートリノは極端に相互作用の弱い素粒子で，今回の 11 個のイベントを引き起こしたニュートリノの量は地球上で $1\,cm^3$ あたり 10^{10} 個，すなわち 100 億個ということになる．

星が重力崩壊して，中心に中性子のコア（中性子星）ができる際に解放される重力エネルギーは約 $10^{53}\,erg$ である．このエネルギーにより中心にできた中性子星は $10^{10}\,K$ という高温に熱せられる．通常の星では，表面から光子が宇宙空間に逃げだすことによってエネルギーを失う．しかし，この高温の中性子のコアでは，コアを取り巻く物質の密度が高すぎるため，光子は逃げだすことができず，光子によって冷えることはできない．一方，このような高温になるとニュートリノが生成されるが，このニュートリノは物質との相互作用が小さいので，高温の中性子のコア表面からぬけだし，中性子星を冷やすことができる．カミオカンデが観測したのは，このようなニュートリノであった．

実際，超新星爆発で発生するエネルギー $10^{53}\,erg$ のうち，99％ はニュー

3.3 星の内部構造と進化

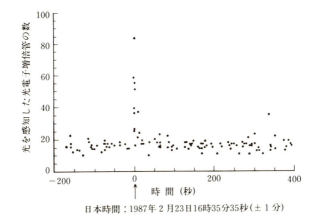

図 3-17 カミオカンデによる超新星 1987A からのニュートリノバーストの観測.

トリノとして放出され，超新星の爆発の運動エネルギーと光の形で放出されるエネルギーは 10^{51} erg でその 1% にしかすぎない．SN 1987A の超新星爆発で平均エネルギーが 10 MeV のニュートリノが約 10^{58} 個生成され，そのうち 11 個がカミオカンデで捕獲されたことになる．超新星 1987A からのニュートリノの検出により，II 型超新星の爆発の際，実際に星の重力崩壊が起こることが証明された．

（2） 超新星 1987A の爆発前の星の同定

超新星 1987A は，爆発前の星が同定されたという意味でも画期的な超新星である．大マゼラン雲は，これまでわが銀河系にもっとも近い系外銀河として多くの観測がなされており，たくさんの写真乾板が撮られていた．そして，この超新星の位置には Sk-69° 202 という名前の青色超巨星が存在していた．しかし，II 型超新星は，赤色超巨星が爆発するものと考えられていたため，最初はこの星が爆発したかどうか疑問がもたれたこともあった．しかし，紫外線観測衛星「IUE」による紫外域での観測で，爆発前には存在していたこの星が爆発後には紫外線では消えてなくなっていることが確認され，最終的にこの青色超巨星が超新星爆発を起こしたことが確認された．

112　　　　　　　　　　　　　　　　第 3 章　恒星の世界

　爆発前の星が同定されたことにより，どのような星が超新星になったかについて大きな手掛かりが得られた．爆発前の星の明るさから，この星は主系列段階での質量が太陽質量の 20 倍の大質量星であることがわかった．恒星進化の理論によれば，太陽質量の 20 倍の大質量星は，一生の最期を重力崩壊による超新星爆発によって終了する．したがって，この超新星 1987A の爆発は恒星進化理論とよく合致している．しかし，これまでの理論によれば，このような大質量星が超新星爆発直前にまで進化した段階では，赤色超巨星になっていると考えられていた．ところが，大マゼラン雲で起こったこの超新星 1987A の場合には青色超巨星であった．

　なぜ爆発前の星が赤色超巨星ではなく，半径のずっと小さい青色超巨星であったのかという点については，これまでにさまざまな説が提案されている．大マゼラン雲の星の場合，銀河系の星にくらべて重元素量が少ないことが知られている．このような場合，進化の進んだ大質量星は青色超巨星になるという説がある．あるいはまた，爆発前の星の内部で物質の混合があり，その結果，半径の大きな赤色超巨星から半径の小さい青色超巨星の位置に移動してきたといった説もある．しかし，これらの説のどれが正しいかについては，まだ最終的な決着はついていない．

　超新星 1987A の光度曲線が II 型超新星としてはいくつかの点で予想外のふるまいを示すことを上に述べた．これらのいくつかは，SN 1987A では爆発前の星が赤色超巨星ではなく，青色超巨星であることで説明できることがわかった．

3.3.9　小・中質量星の進化

　質量が太陽質量からその数倍程度の小・中質量星の場合，中心で水素を使いつくした星では，水素の核融合反応はヘリウムの芯を囲む球殻上で進行する．この段階の星は主系列を離れ，HR 図上を赤色巨星列へと進化する．とくに質量が太陽と同程度の小質量星の場合，中心にできたヘリウムの芯は縮退状態にあり，電子の縮退圧で支えられている．球殻中での水素の燃焼が続くと，それに伴って中心核のヘリウムの質量は増大し，それに伴って星は半径と光度を増し，HR 図上を赤色巨星列に沿って上へ上へと進化していく（図 3-18）．

3.3 星の内部構造と進化

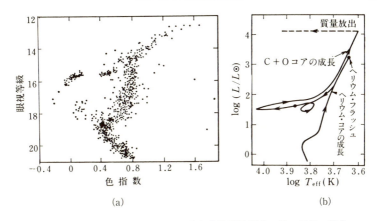

図 3-18 (a) 球状星団の HR 図, (b) 太陽質量程度の星の進化の道筋.

中心のヘリウムの質量が増大し，太陽質量の半分程度まで達すると，縮退したヘリウムの芯の温度が 1 億度に達し，そこでヘリウムの燃焼がはじまる．縮退した物質内部でヘリウムの核融合反応が進行する場合，反応が加速度的に増大する核反応の暴走が起こる（これをヘリウム・フラッシュと呼ぶ）．すると，星は急激にその内部構造を変え，中心でヘリウムを燃焼するとともに球殻中でも水素の燃焼が進行する星へと変化する．その結果，HR 図上では半径の大きな赤色巨星から，「水平枝」と呼ばれる半径のより小さな星の位置にジャンプする．

水平枝段階の星は，球状星団の HR 図で赤色巨星列に対して水平に位置するためにそのように名づけられた進化段階の星である（図 3-18 参照）．この段階の星では，中心でヘリウムの燃焼が進行しており，その表面温度が数千度から 1 万度程度の星である．中心でヘリウムを消費しつくした星は，ヘリウム燃焼の灰である炭素および酸素でできた中心核とそれを囲むヘリウムの球殻，さらにその外側に水素を主成分とする外殻からなる構造の星になる．この段階の星では，炭素と酸素の中心核を囲む球殻中でのヘリウムの燃焼とヘリウムの核を囲む球殻中での水素燃焼という 2 つの球殻中での核融合反応でエネルギーを賄うようになる．この段階の星は，HR 図上で 2 回目の赤色巨星列（漸近巨星分枝と呼ばれている）を上へ上へと上がっていく（図 3-18）．

太陽と同じ質量程度の星の場合，中心の炭素および酸素でできたコア中では，電子が縮退状態になり，電子の縮退圧でコアが支えられるようになる．この場合，コアの温度は上がらず，次の炭素燃焼反応に火がつくことがなく，星はその一生を終える．

HR 図上を上へ上へと上がっていくと，星の半径はどんどん大きくなり，水素からなる星の最外層の重力ポテンシャルエネルギー GM/R は，星の半径 R の増加に伴ってどんどん小さくなっていく．すなわち，星の水素からなる外層は星の重力にきわめて弱い力でつなぎとめられている状態にある．そこでなんらかのきっかけがあると，星の外層にある水素とヘリウムの層が星から簡単に剥がれてしまうことが起こる．

水素とヘリウムの外層を失った星は HR 図上を水平に右から左に横切り，最後は高温の炭素と酸素からなる星の芯（コア）がむきだし状態になる．その後，星のコアは白色矮星へと冷えていく．一方，星から剥がれた物質は星を取り巻く球殻状に分布するガスの雲（星雲）になり，それが中心星の紫外光に照らされて「惑星状星雲」として観測される（図 3-19）．小さな望遠鏡で見ると，円盤状の惑星のように見えたため，惑星状星雲という名前がついたもので，惑星とはとくに関係はない．

図 3-19　惑星状星雲 NGC 7293 の写真．

3.3.10 白色矮星

白色矮星は，HR 図上の一番下のところに左上から右下に位置している星で，半径は地球程度の大きさであるが，質量は太陽と同程度の星である．白色矮星は，太陽質量程度からその数倍の質量の星が，内部の核燃料を使い果たした後の星の一生の最期の姿であると考えられている．白色矮星は 19 世紀にドイツのフリードリッヒ・ベッセルによってシリウスの伴星として最初に発見された．

白色矮星の場合，半径が地球程度しかないにもかかわらず，質量は太陽質量とあまり違わないので，その内部の平均密度が $10^6 \sim 10^7$ g/cc，すなわち 1 cc の物質が 1 トンにも達するという超高密度の天体であることになる．白色矮星は，太陽質量程度の星が核燃料を使いつくした後の一生の最期の姿であると考えられている．銀河系の中で，われわれの近傍の星の約 10% は白色矮星であろうと考えられている．このような超高密度の星である白色矮星では，どのようにして自らの重力を支えて輝いているのであろうか．

1920 年代から 1930 年代にかけて確立した量子統計力学によれば，白色矮星の内部のような超高密度の状態では，電子は縮退状態にあり，この電子の縮退圧により白色矮星は自らの重力を支えていることが，ラルフ・ファウラー，スブラマニアン・チャンドラセカールによって明らかにされた．一般に完全気体の場合，式 (3.11) で与えられるように気体の圧力は気体の密度と温度に比例する．したがって，温度がゼロに近づけばいくらでも圧力は小さくなりうる．ところが，白色矮星の内部のように超高密度では電子は縮退状態にあり，縮退状態ではガスの圧力は電子の縮退圧で与えられる．

電子の縮退圧というのは，電子が量子力学でいうフェルミ粒子で，パウリ (Pauli) の排他津により 1 つの量子状態には 1 個の電子しか入れないという要請から生ずる圧力である．縮退ガスの縮退圧は，ガスの密度だけにより温度には関係しない．

完全気体のガスからなる普通の星の場合，内部に核エネルギーの補給がないと，表面からエネルギーを失った分だけ，星は収縮して内部の温度を上げ，自らの重力を支えようとする．ところが，白色矮星の場合，縮退圧で自らの重みを支えているので，表面からエネルギーを失っても収縮する必要は

なく，半径は一定のまま静かに冷えていくことができる．

1930年代のはじめに，チャンドラセカールは，電子の縮退圧によって支えられる白色矮星の内部構造を計算した．とくに超高密度の物質中では縮退した電子の速度は光の速度に近づき，その場合，アインシュタインの特殊相対論の効果を考慮する必要がある．彼は，電子の相対論的縮退を考慮して白色矮星の内部構造を求めたところ，電子の縮退圧で支えられる星の質量には上限があることを明らかにした．この上限値は，現在では「チャンドラセカール限界」と呼ばれ，太陽質量の約1.4倍であることが知られている．

進化の進んだ星の中心核の質量がチャンドラセカール限界である1.4倍の太陽質量以上の星の場合，星の最期はどのようになるのであろうか．このような星は白色矮星にはなれず，さらに星の中心部分は収縮を続ける．中心部分の物質の密度が 10^{10} g/cc を超えると原子核は電子を捕獲して，中性子の豊富な原子核に転換し，ついには中性子の縮退圧によって支えられた星になる．このような星を中性子星という．中性子星の質量にも上限があり，大きく見積もっても太陽質量の2〜3倍程度であろうと考えられている．

星の中心核の質量が中性子星の上限である太陽質量の約3倍以上の場合，星の中心核は電子の縮退圧でも中性子の縮退圧でも自らの重力を支えることができず，限りなく収縮を続け，最後はブラックホールになると考えられている．

ブラックホールは，もともと純理論の産物で，アインシュタインの一般相対論からその存在が予測された天体である．ブラックホールは，重力が強くなりすぎたために光ですらそこからでてこられない天体，あるいは近づきすぎたものをすべて飲み込んでしまう恐ろしい天体という形で一般には知られている．ブラックホールについては6.2節「ブラックホール」で詳しく述べる．

3.4 パルサーと中性子星

3.4.1 星の死としての中性子星

現在の恒星進化のシナリオによれば，太陽質量の10倍以上の星は進化の

3.4 パルサーと中性子星

最後に中心に鉄のコアが形成され，その鉄のコアが重力崩壊を起こす．収縮により高密度になったコアは中性子化し，核力による反発力で重力崩壊がとまり，コアの外層の物質はコアに衝突して跳ね返されて飛び散る．これがII型超新星爆発である．そして，超新星爆発の後に残された中心核は，中性子星になると考えられている．また，中心核の質量が中性子星の上限質量以上の場合は，ブラックホールになる．

ここで中性子星の内部構造について述べる．素粒子としての中性子は，1932年にイギリスのジェームス・チャドウィックによって発見された．そして1934年には，すでにアメリカのウォルター・バーデとフリッツ・ツヴィッキーが，超新星爆発の後その残骸として中性子星が残る可能性について予想している．

中性子星の内部構造の理論的研究は，1930年代の終わりにアメリカのロバート・オッペンハイマーとジョージ・ヴォルコフおよびソ連のレフ・ランダウによって行われた．中性子は電子と同じフェルミ粒子である．彼らは，電子の縮退圧で支えられた白色矮星と同じように，中性子星も中性子の縮退圧で支えられているとして，その内部構造を計算した．中性子星の場合，密度の高い中心付近では核力が重要になってきて，理想気体のフェルミ縮退ガスとして扱うことができず，核力を考慮した状態方程式が必要になる．

典型的中性子星は，質量が太陽質量程度，半径が約10 kmで，内部の密度は10^{14} g/ccすなわち1 ccの重さが1億トンと想像を絶するような高密度である．中性子星の内部構造を計算する際には，その強い重力のためニュートン力学ではなく，アインシュタインの一般相対論に基づく方程式を解く必要がある．

中性子星にも白色矮星と同様，その質量に上限がある．核物質の状態方程式について現在もよくわからない部分があるため，中性子星の質量の上限は研究者によって少しずつ異なった値が得られているが，いずれにしても2～3倍の太陽質量を超えることはないと考えられている．したがって，重力崩壊を起こした大質量星の中心核の質量が，中性子星の上限以上である場合は，中心核はブラックホールになると考えられている．それでは，中性子星の存在について確かめるには，どのような観測を行ったらよいのであろうか？

超新星の爆発の残骸としてできた中性子星は，もともと星の中心核であるから最初は非常に高温の状態から出発した．その後，ちょうど白色矮星が冷えていくように，中性子星も冷えていき，その表面温度は $10^6 \sim 10^7$ K と考えられる．このような星は X 線源として観測されるだろうと思われた．1960 年代になり，新しく X 線天文学が起こり，かに星雲の位置にも X 線源が存在することが明らかになった．そこで，この X 線源が超新星爆発の残骸としてできた中性子星に対応するのではないかと思われた．しかし，その後の観測で，この X 線源は空間的に広がった X 線源で，かに星雲自身に対応することが明らかになり，中性子星の可能性は消えてしまった．

3.4.2 パルサーの発見

しかし，中性子星はパルサーの発見という形で，思いがけない方向からその存在が確認されることになった．ここでは，パルサーの発見のドラマを紹介しよう．

1967 年にケンブリッジ大学のアントニー・ヒュウイッシュのグループは，電波源のシンチレーション現象の観測を行っていた（図 3-20）．シンチレーション現象というのは，光の領域では「星のまたたき」として知られる現象である．夜空の星を肉眼で見ると，星がまたたいて見える．これは星自身の

図 **3-20** パルサー発見に使われた電波望遠鏡アンテナ．

明るさが変動するためではなく，地球大気の乱れにより光の行路が変動するために起こる現象である．星のまたたきは点源である恒星の場合には起こるが，惑星のように点源ではなく大きさのある光源では，またたきは起こらない．光の場合のシンチレーションは地球大気の乱れによるが，電波源のシンチレーションは惑星間空間のプラズマ（太陽風）のゆらぎによって起こる．

　ヒュウイッシュのグループは，電波の惑星間プラズマによるシンチレーション現象を調べることによって点源である電波源の探査を行っていた．1960年代になって見つかった謎の天体「クエーサー」がしばしば電波の点源であることに着目して，彼らはこのような観測を計画したのである．ところが，1967年11月28日，彼らのグループの一員である24歳の大学院の女子学生ジョスリン・ベルは非常に奇妙な電波を受信した．その電波源は1.3373秒という規則正しい周期でパルス状の電波をだしていた．ヒュウイッシュらは，まず地上からの電波の混信の可能性について検討したが，その可能性はなく，太陽系外からの電波であることが判明した．そこで，これは地球外文明からの信号ではないか？　ということで，世界中の科学者が注目し色めきたったが，その後の観測でこの可能性は否定され，純然たる自然現象であることが明らかになった．また，その後すぐにさらに3つものパルサーが見つかった（図3-21）．

　それでは，パルサーとはいったいなにものであろうか？　この現象を説明するためには，規則正しい周期性とその約1秒という短い周期の2つが大きな制限になる．まず，天体における規則正しい周期現象として，①星の脈

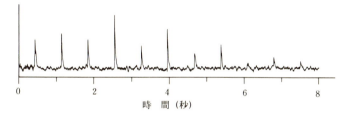

図 3-21　初期に発見されたパルサーの1つ PSR 0329+54 の個々のパルスの記録．0.714秒の規則正しい周期でパルスがやってきていることがわかる．

動，②星の自転，③連星の公転，の3つが考えられた．また，非常に短い周期ということで，電波源の候補にはサイズの小さな天体として白色矮星と中性子星の2つの天体が考えられた．このうち，星の脈動の可能性について検討してみると，パルサーの観測された周期を脈動で説明するには，白色矮星の脈動周期は長すぎ，また中性子星の場合には短すぎるという欠点があることがわかった．

一方，3番目の連星の公転周期の可能性は，約1秒という極端に短い軌道公転周期をもつ連星系を考えると，一般相対論に基づく重力波の放出により連星系の軌道が急激に縮んで，すぐに2つの星は合体してしまうことがわかり，この可能性も消えた．

そして，最後に残ったのが，中性子星の自転周期である．次項で詳しく述べるが，1968年には超新星残骸である「かに星雲」の中にもパルサーは見つかった．このパルサーの場合，パルス周期が0.033秒という極端に短いもので，このような短い周期は白色矮星の自転では説明ができないが，中性子星の自転の場合，ミリ秒から秒程度までの広い範囲の自転周期が可能である．実際，パルサーが発見された翌年の1968年には，図3-22に示すような磁場をもった中性子星の回転による「サーチライト」モデルがイギリスのゴール

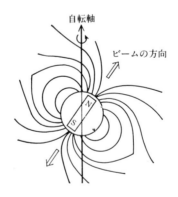

図3-22 パルサーのモデル．磁場をもつ中性子星において，磁軸と自転軸が傾いており，中性子星の自転に伴って磁極の方向にサーチライトのように電波が放射されるとするモデル．斜回転モデル (oblique rotator) と呼ばれている．

ドによって提案され，パルサーのモデルとして広く一般に受け入れられることになった．なお，ヒュウイッシュはパルサー発見の功績により 1974 年度のノーベル物理学賞を受賞したが，ジョスリン・ベルはノーベル賞をもらわなかった．これについては，いろいろ意見のあるところだが，2 人がノーベル賞をそろって受賞するのがもっともよかったのではなかったかと，私は個人的には思っている．

現在では，約 2000 個のパルサーが銀河系および大小マゼラン雲の中で見つかっている．この中で，とくに興味深いパルサーとして，かにパルサーと連星パルサーがある．かにパルサーについては以下に紹介する．また，連星パルサーについては，6.3.2 項の重力波のところで紹介する．

3.4.3 かにパルサー

図 3-23 に示すかに星雲（Crab nebula）*は，1054 年に爆発した超新星の残骸として天文学上で大きな役割を果たしてきた星雲である．その形がかにに似ているためそのように名づけられたものである．写真からわかるよう

図 **3-23** かに星雲の写真．フィラメント構造がよく見える赤色フィルターで撮った写真．

---

* この星雲は，現在，半径約 10 光年，秒速数千 km の速さで膨張しており，その膨張速度から過去にさかのぼると，今から約 1000 年前に爆発したものであることがわかる．実際，中国の古記録に「天に客星あらわれる」という形で記されている 1054 年の夏に現れた超新星である（107 頁参照）．

に，かに星雲はフィラメント状の形をしているが，これは相対論的な速度にまで加速された電子が磁場の中でだすシンクロトロン放射光であることが，光の偏光（ポーラリゼーション）の観測から確認された．かに星雲は，これまで可視光，電波，X線などで調べられてきた．

パルサーが発見された翌年の1968年には，かに星雲の中に周期0.033秒という当時としてはもっとも周期の短いパルサーが見つかり，このパルサーをかにパルサーと呼んでいる．また，0.033秒という周期に同期した観測により可視光でもパルサーが存在することが確認された．さらに，この可視光で見つかったパルサーは，1930年代にバーデによって，かに星雲の基になる超新星の残骸であろうと推定された16等級の星に一致することがわかった．

これによりパルサーは，回転する中性子星であり，また超新星爆発の残骸としてできるという考え方が確立することになる．図3-24は，電磁波のいろいろな波長域で観測した，かにパルサーのパルス波形である．

かにパルサーは，またパルス周期が一定の割合で長くなることが観測された最初のパルサーである．これは，パルサーによる電磁波の放射により中性

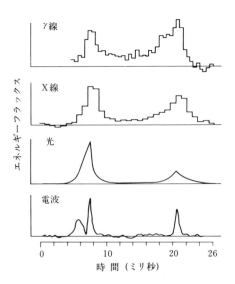

図 **3-24** かにパルサーの電波から γ 線に至るパルスの波形．

子星の回転エネルギーが失われ，中性子星の回転速度が遅くなるために起こる現象であると考えられている．実際，観測されたパルス周期（P）と時間変化率（$\dot{P}$）から次のような量を計算すると，$T = P/\dot{P} \simeq 2480$ 年という値になる．一方，中性子星の回転エネルギーを使ってパルサーが輝いているとした場合，この値の半分である $\tau = T/2 = 1240$ 年という量がパルサーの年齢を与えることになり，かに星雲に伴う超新星爆発が約 1000 年前に起こったという観測事実（かに星雲の膨張速度から過去にさかのぼって得られる年齢）とよく一致する．

3.5 近接連星系と X 線星

3.5.1 近接連星系

すでに 3.2.2 項で述べたように，恒星の中でも重要な役割を果たしている星に連星がある．その中でもとくに重要なのが，近接連星系（close binary system）である．近接連星系では，しばしば 2 つの星の間で星の物質の交換が行われ，それに伴って近接連星系固有の現象が起こってくる．新星の爆発，強力な X 線を放射する X 線星などはまさにこのような天体である．

近接連星系では，連星系のそれぞれの星の重力圏を表すロッシュローブという概念が重要になってくる．近接連星系の場合，①2 つの星がきわめて接近しているため，2 つの星の間に働く潮汐力が大きく，その結果，一般に公転軌道は円軌道で，星の自転と公転が同期（地球のまわりの月が常に地球に対して同じ面を向けている現象）していると考えられる．②また，それぞれの星の質量は中心に集中しているので質点として取り扱ってよい．

このような場合，連星の公転といっしょに回転する回転座標系における 2 つの星の重力によるポテンシャルは次の式で与えられる．

$$\Psi = -\frac{Gm_1}{r} - \frac{Gm_2}{r'} - \frac{1}{2}\omega^2 \left[\left(x - \frac{m_2}{m_1 + m_2}D \right)^2 + y^2 \right] \quad (3.20)$$

ここで，G は重力定数，m_1，m_2 は連星の主星および伴星の質量，r，r' は考察の対象になっている点 $P(x, y, z)$ の主星および伴星からの距離，D は 2 星間の距離，ω は連星系の軌道公転角速度である．式(3.20)において，第

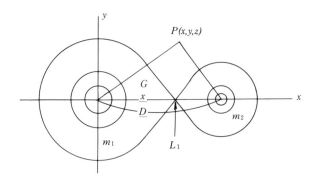

図 3-25 連星系のロッシュポテンシャルとロッシュローブ．連星系の公転に乗った回転座標系で質量 m_1 の主星が原点に，質量 m_2 の伴星が座標 $(D, 0, 0)$ にある．G 点は連星系の重心，L_1 点はラグランジュ点．8 の字型をした等ポテンシャル面がロッシュローブ．

1 項，第 2 項は主星および伴星の重力ポテンシャルを，また第 3 項は座標回転による遠心力ポテンシャルを表している．

この座標系での連星系の等ポテンシャル面を図示すると，図 3-25 のようになる．等ポテンシャル面は，それぞれの星の近くでは，その星を中心にした球であるが，より半径の大きな等ポテンシャル面は，相手の星による潮汐力および回転座標による遠心力の影響で球形からずれていく．そして，図 3-25 に示すように 2 つの星を同時に包むような 8 の字型のポテンシャル面ができる．このポテンシャル面をロッシュローブと呼んでおり，それぞれの星の重力圏に対応する．この図で，2 つの星のロッシュローブが接する点はラグランジュ点（L_1）と呼ばれ，どちらの星の重力圏にも属さない中立点である．

一般に，星の表面は等ポテンシャル面で表せる．星の表面がロッシュローブより小さい等ポテンシャル面に対応している場合は，星の内部の物質は自分自身の重力圏におさまっているのでとくに問題はない．しかし，ロッシュローブを超えて膨張しようとすると，図 3-25 の L_1 を通じて，相手の星に物質が流出するようになる．次に述べる激変星や X 線星などは，このような近接連星系における質量交換が重要な役割を果たしている場合である．

近接連星系は，図 3-26 に示すように，ロッシュローブを使って次の 3 種類

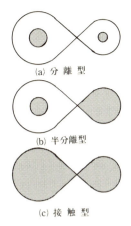

図 3-26　ロッシュローブと近接連星系の 3 つの分類．網かけで示した部分が星の表面を表す．

に分類される．すなわち，両星の半径ともロッシュローブより小さく，それぞれの星が自分自身の重力圏におさまっている分離型（図 3-26(a) に対応），一方の星がロッシュローブを満たしているが，相手の星はロッシュローブよりも小さい半分離型（図 3-26(b) に対応），両星ともロッシュローブを満たしている接触型（図 3-26(c) に対応）である．

3.5.2　激 変 星

もともとは暗い星であるが，ある日突然明るく輝きだす星がある．このような星を激変星と呼び，新星，矮新星などがこの種の星である．超新星も爆発的に明るくなるが，超新星は星の一生の最期の大爆発であり，激変星には分類しない．

新星は，星の爆発現象の一種で，爆発の際 10 等級以上の増光があり，また爆発の際のスペクトルの観測から，実際に星の表面から物質が放出されていることがわかる．また，爆発後に星のまわりに放出されたガスの星雲が，直接写真でも撮影されている場合がある．しかし，新星の場合，超新星とは違って，星の表面の物質が放出されるだけで，星の本体は爆発の前後で基本的には変わっていない．

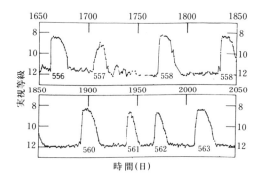

図 3-27　矮新星．はくちょう座 SS 星の爆発の光度曲線．アメリカ変光星観測者協会（AAVSO）による 1973 年 1 年間の光度変化のまとめ．

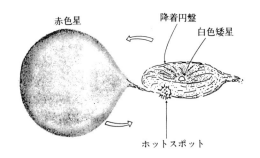

図 3-28　激変星の近接連星モデル．赤色星から流出したガスが，白色矮星のまわりに降着円盤をつくっている．また，赤色星から流れでた物質と降着円盤が衝突する場所は，明るく輝き，ホットスポットと呼ばれている．

　矮新星は，数週間から数ヵ月に 1 回の割合で小規模な爆発を繰り返す星である．矮新星の場合，1 回の爆発の増光は約 3～5 等級である．図 3-27 は代表的な矮新星，はくちょう座 SS 星の爆発の光度曲線である．この星は平均 50 日に 1 回の割合で 5 等級ほど（約 100 倍）明るくなる爆発を繰り返している．矮新星は新星にくらべて爆発の規模が小さいため，そのように呼ばれている．

　新星，矮新星などの激変星は，図 3-28 に示すように太陽に似た赤色星と白色矮星のペアからなる系で，典型的軌道公転周期は数時間，半分離型の近

接連星系である．そして，ロッシュローブを満たしている赤色星からはラグランジュ点を通して白色矮星へ物質が流出している．激変星の爆発の原因であるが，このような近接連星系の性質が本質的な役割を演じていることは容易に想像できる．それでは，なぜこのような近接連星系では物質の交換があると，爆発的変光が起こるのであろうか．

現在では，激変星の爆発メカニズムはよくわかっていると考えられている．以下に見ていくように，新星の爆発と矮新星の爆発は，単に規模が違うというだけでなく，その爆発メカニズムは本質的に異なっている．

まず新星の爆発であるが，これは白色矮星の表面に降り積もった水素に核の火がつき，核暴走が起こったものであると考えられている．白色矮星は，太陽程度の質量の星が内部の核燃料を使い果たし，その一生を終えた星であり，その内部は基本的には炭素と酸素からできていて，電子の縮退圧によって支えられている星である．したがって，白色矮星は核反応の燃料である水素は星の内部にはもう残っていないと考えられている．

このような白色矮星に，連星系の相手の星から水素を豊富に含む新鮮な物質が供給され，白色矮星の表面に溜まっていく．水素の層がある程度成長すると，水素の層の底の温度が約 1000 万度以上の高温になり，ついに水素に核の火がつく．ところが，縮退したガスの中で熱核融合反応が起こると，核燃焼は不安定で加速度的に核反応が進行し，表面に堆積した水素が爆発的に燃焼する．これが新星の爆発であると考えられている．

3.5.3 降着円盤と矮新星の爆発

それに対して，矮新星爆発は白色矮星のまわりにできた降着円盤が突然明るくなる現象であると考えられている．

図 3-28 に示したように，激変星ではロッシュローブを満たした赤色星からラグランジュ点をへて白色矮星へ向けてガスが流出する．このガスは，直接白色矮星の表面に落下するのではなく，いったん白色矮星のまわりの回転円盤に供給される．これは，連星系が公転運動をしているため，赤色星から流れでたガスが白色矮星に対して角運動量をもっているからである．白色矮星のまわりにできた回転円盤では，円盤内の物質はガスの粘性の影響で少

しずつ角運動量を失い，中心星へ渦巻きながらゆっくり落下していく．この際，重力エネルギーが解放される．

中心天体が，白色矮星，中性子星，ブラックホールなどの強い重力場の天体の場合，このプロセスで莫大なエネルギーが発生する．そして，このエネルギーにより回転円盤は明るく輝く．このような回転円盤を降着円盤（accretion disk）と呼んでいる．

クエーサー，活動銀河核，X線星などの天体は，莫大なエネルギーを小さな領域から放射している．これらの天体もまた，降着円盤が輝いている天体である．降着円盤は，多くの活動性の高い天体における，エネルギー供給のエンジンの役割を果たしている重要な天体現象である．

降着円盤において，単位質量の物質を中心天体へ落下させて得られる重力エネルギー（E_G）は，

$$E_G \simeq \frac{1}{2}\frac{GM_*}{R_*} \tag{3.21}$$

で，与えられる．ここで，M_* および R_* は中心天体の質量および半径であり，また定数 1/2 は重力ポテンシャルエネルギーのうち，放射へ変換される割合を表す．さらに，中心星へ一定の割合の質量降着（質量降着率 $\dot{M}$）がある場合の，降着円盤の光度（L_{acc}）は，

$$L_{\text{acc}} \simeq \frac{1}{2}\frac{GM_*}{R_*}\dot{M} \tag{3.22}$$

で与えられる．

中心天体が中性子星の場合，中性子星の質量（M_*）として太陽質量，半径（R_*）として 10 km を採用すると，このプロセスで解放される重力エネルギーは $E_G \sim 10^{20}$ erg/g であることがわかる．また，中心天体がブラックホールの場合も降着円盤をへて解放される重力エネルギーは中性子星の場合と同じ程度である．それに対して太陽や星のエネルギー源である水素の核融合反応で得られるエネルギー（E_H）は $E_H \sim 6 \times 10^{18}$ erg/g であり，単位質量あたり得られるエネルギーは，重力エネルギーのほうが核エネルギーより 1 桁以上大きいことになる．宇宙では核エネルギーよりももっと有効なエネルギー源が重力エネルギーであり，降着円盤はこの重力エネルギーを効率的に取りだすマシンの役割を果たしている．

一方，中心天体が白色矮星の場合，$R_* \sim 10^9\,\mathrm{cm}$ であるので，解放される重力エネルギーは，$E_G \sim 10^{17}\,\mathrm{erg/g}$ で，これは核エネルギーよりも小さい．しかし，白色矮星ではふだんは核反応は起こっていないので，矮新星のような激変星型の近接連星では，核爆発を起こしているときを除いて，降着円盤の明るさが連星系の光度に一番大きく寄与している．

矮新星の爆発の原因であるが，爆発は降着円盤が突然明るくなることによって起こることが観測から明らかになった．いいかえると，白色矮星へのアクリーション（物質降着）が突然増えるために，矮新星は明るくなるのである．それではどうして，矮新星の場合，降着円盤を経由しての白色矮星への物質降着が定常的ではなく，間欠的に起こるのだろうか．これについては，2つの異なった説が提案されていた．1つは，伴星からの物質供給が間欠的であり，その結果，白色矮星への降着も間欠的であるとする説である．それに対して，第2の説は，伴星からは定常的に物質供給があるが，白色矮星のまわりにできる降着円盤が不安定で，その結果，白色矮星への降着が間欠的に起こり，矮新星の爆発が起こるという説である．実際，降着円盤について詳しく調べられた結果，矮新星の場合の降着円盤には不安定性があることがわかり，現在では第2の説が広く受け入れられている．

3.5.4 X線星とX線天文学

天文学の歴史をひもとくと，電磁波の新しい波長域での観測がはじまることによって，飛躍的に進展が起こることがよく見受けられる．X線による天体観測もその一つの好例である．

宇宙からのX線は地球大気によって吸収されてしまうために，ロケット，気球，人工衛星などを使って大気圏外から観測するしか方法がない．したがって，このような飛翔体を打ち上げることが可能になった第2次世界大戦後に，宇宙からのX線観測ははじまった．

まず，太陽からのX線がアメリカでロケットを使って観測された．太陽からX線が放射される機構は，太陽の光球の外側に温度が100万度を超える高温のコロナが存在し，コロナの高温，希薄なプラズマからX線が放射される．1960年代に入り，アメリカのMITのブルーノ・ロッシとASEとい

う名の研究会社のリカルド・ジャッコーニのグループは，ロケットを使って宇宙からのX線を観測する計画を立てた．しかし，太陽以外の恒星からのX線放射は，太陽で観測されたX線強度から類推して，当時のX線検出器の感度ではとても測定できそうになかった．しかし，ロッシの「自然は人間が考えるよりずっと想像力に富んでいる」とう名言によりこの計画は実行された．そして，その通り当時予想もしなかった天体からのX線放射が観測された．ロッシらが発見したX線源は，銀河中心の方向から少し離れたさそり座の方向からやってくるもので，現在ではSco X-1（さそり座X線源）と呼ばれている全天で一番明るいX線天体であった．

　当時のX線観測はロケットに計数管を載せてX線を測るというものであったので，X線源の位置を正確に決定することができなかった．このX線星Sco X-1の位置決定に大きな貢献をしたのが，日本の小田稔である．小田は，後に宇宙科学研究所，理化学研究所の所長を歴任し，日本でX線天文学を育てた生みの親であるが，当時，小田はロッシのグループに参加していた．そこで，すだれコリメーターと呼ばれる装置を考案し，それによって精度よくX線源の位置を決定した．そして，光学観測については，東京天文台の大沢清輝と寿岳潤のグループが岡山天体物理観測所の口径188 cmの望遠鏡によりX線源Sco X-1の位置に紫外線の強い13等の星を発見，この星がSco X-1の光学対応天体と同定された．

　X線星Sco X-1は可視光では13等の星で，X線での光度は可視光での光度の約1000倍と圧倒的にX線でエネルギーを放射している天体ということになる．一方，X線のスペクトルの解析から，Sco X-1のX線は温度が3×10^7 Kという高温のプラズマが放射する制動放射であることがわかった．制動放射というのは，正に帯電した原子核の近くを電子が通過する際，クーロン力で電子の軌道が曲げられることにより光が放射される現象である．

　光学的同定により，Sco X-1までのおおよその距離が推定され，さらに詳しいX線の解析からX線を放射するプラズマの雲の大きさは10^9 cmで，X線の光度は太陽光度の約1000倍ということが明らかになった．しかし，このようなX線源Sco X-1のモデルの困難として，①地上の核融合をめざす実験でよく知られているように，1000万度を超える高温のプラズマをどの

ようにして閉じ込めておくのかというプラズマの閉じ込めの問題と，②このようなプラズマは 0.1 秒という短い時間で冷却してしまうので，なんらかの形で常に暖めてやる必要があるという問題があった．さらに，どのような天体がこのように X 線を強力に放射するのかは，当時はまったくわからなかった．

　しかし，X 線星に関するさまざまな問題を解決する糸口は，Sco X-1 の光学的同定により得られていた．Sco X-1 に同定されたのは青い色の 13 等星であるが，この星はスペクトルおよび明るさの変動のようすから激変星にもっともよく似た天体であることが判明した．すなわち，この星は「フリッカリング」と呼ばれる不規則な明るさの変動を示すが，このような明るさの変動を示す星として知られているのが激変星であり，実際これは激変星の特徴の一つになっている．すでに述べたように，激変星はすべて近接連星系であることが知られており，1960 年代の終わりごろには X 線星も近接連星系ではないかという考えが有力になりつつあった．しかし，決定的証拠は次のアメリカの X 線専用衛星の打ち上げを待たねばならなかった．

3.5.5　X 線近接連星

　1970 年に，アメリカはアフリカのケニアから宇宙 X 線観測用の人工衛星を打ち上げた．この X 線衛星は「ウフル」と名づけられた．ウフルというのはスワヒリ語で自由という意味である．そして，ウフルによりたくさんの X 線源が発見された．

　最初に見つかった X 線源の一つに Cen X-3 という X 線星がある．この X 線源は，図 3-29 に示すように X 線強度の強い状態が 1.5 日続いた後，X 線強度の弱い状態が 0.5 日続くというふるまいを交互に繰り返し，その繰り返しの周期が 2.087 日であった．この現象は，X 線星が連星系をつくっていて，サイズの小さい X 線源が半径の大きな星に隠される食現象としてうまく説明できることがわかった．

　また，X 線の強度が 4.87 秒という規則正しい周期で変動していた．これは X 線星が電波のパルサーと同じように回転する中性子星で，X 線が電波パルサーのように中性子星の磁極のところから放射されていると理解され

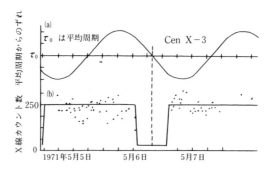

図 3-29 X 線星 Cen X-3 のパルスの到着時刻の変動と X 線の食現象.

た.さらに,このパルスの到達時刻がほんのわずかであるが同じ 2.087 日の周期で伸びたり縮んだりしていることがわかった.これは,連星系の軌道運動のため X 線パルサーのパルスの到達時刻が変動するとしてよく理解でき,Cen X-3 が軌道公転周期 2.087 日の近接連星系であることが確立した.X 線星 Cen X-3 の場合,連星系の相手の星も光学的に同定されており,相手の星はスペクトルが B 型の超巨星である.

Cen X-3 が B 型の超巨星とコンパクトな X 線天体を成分星とする近接連星系であることが明らかになると,X 線放射メカニズムとして次のようなモデルが提案された.すなわち,近接連星系において,相手の星から中性子星へ向けてガスが流入し,流入したガスはポテンシャルの井戸の深い中性子星の表面に落下する.その際解放される重力エネルギーにより X 線で輝く.実際,連星系の相手の星から物質が中性子星の表面に落下したとき解放される重力エネルギー(E_G)は,$E_G = GM/R \simeq 10^{20}$ erg/g である.すでに述べたように,単位質量あたり解放されるエネルギーとしては重力エネルギーのほうが核エネルギーより 1 桁以上大きいことになる.もし相手の星から中性子星へ流入する物質量が $10^{17} \sim 10^{18}$ g/s であれば,解放される重力エネルギーで十分 X 線の光度 $L_X \simeq 10^{38}$ erg/s を説明できる.X 線星 Cen X-3 の場合,B 型の超巨星の表面から恒星風が吹いていて,恒星風で失われるガスの一部が中性子星の表面へ降り積もれば,必要とする量のガスが供給できることがわかった.

3.5 近接連星系とX線星

　X線星 Cen X-3 でX線強度が脈動するのは，流入したガスが中性子星の磁場に沿って中性子星の磁極に落下するからである．X線を放射するような高温のガスでは，ガスを構成する原子は正に帯電した原子核と負に帯電した電子に電離した状態（プラズマ状態）になっている．このような電離ガスは磁場に捉えられると，磁場に沿って運動するようになる．ちょうど太陽風のプラズマが地球磁場に捉えられ，地球の磁極にオーロラとして降り注ぐように，中性子星の重力圏に流れ込んだガスはプラズマ状態にあり，中性子星の磁力線に捉えられ，磁力線に沿って中性子星の磁極に落下し，磁極のところで重力エネルギーを解放する．中性子星が 4.87 秒の自転周期で回転すると，ちょうど灯台の光のように，1回転するごとにパルス状にX線が観測されることになる（図 3-30）．

　その後，たくさんのX線星が発見されたが，X線強度の強いX線星は，次に述べるブラックホール候補天体を除くと，基本的には中性子星を成分星とする近接連星系であることがわかった．このようなX線星には，基本的には大質量X線連星と低質量X線連星の2種類がある．ここで，大質量，低質量というのはX線源である中性子星の質量ではなく，連星系の相手の星の質量のことである．

　大質量X線星は，Cen X-3 に代表されるX線星で，O, B 型の早期型大質量星と中性子星が連星系をつくっていて，O, B 型星の表面からは恒星風

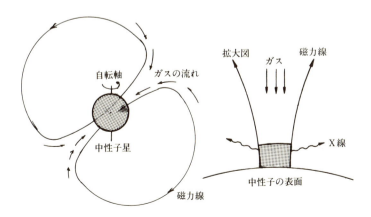

図 **3-30**　X線パルサーのモデル（左）とその磁極部分の拡大図（右）．

134   第 3 章　恒星の世界

によりガスが流れだしていて，そのガスが中性子星に降着する．大質量 X
線連星の場合，中性子星は強い磁場をもち，ガスは磁極に流れ込み，そのた
め X 線パルサーになっている．大質量 X 線連星は，相手の星が O，B 型の
早期型星であることからわかるように，生まれてから 1000 万年程度で，銀
河系の円盤部にある若い星である．

　低質量 X 線星は，Sco X-1 に代表される X 線近接連星で，連星系の相手
の星は多くの場合，太陽質量程度あるいはそれ以下の質量の主系列星ない
しは主系列からほんのわずか進化したような星である．そして，相手の星は
ロッシュローブを満たしていて，そのために相手の星から流れでたガスが降
着円盤を経由して中性子星に降着する．この場合，中性子星は磁場をもたな
いか，あるいは磁場が非常に弱いために X 線パルサーにはなっていない．

　また，低質量 X 線連星のいくつかでは「X 線バースト」といって X 線が
突然急速に強くなり，10 秒くらいで元の強度に戻っていく現象が起こる．
これは，中性子星の表面に降着した物質がある程度溜まると，ヘリウムの核
爆発が起こり，それが X 線バーストであると理解されている．低質量 X 線
連星はバルジ X 線源とも呼ばれ，銀河系内での分布は銀河中心方向に集中
しており，また球状星団にも多く見つかっている．

　X 線連星の中には，ブラックホールが中心天体であろうと考えられている
ものがあり，ブラックホール X 線連星と呼んでいる．その代表が CygX-1
である．ブラックホール X 線連星については，第 6 章のブラックホールと
重力波のところで詳述する．

3.6　ガンマ線バースト

3.6.1　ガンマ線バーストの発見と性質

　ガンマ線バースト（英語で Gamma-ray burst 略して GRB）は，1960 年
代にアメリカがソ連の核実験査察のために打ち上げた軍事衛星「ベラ」によ
り，謎の天体現象として偶然に発見された．ガンマ線バーストは，ガンマ線
で突然数秒ほど明るく輝く現象で，宇宙のあらゆる方向からランダムにやっ
てきて，またその出現頻度は平均 1 日に 1 個程である．ガンマ線は 1 個の光

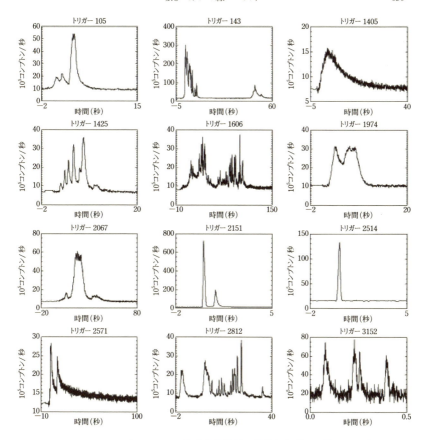

図 3-31　コンプトンガンマ線宇宙望遠鏡が観測したガンマ線バーストのガンマ線光度曲線のいくつかの例．[NASA 提供]

子のエネルギーが 100 keV 以上と X 線よりさらに高エネルギーの電磁放射で，宇宙からのガンマ線は地球大気で吸収されるため，人工衛星を使って観測する必要がある．

図 3-31 はガンマ線バーストの光度曲線のいくつかの例である．これからわかるようにガンマ線バースト光度曲線は一つひとつその形が異なっており，またその持続時間もミリ秒から数百秒と大きな幅がある．しかし，ガンマ線バーストの持続時間の頻度分布統計を取ってみると，2 秒を境に 2 つの山があることがわかった．2 秒より短いもの（典型的な継続時間は 0.3 秒）

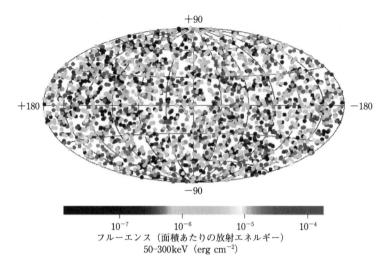

図 3-32 コンプトンガンマ線宇宙望遠鏡が観測した 2704 個のガンマ線バーストの到来方向の銀河座標上での位置分布．[NASA 提供]

を「短いガンマ線バースト」，2秒より長いもの（典型的な継続時間は 30 秒）を「長いガンマ線バースト」と呼んでいる．

　ガンマ線バーストは，1960 年代後半の発見以来 30 年近くまったく謎の天体現象であった．特にガンマ線バーストが銀河系内の現象なのか，銀河系を越えた宇宙はるか彼方での現象なのかについても不明で，大きな論争になった．ガンマ線バースト発生の空間分布に特定の方向性がなく，一様等方分布である（図 3-32）ことから宇宙空間はるか彼方の現象である可能性が強く示唆されたが，決定的な証拠がなかった．この状況を打ち破る大きな発見が 1997 年になされた．イタリアとオランダが共同で打ち上げたベッポサックス（BeppoSAX）衛星が，GRB 970228（1997 年 2 月 28 日に発見されたガンマ線バーストという意味）と呼ばれるガンマ線バーストの位置に X 線源を発見，さらにその X 線源の位置に地上望遠鏡で可視光対応天体が発見された．そして，これら X 線，可視光天体とも時間とともに減光するガンマ線バーストのアフターグロー（残光）であることが確認された．さらに GRB 970508 というガンマ線バーストの光学対応天体のスペクトルでスペクトル線の波長が元の波長の 2 倍近く赤い側にずれる赤方偏移を示すことがわかっ

た. これは 5.1.4 項で詳しく述べる「ハッブル・ルメートルの法則」として
知られる宇宙膨張による赤方偏移と考えられ, この天体はわれわれから数十
億光年という宇宙のはるか彼方にある(宇宙論的な距離にある)系外銀河で
発生する現象であることがわかった. その後, 100 個ほどのガンマ線バース
トの可視光あるいは X 線の残光が観測され, またスペクトルからいずれも
赤方偏移の大きい宇宙論的な距離にある天体であることが判明した.

3.6.2 ガンマ線バーストの起源

　ガンマ線バーストまでの距離がわかると, 全放射エネルギーが推定でき
る. もし, 放射が等方的であるとすると, 明るいガンマ線バーストの場合,
10^{47} J と太陽が一生の間に放射するエネルギーの 1000 倍というとてつもな
いエネルギーということになる. その後, ガンマ線バーストのアフターグ
ロー(残光)の光度曲線で, 急に暗くなる折れ曲がりが見つかり, そのこと
からガンマ線バーストは, 空間的に細く絞られた(コリメートされた)ビー
ム状の放射で, それをたまたまビームのやってくる方向から観測したのがガ
ンマ線バーストであることがわかった. そして, コリメートされたビームの
開きの角度を考慮すると, ガンマ線バーストの全放射エネルギーは, 10^{44} J
となり, 超新星爆発の際に放出されるエネルギーと同程度であることがわ
かった. ガンマ線バーストは, 発見の初期の段階から超新星爆発との関連が
疑われていたが, 1998 年 4 月に発見された一つのガンマ線バーストの位置
に同時に超新星が観測され, この超新星の爆発エネルギーが通常の超新星よ
り 10 倍ほど大きい極超新星(英語で hypernova)と呼ばれる超新星の一つ
であることが明らかにされた. 極超新星は, 太陽質量の数 10 倍という大質
量星が, 進化の最後に鉄のコアが重力崩壊を起こしてブラックホールができ
る際の大爆発と考えられている.

　現在,「長いガンマ線バースト」の標準モデルとしては, 回転する大質量
星が進化の最後に重力崩壊する際に, 中心に回転するブラックホール, その
まわりに降着円盤ができ, 降着円盤に垂直な 2 方向に相対論的な速度を持っ
たジェットが放出され, そのジェットが星の外層のガスに衝突してそこから
ガンマ線バーストが放射されると考えられている(図 3-33 参照).

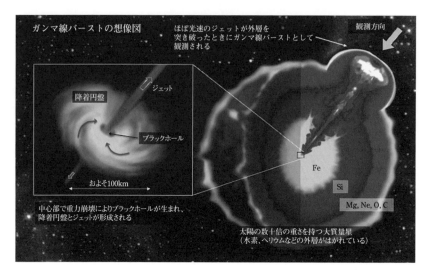

図 3-33　ガンマ線バーストの想像図．［東京大学戸谷友則氏提供］

　一方，「短いガンマ線バースト」については，これとは別のメカニズムと考えられており，中性子星同士からなる連星系，あるいは中性子星とブラックホールからなる連星系で 2 つの星が合体した際に起こるといったモデルが提案されてきた．このような高密度星からなる連星系が合体する際に起こる爆発現象として「キロノバ」という現象がある．キロノバは新星の約 1000倍の明るさの爆発ゆえにキロノバと名づけられたが，通常の超新星爆発に比べてその明るさが 10 分の 1 から 100 分の 1 で，また減光するスピードも超新星爆発よりも速い現象である．実際，ガンマ線バースト観測衛星「スウィフト衛星」（2004 年打ち上げ）とハッブル宇宙望遠鏡による観測によって，初めてキロノバのものと思われるガンマ線バーストが 2013 年に発見された（GRB 130603B）．さらに 2017 年 10 月にアメリカの重力波望遠鏡 LIGO（ライゴ）と欧州の重力波望遠鏡（Virgo）の共同観測チームは，中性子連星の合体による重力波を発見したと発表した．これについては 6.3 節の「重力波」のところで詳しく述べる．この観測により短いガンマ線バーストは中性子連星の合体に伴って起こる現象であることが確立した．

　ガンマ線バーストは宇宙で最も明るい天体現象であるため，宇宙の果て近

くで起こった場合でも観測できる．そのため，宇宙論的な研究にも役立つ現象であると考えられている（第7章参照）．

3.6.3 高速電波バースト

ガンマ線バーストよりさらに継続時間の短い「高速電波バースト」と呼ばれる現象が最近になって見つかっている．2013年にオーストラリアのパークス天文台の電波望遠鏡で，継続時間が数ミリ秒（ミリ秒：1000分の1秒）ないしはそれ以下の極めて短時間に強力な電波のバーストが起こる現象が4個見つかり，高速電波バースト（Fast Radio Burst：略してFRB）と名づけられた．その後の世界中の電波望遠鏡によるサーベイで，こうした高速電波バーストは極めて頻繁に起こっていることが明らかになった．実はこの現象の最初の発見は2007年になされていたが（発見者にちなんでロリマーバーストと呼ばれている），本当の天体現象かどうか疑いもあり，広く認識されるまでには至らなかった．

高速電波バーストのパルスは，発生源から地球までの間にある銀河間物質や星間物質の電離ガスの影響で，周波数が低いほど遅れて到達する．パルサーなどで観測されている「分散」と呼ばれる現象で，その量は分散量度（Dispersion Measure：自由電子の柱密度を表す）と呼ばれている．同じ銀緯にある銀河系内のパルサーに比べて，高速電波バーストの分散量度は大きく，そのことから高速電波バーストはほとんどが銀河系外の宇宙論的な距離にある天体から来たものと考えられている．また，ほとんどの高速電波バーストは一回きりしか電波パルスが観測されていない「単発型」であるが，いくつかの高速電波バーストでは複数回電波パルスを放射する「リピート型」も存在することが知られている．高速電波バーストの正体はまだわかっていない．

第4章

わが銀河系

　よく知られているように，われわれの太陽系は銀河系と呼ばれる星の大集団の一員である．これまでは，この星の大集団のことを銀河系あるいはわが銀河系と呼んでいたが，最近では「天の川銀河」と呼ぶことも多くなってきている．いずれにせよ，「銀河系」も「天の川銀河」も同じ意味である．

　銀河系は図 4-1 に示すように，凸レンズ型をした約 1000 億（10^{11}）個の星の集団である．銀河系を構成する個々の星は，星自身の大集団がつくりだす重力に束縛されて円盤状に分布し，中心のまわりを回転している．銀河系の中心部には球形に広がったバルジと呼ばれる領域がある．さらに円盤全体を囲むように球形のハローと呼ばれる領域があり，そこには球状星団など古い天体が存在している．さらにその外側にはダークハローと呼ばれるダーク

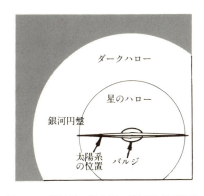

図 4-1　銀河系の概念図．銀河系は円盤部，中心のバルジと呼ばれるふくらみ，全体を球形におおうハローからなる．

マターからなる領域がある。ダークマターについては本章で述べる。

　銀河系の円盤部の星と星との間の空間には，ガスと塵（固体微粒子）からなる「星間物質」が存在する。銀河系を考える際には，星間物質が重要な働きをしているので，まず最初に星間物質について考察する。

4.1 星間物質と星の誕生

4.1.1 星は現在も生まれている

　宇宙の年齢は約140億年といわれており，またわが銀河系も宇宙自身の年齢とあまり変わらない140億年に近い年齢であると考えられている。一方，太陽系の年齢は，隕石などの放射性同位元素の組成比の解析から，46億年程度と見積もられている。太陽は，銀河系が誕生してから100億年近くたってから生まれたことになる。また，太陽質量程度の星の寿命は100億年程度と見積もられている。

　それに対して，質量が太陽にくらべて大きい星，たとえばその質量が太陽の10倍ほどのおとめ座の1等星「スピカ」のような星の場合，星の質量－光度関係：$L \propto M^4$ により，明るさは太陽の 10^4 倍にもなる。星の内部の核燃料の量は星の質量に比例するので，スピカの寿命は1000万年程度に見積もられる。人類がこの地上に出現したのが600万年前，恐竜が絶滅したのが約6500万年前である。宇宙的タイムスケールでは，スピカの誕生はほんの最近のできごとである。また，後述するように，太陽やその近傍の星が銀河中心のまわりを一周するのに要する時間は2億年である。大質量星の場合，生まれた場所からあまり移動しないうちに一生を終えてしまうことになる。

　「現在も星が生まれている」という，もっと直接的証拠がある。それは，OBアソシエーションあるいはTアソシエーションと呼ばれる生まれて間もない星の集団が存在することだ。OBアソシエーションというのは，質量の大きいO型，B型の星が集団をつくっていて，それらを構成する星の固有運動から過去にさかのぼると，一点に集中するように見えることである。これらO型あるいはB型星は，同じ星間雲からいっしょに誕生したものと考えられる。

4.1 星間物質と星の誕生　　143

　また，Tアソシエーションというのは，後で述べる「おうし座T型星」と呼ばれる不規則変光星が集団をつくっているものである．おうし座T型星は，太陽質量程度の星の誕生後まだ主系列に到達する前の姿である．

　星の誕生の故郷は，分子雲と呼ばれる星間雲の密度の濃い場所であると考えられている．オリオン座のトラペジウムと呼ばれるものは，4個のO，B型星が濃い星間雲を伴って存在するところで，現在も活発に星形成が行われているところである．

　背後の星を隠してしまう暗黒星雲は，このような密度の濃い星間雲である．可視光では暗黒星雲の内部は見通すことができないが，赤外線や電波を使えば暗黒星雲の内部まで見ることができるようになった．その結果，星形成の現場を観測することが可能になった．

4.1.2　星間ガスと星間塵

　星と星との間の空間はまったくの真空ではなく，平均密度は1ccあたり1個というきわめて希薄なガスが存在する．これを星間ガスという．星間ガスの密度は銀河系の中で一様ではなく，密度の濃いところと薄いところがある．星間ガスの密度の濃いところを星間雲と呼んでいる．次項で述べるように，星間ガスはその密度およびまわりの環境により，電離ガスであったり，分子ガスであったり，いろいろな形をとる．また，星間雲はガスだけでなく，その中に固体微粒子である塵を含んでおり，これらをまとめて星間物質という．

　星間雲の存在は，可視域の観測では散光星雲と暗黒星雲という形で観測されている．散光星雲の代表としては，図4-2に示すオリオン星雲がある．散光星雲は，星間ガス雲が近くにある明るい星に照らされて，星の光を吸収，再放射することによって輝いているものである．

　暗黒星雲は，図4-3に示す馬頭星雲のように，密度の濃い星間雲が背後の星の光を隠すことにより，その存在が知られるものである．可視光で暗黒星雲として観測される星間雲は，電波や赤外域で分子の輝線スペクトルが観測される分子雲と呼ばれる密度の濃い星間雲である．暗黒星雲において背後の星の光を吸収・散乱しているのは，星間雲の中の固体微粒子の塵である．星間空間にあるこのような塵を星間塵と呼ぶ．4.2.2項で述べるように，わが

図 **4-2** オリオン星雲の写真.

図 **4-3** 馬頭星雲の写真.

銀河系の中心はいて座の方向，2万5000光年先にあるが，途中の星間吸収が大きすぎて，可視域では銀河中心を見ることはできない．

星間吸収により遠くの天体の明るさが暗くなることを，星間減光という．

また，星間塵による吸収は，波長の短い光ほど大きいので，星間吸収を受けると星の光は実際の星の色より赤くなって見える．これを星間赤化という．これは，地平線近くの夕日が赤く見えるのと同じ原理である．可視光の吸収に寄与する星間塵のサイズは 0.1～1 μm 程度と考えられている．そのほか，星間ガスの存在を示す現象として星間吸収線がある．星間吸収線というのは，星の光が途中星間雲を通過してきたとき，そのスペクトルの中に，星間雲特有の吸収線を生ずるものである．星間吸収線と星自身の大気で生じた吸収線とでは，①視線速度が異なっていたり，あるいはスペクトル線の幅が異なっていたりすること，②スペクトル線の電離状態，励起状態が星の大気のそれと異なっていること，などから区別が可能である．また，星間塵特有の幅広い吸収線ができる場合もある．

4.1.3　星間ガスの形態

星間ガスは，その温度，密度などから大きく分けて次の 4 つに分類される．

（1）　高温領域

温度が数十万度から 100 万度で，粒子密度が 1 cc あたり 0.01 個という高温，希薄な領域である．銀河円盤内で超新星爆発が起こると，星間空間に約 10^{50} erg のエネルギーと $1M_\odot$（ここで添え字 $\odot$ は太陽を表し，$1M_\odot$ とは 1 太陽質量を意味する）のオーダーの質量が注ぎ込まれる．その結果，星間ガスは暖められ，高温希薄なガスになる．

このような高温希薄な星間ガスは，軟 X 線と呼ばれるエネルギーの低い X 線で見ると，空間的に広がった成分として観測される．温度が 100 万度程度のガスは，電磁波として軟 X 線を放射するからである．また，人工衛星からの紫外域の観測で，高温の星のスペクトルに 5 回電離した酸素による星間吸収線が観測されている．酸素が 5 回電離するためにはガスの温度が 10^5～10^6 度と高温である必要があり，5 回電離した酸素のスペクトル線は高温の星間ガスによる吸収であると考えられている．このような高温希薄なガスは銀河円盤の円盤部の体積の数十 % を占めていると推定されている．

（2） HII（電離水素）領域

　星間ガスの主成分は水素である．水素の電離状態により，星間ガスの状態としてはHI（中性水素）領域とHII（電離水素）領域がある．一般に天文学では，さまざまな元素の電離状態を表すのにその元素記号の後に，I（中性の原子），II（1回電離状態），…，V（4回電離状態），VI，…をつけて表す．すなわち，HIおよびHIIは中性水素および電離水素を表す．

　水素原子は，陽子1個のまわりに1個の電子が静電気力（クーロン力）によって結合したもっとも単純な構造の原子である．量子力学によれば，このような原子の中の電子はとびとびのエネルギーしかとれない．図4-4は，水素のエネルギー準位を示す．水素の電離ポテンシャルは13.6 eVで，91.2 nmより短い波長の電磁波（光子）を吸収することによって，電子は基底状態から電離状態（電子が原子核に束縛されていない自由状態）へ遷移する．

$$\mathrm{H} + h\nu \rightarrow \mathrm{H}^+ + \mathrm{e}^- \tag{4.1}$$

このように波長の短い電磁波を吸収して原子が電離することを光電離という．

　電離した陽子と自由電子は再結合して，電子がいろいろのエネルギー準位をもつ水素原子に戻る．さらに，電子が順次より低いエネルギー準位へと段階的に遷移を重ね，余分のエネルギーを光子として放射する．この光がガス

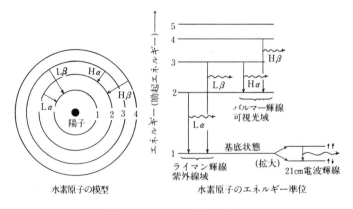

図 4-4　水素のエネルギー準位と輝線スペクトル．

星雲の光として観測されるわけである．結局，このプロセスにより紫外域の1個の光子がよりエネルギーの低いいくつかの光子になって放射されることになる．

O，B型星は，91.2 nm より短い波長の紫外域の電磁波をたくさん放射している．このような高温度の星のまわりの星間ガスは，星からの紫外放射により水素が光電離されて HII 領域になっている．HII 領域では水素はほとんど完全電離状態にある．しかし，上に述べた光電離と再結合プロセスにより，紫外域光子はいずれ消費しつくされるため，星のまわりの電離領域の大きさにはある限界がある．それより外では紫外域光子が届かず，水素が中性の HI 領域になっている．

高温の星のまわりの HII 領域において，電離水素ガスの状態から中性水素ガスへの移り変わりは急激で，くっきりとした境界ができる．このようにくっきりとした境界をもつ，高温度星のまわりの HII 領域をストレムグレン球という．ベングト・ストレムグレンというのは，この現象を研究したデンマークの天文学者の名前である．ストレムグレン球の大きさは，高温度星からの紫外域光子の数と星間ガスの密度によって決まり，典型的ストレムグレン球の半径は数光年から数十光年である．

オリオン大星雲などの散光星雲は，高温の O，B型星に照らされて輝く HII 領域である．

（3） HI（中性水素）領域

超新星残骸や O，B型星から遠いところにある星間雲では，水素は中性水素の形で存在している．このような星間雲を HI 領域という．典型的な HI 雲の密度は粒子密度で 1 cc あたり 1〜10 個，温度 T はだいたい 50〜100 K である．このような低温の水素ガス雲は，光では見えないが，波長 21 cm の電波輝線によって直接見ることができる．

第2次世界大戦の終戦の前年の 1944 年，オランダのファン・デ・フルストは，星間雲中の中性水素が波長 21 cm の電波を放出し，それが実際に観測にかかる可能性があることを予言した．そして，1951 年にアメリカ，オランダ，オーストラリアで星間雲からの波長 21 cm の電波の観測に成功した．

148   第 4 章 わが銀河系

　低温の星間雲では，水素原子はエネルギーの一番低い基底状態にある．ところが，この基底状態には超微細構造があり，エネルギーがほんのわずかだけ違う 2 つの状態からなっている（図 4-4 参照）．エネルギーの高い状態および低い状態は，それぞれ陽子（水素原子核）と電子のスピンが平行の場合，反平行の場合に対応する．そして，より高いエネルギーにあるスピンが平行状態の水素原子は，より低いエネルギーのスピンが反平行状態へ遷移する．その際，エネルギーの差に対応する電磁波すなわち波長 21 cm の電波を放射する．この遷移は，いわゆる禁制遷移であるので，その遷移確率はきわめて小さく，実験室ではこのような水素の 21 cm 電波輝線をつくりだすことはできない．しかし，星間空間という広大な領域からの放射としては電波望遠鏡によりこのような遷移による放射を観測することができるのである．これが波長 21 cm の中性水素の電波輝線である．逆に，スピン反平行の状態にある水素原子は，波長 21 cm の電波を吸収してスピン平行の状態へ遷移する．電波源を背景にした場合，星間雲による水素 21 cm 電波の吸収線ができる．このように水素の 21 cm の電波は，HI ガスからの輝線および吸収線のどちらの場合も観測されている．

　銀河円盤は電波に対しては吸収が少ないため，波長 21 cm の電波では銀河系の中心まで見通すことができる．実際，水素の 21 cm の電波を使って，銀河系の渦巻き構造や銀河系の回転速度曲線が求められている．銀河系の渦巻き構造および回転速度曲線については，4.2 節で述べることにする．

（4）　分　子　雲

　星間雲でもっとも密度の高いものが，分子雲である．代表的分子雲では，内部の密度は粒子数 (n) でいって 1 cc あたりだいたい 10^3–10^5 個，温度 (T) はだいたい 10–30 K である．このような密度の高い分子雲では，外部の星の光などは雲の内部まで入ってこない．そして，星間雲の主成分である水素は水素分子 H_2 になっており，その他 CO，OH，NH_3，H_2O，…などの分子が存在し，電波領域でそれらの分子の線スペクトルが観測されている．

　表 4-1 は，これまでに検出された星間分子の代表的なもののリストである．これらの分子線の多くは波長の短い電波のミリ波領域に現れ，1970 年

4.1 星間物質と星の誕生

表 4-1 これまでに検出された星間分子のうち代表的なもの (理科年表 2023 年版から).

簡単な水素化物, 酸化物, 硫黄化物, ハロゲン化物など				
H_2 (IR)	CO	H_2O	CS	NaCl★
HF	SiO	NH_3	SiS	AlCl★
HCl	SO_2	$CH_4^{\star}$ (IR)	H_2S	KCl★
N_2 (UV)	CO_2	$SiH_4^{\star}$ (IR)	OCS	
O_2	TiO	PH_3		

ニトリル, アセチレン誘導体など				
$C_2^{\star}$ (IR)	HCN	CH_3CN	HNC	$HC_2H^{\star}$ (IR)
$C_3^{\star}$ (IR)	HC_3N	CH_2CHCN	HNCO	$HC_4H^{\star}$ (IR)
$C_5^{\star}$ (IR)	HC_5N	CH_3CH_2CN	HNCS	$HC_6H^{\star}$ (IR)
C_3O	HC_7N	CH_3C_3N	HNCCC	$C_2H_1^{\star}$ (IR)
C_3S	HC_9N	$n\text{-}C_3H_7CN$	HCCNC	CH_3C_2H
$C_4Si^{\star}$	KCN★	$i\text{-}C_3H_7CN$	CH_3NC	CH_3C_4H

アルデヒド, アルコール, エーテル, ケトン, アミドなど				
H_2CO	CH_3OH	HCOOH	CH_2NH	H_2C_3
H_2CS	C_2H_5OH	HCOSH	CH_3CHNH	H_2C_4
CH_3CHO	CH_2CHOH	$HCOOCH_3$	NH_2CN	H_2C_5
NH_2CHO	NH_2OH	CH_3COOH	CH_3NH_2	H_2C_6
HC_2CHO	CH_3SH	H_2CCO	CH_3CONH_2	
CH_2OHCHO	$(CH_3)_2O$	H_2CCS	NH_2CH_2CN	
	$(CH_3)_2CO$			

環環状分子				
$c\text{-}C_3H$	$c\text{-}SiC_2$	$c\text{-}C_2H_4O$	$c\text{-}C_6H_5CN$	$C_{60}^{\star}$ (IR)
$c\text{-}C_3H_2$	$c\text{-}Si_2C^{\star}$	$c\text{-}C_9H_8$	$1\text{-}C_{10}H_7CN$	C_{60}^{+} (IR)
$c\text{-}C_6H_6^{\star}$ (IR)	$c\text{-}SiC_3^{\star}$		$2\text{-}C_{10}H_7CN$	$C_{70}^{\star}$ (IR)

分子イオン				
H_3^+	HCO^+	$HCNH^+$	CO^+	C_4H^-
HeH^+	HOC^+	H_3O^+	CF^+	C_6H^-
CH^+ (OPT)	HCS^+	H_2COH^+	SO^+	C_8H^-
OH^+	HN_2^+	HC_3NH^+	NH_1^+	CN^-
ArH^+	$HOCO^+$	HC_5NH^+		C_3N^-

ラジカル				
OH	C_2H	CN	NO	C_2O
CH	C_3H	C_2N	HNO	CH_3O
CH_2	C_4H	C_3N	NS	C_2S
CH_3	C_5H	C_5N	SO	CP★
NH (UV)	C_6H	H_2CN	PO	SiC★
NH_2	C_7H	CH_2CN	MgNC	HCO
SH (IR)	C_8H	HCCS	MgCN★	NCO

電波以外で観測された分子については, その波長域をカッコ内に示した. IR は赤外線, OPT は可視光, UV は紫外線である. ★は, 赤色巨星でのみ検出されていることを示す.

150   第 4 章　わが銀河系

以後急速に進展した電波分子分光学により見つかったものである．また，こ
れらの分子のいくつかは，国立天文台・野辺山宇宙電波観測所の 45 m 電波
望遠鏡を使った観測で，発見されている．そして，これらの分子の電波のス
ペクトル線の観測から，これまで直接見ることができなかった密度の高い星
間雲を観測できるようになった．

　分子雲ではいろいろな分子が電波の輝線スペクトルを放射するが，もっと
も強い輝線スペクトルは一酸化炭素 CO の回転エネルギー準位間の遷移で
ある．CO の回転準位が $J = 1$ から $J = 0$ への遷移では，波長 2.6 mm の電
波の輝線スペクトルが放射される．この電波の線スペクトルを使って分子雲
の銀河系内での分布，回転速度曲線などの研究が行われている．CO の波長
2.6 mm の電波は系外銀河からも観測されている．

4.1.4　星 の 誕 生

　これまで述べてきたように，星は分子雲の中で誕生する．暗黒星雲の形か
らもわかるように，分子雲はきれいな球形をしているのではなく不定形で，
しばしばひも状の構造をしている．このような分子雲の中の密度の濃いとこ
ろがなんらかのきっかけにより収縮をはじめる．分子雲の収縮のきっかけと
しては，超新星爆発に伴う衝撃波による分子雲の圧縮，新しく生まれた大質
量星からの紫外域放射による圧力で生じた衝撃波による分子雲の圧縮，ある
いは銀河の渦巻き構造に伴う密度波による分子雲の圧縮などが，考えられて
いる．そして，分子雲の密度の濃いところがある程度収縮すると，自分自身
の自己重力が内部の圧力より強くなり，さらに収縮を続けることになる．そ
して，分子雲の中のいくつかの密度が高い部分が独自に収縮するようにな
り，いくつかの星が同時に誕生する．

　後述するように，オリオン領域，おうし座領域ではこのように星が集団
で誕生しているのが観測されている．また，ハッブル宇宙望遠鏡を使って，
図 4-5 に示すような星誕生の現場の生々しい写真が撮られている．いった
ん，重力が内部の圧力より大きくなった星間ガスは，ほとんど自由落下に近
い状態で，密度の高い中心に向けて収縮していく．この収縮に必要な時間は
$10^5 \sim 10^7$ 年という長い時間である．そして，球対称なガス雲を考え，その

図 4-5 ハッブル宇宙望遠鏡による星雲 M16（星形成領域）の写真．この写真では，分子雲の中から新しい星が誕生し（写真上方の外側に位置している），誕生した星からの紫外光に照らされて，分子雲の密度の低い部分が蒸発し，密度の濃い部分が入道雲のように取り残されたようすを示している．

中の一点に着目すると，その点でのガスの自由落下の時間は，着目した点より内部の平均密度の平方根に逆比例する．星間雲の中心に近いほど密度が高いため，中心部分は短い時間スケールで収縮する．

星間雲の中心領域の密度がある程度高くなると，中心近くでは放射に対して不透明になる．不透明になった星間雲の芯（コア）では，放射によって熱を逃がさなくなり，内部の温度，圧力が上昇する．そして，圧力が重力より勝るようになると，収縮がとまる（これをコアのバウンスという）．しかし，星間雲の外側では相変わらず重力のほうが大きく，外側の物質は次々にコアの表面に降り積もっていく．このようにガスが中心天体に降り積もる現象をアクリーション（accretion）という．

収縮がとまった星間雲のコアは，次々降り積もってくるガスの解放する重

力エネルギーにより明るく輝きだす．これが原始星である．しかし，このような原始星は星間分子雲の奥深くにうもれており，原始星の表面から放射された光はいったん星間雲の中の塵によって吸収され，波長の長い赤外線の形で再放射される．オリオン星雲などの分子雲の奥深くにうもれた赤外線源は，このような原始星であると考えられている．

　原始星ができる過程で重要になるのが，星間雲の角運動量の問題である．一般に，星間雲はほんのわずかの速度であるが，星間雲自身が回転している．このような星間雲が収縮すると，角運動量保存の原理により収縮するとともに，星間雲の回転が速くなる．これは，フィギュアスケートの選手が氷の上で腕を縮めることによって急速なスピンを得るのと同じ原理である．実際，収縮を開始する前の分子雲の密度は $n \sim 10^5$ 個/cc で，一方，主系列星内部の平均密度は $n \sim 10^{24}$ 個/cc である．星間ガスの状態から主系列星になるまでに，星間ガスは密度で 20 桁近く増大し，半径で 6 桁近く収縮したことになる．星間雲の外側のガスでは，星間雲のコアに降り積もっていく過程で，回転の効果が効いてきて，遠心力と重力がつりあうほどになり，中心にある原始星のコアのまわりに円盤状の構造をつくるようになる．図 4-6 は原始星まわりの回転円盤形成のようすを示す模式図である．われわれの太陽系も，中心に原始太陽ができ，その外側を回転円盤が取り巻いている段階をへてできたものと考えられている．

4.1.5　星の誕生過程の観測

　すでに述べてきたように，星の誕生の現場は分子雲と呼ばれる密度の高い星間雲の中である．星間雲の奥深くは星間塵による吸収が大きく可視光では見透かすことができない．しかし，1970 年代から 1980 年代にかけて，電波天文学および赤外線天文学の進展により，電波や赤外線を使って星の誕生の現場を直接観測できるようになった．

（１）　大質量星の誕生の現場（オリオン KL 天体）
　星の誕生の現場としてもっとも有名なのはオリオン大星雲の領域である．オリオン大星雲はトラペジウムと呼ばれる生まれたばかりの 4 つの早期型

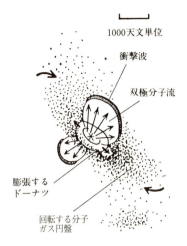

図 4-6 赤外線源オリオン KL 天体のモデルとしての，星形成時の回転円盤と双極分子流の模式図．

大質量星に照らされた散光星雲と暗黒星雲が複雑に入り組んだ構造をしている．暗黒星雲は，いろいろの分子のだすミリ波領域の電波の線スペクトルにより分子雲として観測される．そして，分子雲の密度の高いところにアメリカのダクラス・クラインマンとフランク・ロウによって発見された強力な赤外線源，オリオン KL 天体が存在する．

オリオン KL 天体は，波長 10～20 μm の赤外領域にスペクトルのピークがくる赤外線源でその赤外領域の放射エネルギーは太陽の光度の 10 万倍にも達する．オリオン KL 天体は，生まれたばかりの原始星がその母体である星間分子雲の中にうもれていて，原始星のだす光が星間ガスの塵に吸収されて赤外域で再放射されたものであると考えられている．そして，赤外線源オリオン KL 天体の方向で，一酸化炭素のミリ波スペクトルのドップラー偏移から秒速 100 km にものぼる高速の分子のガス流が発見された．この分子ガス流は赤外線源から 2 つの反対方向に噴きだすように流れており，双極分子流と呼ばれている．さらにミリ波分子分光学のほうから赤外線源を取り囲む回転ガス円盤が発見され，高速の双極分子流はこの回転円盤に垂直に噴きだしていることが明らかになった（図 4-6 参照）．オリオン KL 天体は，大

質量星の生まれつつある現場であろうと考えられている.

（2） 太陽程度の小質量星の誕生の現場（おうし座分子雲）

太陽程度の小質量星の誕生の現場としておうし座分子雲がある．おうし座には，温度の低い分子雲があり，その中から生まれたと思われる「おうし座T型変光星」と呼ばれる前主系列星がたくさん存在している．

おうし座T型星はスペクトル型がG，K型の不規則変光星で，HR図上の位置は前主系列と呼ばれる進化の道筋上にある星である．また，可視域のスペクトルでバルマーHα線が輝線スペクトルになっている特徴がある．おうし座T型星の放射スペクトルは，プランク分布に近い可視光での星本体の放射以外に，波長が$1\sim10\,\mu$mに広がる赤外領域でも大きな放射をしている．また，紫外線領域にも星のプランク放射以上の放射が観測されている．また，X線でも高い活動性を示す．

おうし座T型星の赤外線領域での放射は，中心のT型星を円盤状に取り囲む降着円盤からの放射，および中心星の放射がそれを包み込む星間雲中の塵により吸収され，赤外線領域で再放射されたものであると考えられている．おうし座T型星のように誕生の母体である星間雲をまとった状態から，主系列に進化していくにしたがい，中心星を取り囲むガスおよび星間塵の雲が吹き払われ，星本体がむきだしの状態になっていく（星本体の主系列に至る進化については3.3.4項を参照）.

4.2 銀河系の姿

4.2.1 星　　団

銀河系の中には，約1000億個の星が存在する．これらの星の中には，たくさんの星が空間的に狭い場所に集まって力学的に集団をつくっているものがあり，それを星団と呼んでいる．星団には，散開星団と球状星団の2種類がある.

星団は，自分自身の重力で力学的にも閉じた系をつくっていると考えられる．それに対して，4.1節で述べた，OBアソシエーション，Tアソシエー

ションは，同じ分子雲から同時に生まれた星の集団であるが，力学的には束縛された系ではなく，時間が過ぎると個々の星はばらばらになってしまうものである．

(1) 散開星団

散開星団は，その名前からもわかるように中心への集中度も散漫で，またメンバー星の数も100個程度から1万個程度と，比較的少ない．散開星団の代表としては，肉眼でもよく見えるおうし座のプレアデス星団（日本名「すばる」図4-7参照）やヒアデス星団がある．

散開星団は，後述するように，銀河系の円盤部に存在し，比較的若い星団である．星団の星は，同じ分子雲から同時に誕生したと考えられている．このことと，その星団のHR図の形からどの質量の星が現在主系列から巨星へ向けて進化する段階にあるかがわかり，そこから星団の年齢を求めることができる．このようにして求めたプレアデス星団の年齢は約5000万年，ヒアデス星団は約6億年である．

(2) 球状星団

球状星団は，図4-8に示すように数万個から100万個の星が密集して球状

図 4-7　散開星団プレアデス．星団の星をつくった星間ガスが，現在も星団の星を取り巻いているのがわかる．

156 第4章 わが銀河系

図 4-8 球状星団キョシチョウ座 47 星雲.

に集まった星の大集団である．球状星団は，HR 図からその年齢が 100 億年を超す古い恒星系の集団であり，銀河系の初期にできたものと考えられている．わが銀河系の中にこのような球状星団が 100 個以上知られている．次に見るように，球状星団は銀河系の大きさと形を知るうえで重要な役割を果たした天体である．

4.2.2 銀河系の概観

　夏の夜空に淡い雲のように見える天の川は，望遠鏡で見るとたくさんの星の集まりであることがわかる．天の川は，銀河系を凸レンズの円盤方向に見た状態にあたる．つまり，わが太陽系はこの銀河円盤の中にうめ込まれていて，まわりの星をながめていることになる．

　現在，われわれが知っている銀河系の姿が明らかになったのは，実は比較的最近のことで，20 世紀のはじめまでは，太陽系は銀河系宇宙の中心近くに位置していると人々は考えていた．銀河系宇宙についての研究は，18 世紀のウイリアム・ハーシェルの研究にはじまる．当時はまだ恒星までの距離が測られていなかったが，ハーシェルは全天の星の数を数え，すべての星の明るさが一定と仮定して，銀河系宇宙の形を求めた．

　このハーシェルの研究をさらに推し進めたのが，20 世紀初頭のオランダのヤコブス・カプタインである．カプタインは星の数の統計から銀河系の姿

4.2 銀河系の姿

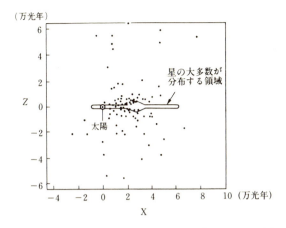

図 4-9 球状星団の分布（銀河面と垂直方向に対する分布）.

を探り，その結果，銀河系宇宙は天の川の方向にのびた平たい回転楕円体で，太陽はこの回転楕円体の中心近くに位置しているという結論に達した．

わが太陽系を銀河系の隅のほうへ追いやったのは，1915 年から 1918 年にかけてのハロー・シャープレーの銀河系内の球状星団の分布の研究である．シャープレーは，球状星団の中に含まれる脈動変光星を使って個々の球状星団までの距離を決定し，銀河系内における球状星団の分布を調べた．その結果，球状星団は天球上に一様に分布しているのではなく，いて座の方向に集中しており，いて座と反対方向には球状星団はあまり存在しないことがわかった（図 4-9）．そして，球状星団は，いて座の方向，太陽から約 2 万 5000 光年離れたところを中心にして球状に分布していることを明らかにした．

シャープレーは，球状星団の分布が銀河系の物質分布を代表しており，銀河系の中心はいて座の方向に太陽から離れた位置にあるとする，現在のわれわれが知る銀河系に近い姿を得た．ハーシェルおよびカプタインによる仕事において，太陽が銀河系の中心近くに位置していると考えたのは，実は銀河中心の方向では星間塵による吸収で銀河中心まで見通すことができなかったからであった．すなわち，銀河面に沿った方向に見た場合，星間塵にさえぎられて可視光ではあまり遠くまで見ることができず，その結果あたかも太陽が銀河系の中心近くにあると誤解したのである．

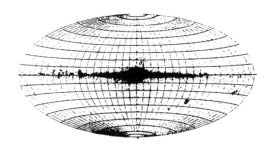

図 4-10 赤外線観測衛星「IRAS」による点状赤外線源の銀河座標による分布．銀河座標は銀河円盤面を赤道面とし，銀河中心方向を原点とした天球座標．

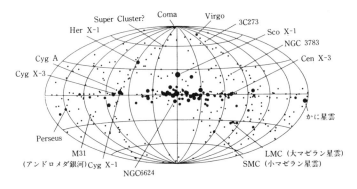

図 4-11 X線衛星「ウフル」によるX線源の天球分布．

　実際，星間吸収の少ない波長域の電磁波で観測すると，いろいろな天体が銀河中心方向に集中していることがわかる．図4-10は赤外線観測衛星「IRAS」の波長 $12\,\mu\mathrm{m}$ で観測した点状の赤外線源の分布を示す．図4-10からもわかるように，赤外線で見ると，わが銀河もちょうど渦巻銀河を横から見た場合と同じように見え，銀河中心であるいて座の方向に赤外線源（主に低温の赤色巨星）が集中していることがわかる．

　図4-11はX線衛星「ウフル」によるX線源の分布を示す．赤外線の場合と同様，銀河中心の方向にX線源が集中していることがわかる．

4.2.3 銀河系の構造

　銀河系の基本的枠組みは，図4-1のように円盤部と球形部の2つからなっ

ている．銀河系は約 1000 億個の星の大集団で，このような星の大集団が存在すると，大きな重力が生ずる．その重力により太陽やその近傍の星が銀河系の中心に落下していかないためにはそれにつりあう力が必要である．

　惑星が太陽のまわりを回転するように，円盤部にある天体は銀河系の中心のまわりを同じ方向に回転しており，回転の遠心力と重力がつりあうことにより平衡が保たれている．実際，太陽およびその近傍の星は，銀河系の中心のまわりに約 220 km/s という速度で円運動を行っていることが知られている．このような円盤部の天体の回転運動を「銀河回転」と呼ぶ．

　一方，球形部は銀河中心近くのバルジ（ふくらみ）と呼ばれる部分と銀河全体を球状に包むハローとからなる．バルジは図 4-1 にあるように円盤に比べて中心付近がふくらんでおり，バルジと呼ばれる．最近の研究で，銀河系のバルジは 3 軸不等の棒状構造をしていることが明らかになり，銀河系は棒渦状銀河（5.1.2 項「銀河の分類」を参照）と考えられるようになった．また，銀河系の中心には，他の銀河と同様に巨大ブラックホールが存在していることが明らかになった（6.2.5 項「銀河系中心の巨大ブラックホール」を参照）．

　バルジおよびハローにある天体は，円盤部の天体のように同じ方向にそろった回転運動をしているのではなく，銀河系の重力場の中で勝手な方向の運動をしていると考えられている．この事情は，太陽系内での惑星と彗星の運動との関係に似ている．すなわち，惑星はすべてほとんど同一平面（黄道面）内を同じ方向に公転運動をしているのに対して，長周期の彗星は一つひとつがそれぞれ黄道面とは違った軌道面をもっているのである．このような銀河系の力学的枠組みと銀河系内の天体の年齢とは強い相関があることが知られている．すなわち，銀河系の中の天体には年齢の若い種族 I（Population I）の天体と銀河系形成の初期にできたと思われる種族 II（Population II）の天体の 2 種類がある．

　種族 I の天体は円盤部に集中しており，星間ガス，質量の大きい OB 型星，散開星団などがこのような天体である．とくに質量の大きい OB 型星は，星としての寿命が 1000 万年と短い．銀河系の進化から見れば，これらの OB 型星は生まれて間もない若い天体であるといえる．また，銀河系の円盤部は，現在も活発に星形成が行われている場所でもある．銀河系の円盤部

160   第 4 章　わが銀河系

の厚みは，太陽近傍で約 1000 光年程度である．太陽から銀河中心までの距離が 2 万 5000 光年であることを考えると，銀河円盤はきわめて薄いことがわかる．

　一方，種族 II の天体はバルジやハローに存在し，質量の小さい年老いた星，球状星団などがこのような天体である．球状星団については，球状星団を構成する星の HR 図から年齢が 130 億年とたいへん古い天体であることが知られている．また，太陽近傍にくる種族 II の天体としては，高速度星と呼ばれる星がある．高速度星とは，太陽に対する相対速度が 65 km/s 以上の星をいう．

　太陽およびその近傍の星は約 220 km/s という回転速度で銀河中心のまわりを回っている．したがって，これらの星の間の相対速度は通常 20〜30 km/s で，それほど大きくない．それに対して，高速度星は円盤内の星の銀河回転の方向とは異なった方向に勝手に運動しているため，太陽に対して相対的に速い空間速度をもっている星なのである．

4.2.4　銀河回転

（1）　銀河の質量

　太陽の銀河中心からの距離を r_s，回転速度を v_φ，また太陽より内部にある銀河系の質量を M_G，重力定数を G とすると，太陽近傍にある天体に働く単位質量あたりの遠心力は v_φ^2/r_s で，重力は GM_G/r_s^2 であるので，これら 2 つの力が等しいと置くと，

$$v_\varphi^2/r_s = GM_G/r_s^2 \tag{4.2}$$

したがって，太陽系より内部にある銀河系物質の質量は $M_G = r_s v_\varphi^2/G$ で与えられる．実際の数値として，$r_s = 8\,\mathrm{kpc}$ および $v_\varphi = 220\,\mathrm{km/s}$ を代入すると，$M_G \simeq 10^{11} M_\odot$ を得る．また，太陽近傍の星が銀河中心のまわりを一周するのに 2 億年かかることがわかる．地球が太陽のまわりを一周するのにかかる時間は，1 年 = 365 日である．太陽が銀河中心のまわりを一周する時間はさしずめ 1 銀河年とでも呼べよう．銀河系は，誕生以来まだ 70 銀河年しかたっていないことになる．

（2） 銀河系の回転速度曲線

次に銀河系内の回転速度の分布について考えよう．銀河系の広範囲にわたる回転速度分布は，中性水素あるいは一酸化炭素のだす電波のスペクトル線を使って求められている．図 4-12 はわが銀河系の回転速度曲線である．銀河回転の特徴として，銀河系の回転はいわゆる差動回転といわれる回転で，図 4-13 に示すように，回転の角速度は遠くにいくほど遅くなっている．

銀河回転のもう一つの特徴として，回転速度が銀河中心からある距離以上のところではほとんど一定になっていることである．このような特徴を銀河の「平らな回転則」と呼んでいる．このような特徴は，わが銀河系だけでなく多数の渦巻銀河でも知られている．銀河系の質量が中心に集中しているとすると，ケプラーの法則からわかるように，回転速度は，銀河中心の距離 r

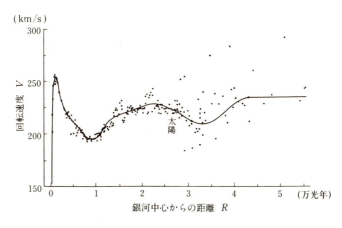

図 **4-12** 銀河の回転速度曲線．

図 **4-13** 銀河の回転角速度の動径分布．銀河の回転は，銀河全体が一様の回転角速度で回ってくるのでなく，内側ほど角速度が大きい「差動回転」と呼ばれる回転を行っている．

162 第4章 わが銀河系

の関係として $v_\varphi = \sqrt{GM_G/r}$ で与えられる．すなわち，回転速度は距離の
逆数の平方根に比例して減少しなければならない．

銀河系を構成する物質の質量としては，恒星が一番大きな寄与をし，それ
以外には星間ガスの寄与は恒星の1割から2割程度である．恒星の場合は，
「質量－光度関係」を使って銀河系の中の星の明るさの分布から恒星による
質量の大きさを見積もることが可能である．星間ガスについても，電波の
21 cm の線スペクトルの観測，一酸化炭素の線スペクトルの観測と解析から
おおよその質量が見積もられている．

星や星間ガスのように，光や電波などの電磁波を放射していて観測可能な
物質を，銀河の「光を出す質量」と呼ぶ．光を出す質量という表現はずいぶ
ん変ないい方と思われるかもしれないが，実は銀河には「目に見えない物
質」が存在するといわれている．

銀河系や系外銀河で観測されている平らな回転則を説明するには，銀河の
中の質量が銀河の外のほうまで存在しなければならないはずである．ところ
が，光を出す質量は銀河の外のほうへいくとどんどん減少しており，とても
平らな回転則を説明するほどの質量は存在しない．銀河には光として見え
ている星などの天体以外に，その約10倍もの目に見えない重力として寄与
する質量が銀河のハロー部分にあると考えられている．これを「ダークマ
ター」（dark matter：暗黒物質）と呼んでいる．

銀河の回転曲線以外からも，ダークマターの存在の可能性は推測されてい
る．銀河面に垂直方向の星の分布は，銀河に垂直方向の重力と星の運動との
バランスで決まっている．そこで星の運動と分布から銀河円盤の質量密度が
評価できる．オランダのオールトはこのような方法で銀河円盤の質量密度を
評価した結果，実際に目に見える形の質量の約2倍の密度が必要なことがわ
かった．

銀河系についての現在の考え方では，星からなる銀河円盤は中心からおお
よそ15 kpc まで広がっていて，その質量は 2×10^{11} 太陽質量程度であるの
に対して，その外側に球形のダークマターのハローがおおよそ100 kpc まで
広がっていて，その質量は 10^{12} 太陽質量にも達すると考えられている（図
4-1）．すなわち，銀河系には通常の物質の数倍から10倍のダークマターが

存在する．実際，銀河系のまわりを回るお伴の銀河である大マゼラン雲，小マゼラン雲の運動からも銀河の質量は目に見える形の質量の約 10 倍のダークマターが必要といわれている．さらに，銀河より一段上の階層である銀河団のレベルにおいても，ダークマターが光を出す質量の約 10 倍必要であることがわかっている（5.1.7 項「銀河団ガス」参照）．

4.2.5　ダークマター（暗黒物質）

　上述したように，銀河系のハロー部分には光で観測可能な物質（恒星や星間物質）の 10 倍もの質量の目に見えないダークマターがあることが明らかになったが，そのダークマターの正体はよくわかっていない．通常の物質の質量は，陽子や中性子など原子核を構成する物質が主に担っており，電子などは小さな寄与しかしていない．素粒子物理学では，陽子や中性子などをバリオンと呼び，電子やニュートリノなどをレプトンと呼ぶ．そこで，通常の物質のことをバリオンと呼んでいる．

　ダークマターの候補としては，通常の物質からなる天体の可能性（バリオンのダークマター）と，バリオン以外の素粒子の可能性（非バリオンの暗黒物質）の 2 つが考えられている．暗黒物質の候補としては，①褐色矮星，②ブラックホール，③質量をもつニュートリノ，④未知の弱い相互作用しかしない素粒子（WIMPs），などがある．最初の 2 つの可能性は，バリオンからなるダークマターであり，後の 2 つは非バリオンのダークマターである．

（1）　褐 色 矮 星

　すでに 3.2.5 項で述べたように，褐色矮星は恒星と惑星の中間の質量をもつ天体である．恒星の内部構造論によれば，太陽の質量の約 10 分の 1 以下の質量をもつ星（天体）は，中心で水素の核融合が起こる温度に到達する前に電子が縮退状態になり，星の内部は冷えていき光を出さない暗い星になる．これを褐色矮星と呼んでいる．褐色矮星の存在は，理論的には 1960 年代から予測されていたが，長い間観測的に確かめることができなかった．しかし，1990 年代の後半になって，このような褐色矮星がたくさん見つかってきている．これら観測にかかる褐色矮星は，内部が完全に冷え切る前の星

で，放射の大部分は赤外線での放射である．褐色矮星がさらに冷えていくと，赤外線の放射も減り，電磁波による観測が難しくなり，暗黒物質の候補ということになる．

（2）　ブラックホール

大質量の星の進化の終末として，星の中心に鉄の芯ができ，さらにその鉄の芯が重力崩壊を起こして，超新星爆発が起こると考えられている．中心の鉄の芯の質量が中性子星の質量上限（太陽質量の約 2〜3 倍）より大きい場合，中心核はブラックホールになると考えられている．ブラックホールが普通の星と連星系をつくっている場合，相手の星からガスが流入することにより，ブラックホールは X 線源として観測にかかる．しかし，単独のブラックホールの場合，電磁波を放出しないので，電磁波では観測ができず，暗黒物質の候補になる．

（3）　質量をもつニュートリノ

ニュートリノという素粒子は，現在も未知の部分のある素粒子で，以前はニュートリノは光子と同じく質量をもたないと思われていた．ところが，すでに 2.1.5 項「太陽ニュートリノ」で述べたように，日本のスーパーカミオカンデなどによる「大気ニュートリノの観測」および「太陽ニュートリノの観測」で，ニュートリノは小さいながら質量をもつことが明らかになった．宇宙の中にあるニュートリノの数は莫大であるので，ニュートリノの質量の大きさによっては宇宙における暗黒物質の有力な候補でありうる．

ところが，非バリオンの暗黒物質は，その粒子の平均速度により，速度の大きい「熱いダークマター」（hot dark matter：HDM）と速度の小さい「冷たいダークマター」（cold dark matter：CDM）の 2 種類に分類される．銀河の平らな回転曲線，あるいは銀河団を重力的に束縛するために必要な暗黒物質は，それら天体に極在する暗黒物質である必要があり，冷たい暗黒物質である必要がある．

ニュートリノは熱い暗黒物質と呼ばれる範疇に入る．ニュートリノは，宇宙全体の密度パラメータ Ω に寄与する暗黒物質としての役割を果たす可能

性はあるが，上に述べた観測から要請される暗黒物質の候補からは，はずれることになる．

（4）未知の素粒子

現在の素粒子理論が存在を示唆する「ニュートラリノ」とか「アクシオン」とか呼ばれる未知の素粒子で，普通の物質との相互作用は弱いが，質量をもつ素粒子（Weakly Interacting Massive Particle：略して WIMP と呼ばれる）が存在し，それが冷たいダークマター（CDM）である可能性がある．これらの素粒子は，冷たいダークマター（CDM）ということで，上述の観測から要請されるダークマターの候補になりうるが，まだその素粒子自身の存在が実験的に確かめられていない．

現在のところ，宇宙におけるダークマターとしては，冷たいダークマター（CDM）が最も有力な候補と考えられている．

4.2.6　MACHO の探査

前述した通常の物質からなる最初の 2 つの可能性（バリオンの暗黒物質）について，観測的にその存在を確かめようとする計画に「MACHO」探査計画というのがある．

MACHO というのは，Massive Compact Halo Object の頭文字をとったもので，わが銀河系のハローにある天体で光としては見えないが，孤立した天体で重力源としてはまわりの空間に影響をおよぼす点に着目する．このような天体が存在していて，その背後にある天体（たとえば大小マゼラン雲にある普通の星）の前をよぎると，背後の星の光は重力レンズ効果によって明るさの変動を受ける．このような変光を調べて，重力源としての MACHO を見つけだそうというものである．

重力レンズ効果というのは，アインシュタインの一般相対論に基づく空間のゆがみにより重力源の近くで光が曲げられる現象である．一般相対論によれば，質量が存在するとそれにより空間がゆがむ．そして重力場の中の物体の運動は，一般相対論では曲がった空間の中の測地線に沿った運動として記述される．一般相対論によれば，重力場は空間のゆがみであるから，光も質

量をもつ天体の近くでは曲がる．したがって，重力源の近くを光が通過するとちょうどレンズに光を通したと同じように光が強められるということが起こる．それが重力レンズ効果である．

重力レンズ効果は，1979 年に双子のクエーサーとして発見された．双子のクエーサーというのは，スペクトルや赤方偏移がほとんど同じ 2 つのクエーサーが天球上でお互いのすぐそばに見つかったことである．これは，1 つのクエーサーの光路上にたまたま銀河や銀河団があり，その重力場のレンズ効果でクエーサーが 2 つの像として観測されたものである．

プリンストン大学のボダン・パチンスキーは，1986 年に大小マゼラン雲などの近傍の銀河内の星が，銀河系のハローにある天体の重力による「マイクロレンズ効果」で変光する可能性を指摘した．マイクロレンズ効果というのは，星のような天体がレンズの役目を果たす場合，重力レンズ効果による光の曲がりが小さいため 2 つの像に分離されては観測されない．その代わり重力レンズで光が強められるということが起こる．これを重力マイクロレンズ効果という．

レンズの役割をする天体は背後の星に対して相対的に運動しているので，背後の星の前をレンズ天体が横切ることにより，背後の天体の明るさが増光する．重力マイクロレンズ効果では，これを観測するわけである．実際に重力マイクロレンズ効果を使って MACHO を探査する場合の問題点として，①このような現象が起こる確率はきわめて低いこと，②星の中には変光星がたくさんあり，変光星と MACHO 現象とを識別する必要があることの 2 つがある．

①の困難の解決策として，ビデオカメラに使われている CCD 半導体検出を使って，マゼラン雲の中の約 100 万個の星を専用望遠鏡で監視し，得られたデータをディジタルに処理するという方法が使われた．

また MACHO を他の変光星と識別する決め手としては，MACHO の場合，背景の星の前を通り過ぎたときに，光度が最大になりその点に対して時間的に光度曲線が対称になること，空間のゆがみによる変光であるから，異なった波長で観測しても同じ形の光度曲線が得られるはずであること，などが挙げられる．

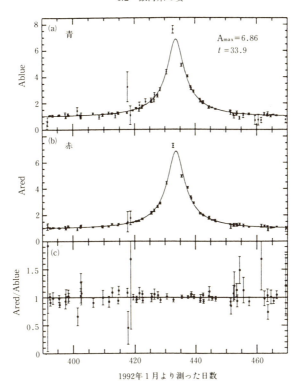

図 4-14 MACHO 候補の変光光度曲線．青色および赤色フィルターによる明るさの変動（上と中）と2つの比（下）．[C. Alcock et al., *Nature*, **365**：623（1993）]

　実際，MACHO 探査はオーストラリアとアメリカのグループ（グループ名 MACHO），フランスの EROS グループ，およびポーランドを中心にした OGLE グループらによって，1993 年 10 月にマイクロレンズ効果による変光と思われる現象が見つかり，MACHO の候補天体が発見された．図 4-14 は，オーストラリアとアメリカのグループによって見つかった MACHO 候補の光度曲線である．

　このような観測により得られた MACHO 候補の天体の質量は，太陽質量の約 10 分の 1 であり，MACHO 候補としては赤色矮星か褐色矮星が有力である．赤色矮星は，水素を燃焼している主系列星の中で一番暗い星であり，褐色矮星は，星と惑星の中間の質量を持つ天体で，いずれもきわめて

暗いため，ハローの中のように距離が遠い場合は光では観測にかからない
MACHO 天体の候補になりうる．MACHO の観測は現在も続けられてい
るが，現在までに見つかった MACHO の統計からすると，銀河のダークマ
ターを MACHO のみによって説明するには不十分のようである．

4.2.7　銀河系の渦巻き構造

わが銀河系は，渦巻銀河に分類されており，天体写真でおなじみの他の渦
巻銀河と同じように渦巻き構造を持っていることが，若い OB 型星の分布，
水素の線スペクトル 21 cm の電波観測などからわかっている．

この渦巻き構造に関して，渦巻きの「巻き込みの困難」という問題とその
解決としての「密度波理論」について簡単に紹介する．まず，銀河の渦巻き
の巻き込み困難とは次のような問題である．この問題はわが銀河系のみでな
く，渦巻銀河に共通の問題である．すでに述べたように，わが銀河系の中の
天体は銀河中心のまわりを回転しており，太陽近傍のガスや星も，銀河中心
のまわりを 2 億年で一周している．銀河の年齢を 140 億年とすると，太陽近
傍の星やガスはこれまでに銀河中心のまわりを 70 回転したことになる．

そして，図 4-13 に示したように，銀河の回転は，差動回転で中心に近いほ
ど回転の角速度が大きくなっている．今，仮になんらかの理由により，銀河
系に渦巻き状の物質分布構造があったとしよう．ところが，このような渦巻
き構造は銀河の差動回転により，すぐにぐるぐる巻きになってしまう．とこ
ろが実際に観測される渦巻き構造は差動回転から期待されるようなぐるぐる
巻きの構造ではなく，渦巻きの腕はかなり開いた構造をしている．これが，
渦巻銀河の巻き込み困難と呼ばれる問題である．

この困難を解決するのに提案された理論として，渦巻き構造の密度波理論
というものがある．この考えによると，巻き込みの困難の原因は，渦巻き構
造を実際の銀河の物質自身が渦巻き構造をしていると考えることにあるとす
るものである．それに対して密度波理論では，渦巻き構造は銀河にできた密
度のゆらぎの一種の波（パターン）で，銀河を構成する物質自身はこの波を
横切っていくとするものである．すなわち，水の上に生じた波は波動として
水の上を伝播するが，その際，水を構成する水の分子自身はその場所で上下

振動はするが，波といっしょに水分子が移動することはなく，波のパターンのみが波動として水の上を伝播する．銀河の渦巻き構造も，基本的には水の上にできる波と同じで，差動回転する銀河にできた密度の濃淡の波であるとするのが密度波理論である．

この密度波理論における波動の起源としては，差動回転する銀河円盤の中で起こる重力不安定性が有力候補として考えられている．重力不安定性というのは，銀河円盤の中に存在するガスに濃淡ができると，ガスの濃いところは自分自身の重力により収縮し，さらにまわりのガスを集めて一層密度が高くなり，それがますますガスをかき集めるといった不安定性である．実際，このような考えに基づいて銀河円盤での渦巻き構造を数値的に再現しようとする試みも行われている．

4.2.8 銀河系の誕生と進化

銀河系の誕生と進化について考えるうえで基礎になる観測事実は，銀河系の構造と天体の種族の問題である．すでに 4.2.3 項のところで述べたように，円盤部を特徴づける天体は，星間ガス，若い OB 型星，散開星団などの種族 I の天体であるのに対して，ハローやバルジにあるのは球状星団，質量の小さい年老いた星などの種族 II の天体である．もう一つ大切な特徴として，天体の種族と化学組成の問題がある．一般に種族 I の天体には重元素*が多く存在するのに対して，種族 II の天体では重元素量が少ないことである．

宇宙における元素の起源については現在は次のように考えられている．まず水素とヘリウムといった軽い元素は，宇宙初期のビッグバンの際に宇宙が冷えていく途中につくられた．それに対して，炭素，窒素，酸素などのより重い元素は，すべて星の内部での核反応でつくられる．そして，それらは，超新星爆発の際の核反応でできた元素とともに，超新星爆発や星からの質量

---

*　ここで注意しておかなければならないのは，天体物理学で「重元素」といった場合，水素とヘリウムより重い元素を総称して重元素と呼んでおり，一般の物理や化学などで使われる重元素とは意味が違うことである．したがって，天体物理の定義によれば，炭素，窒素，酸素などといった元素は重元素ということになる．

放出によって星の外に撒き散らされて，星と星の間に漂う希薄なガスである
星間ガスに混入したものである．

　これだけの準備をしておいて，次にわが銀河系および他の銀河の誕生と進
化について考察しよう．現在の銀河形成論によれば，宇宙がビッグバンの
後，膨張して冷えていく過程で宇宙の中に密度の濃淡ができ，その密度の濃
いところがそれ自身で重力収縮して宇宙膨張から切り離される．7.8 節で見
るように，現在の宇宙ではダークマターの方がバリオン物質より数倍多く，
まず冷たいダークマター（CDM）の密度にゆらぎ（濃淡）ができ，その自
己重力でゆらぎが成長する．すると，ガス（バリオン物質）もダークマター
が濃いところにできた重力ポテンシャルの井戸に引き寄せられて収縮する．
このようにして原始銀河ができたと考えられている．

　この原始銀河ガスの中にさらに部分的に密度の濃いところができ，第一世
代の星が誕生したと考えられている．第一世代の星は，水素とヘリウムだけ
からなり，炭素，酸素などの重元素を含んでいない．このような第一世代の
星を種族 III の天体という．観測的には種族 III の天体はまだ発見されてい
ない．第一世代の星が超新星爆発をして，核融合反応で生成された重元素を
宇宙空間にばらまき，水素とヘリウムを主成分とした星間ガスに混入してい
く．次の世代の星は重元素をもった星になる．

　銀河誕生の初期にできた天体の特徴は，①空間分布が球状であること，
②重元素が少ないことが挙げられる．これらの天体は種族 II の天体で球状
星団の星とかハローにある「高速度星」などである．

　一方，星にならなかった残りのガスは収縮を続けるが，そのうち原始銀河
のもっていた角運動量のため遠心力と重力がつりあった円盤状の構造をつく
る．これが銀河円盤にあたる．このようなガスは冷却していくにつれ，銀河
円盤の赤道面に沈澱していく．円盤面に集まったガスの中から第二世代，第
三世代の星が誕生する。円盤面に溜まったガスは，時間が経つにつれ超新星
爆発で撒き散らされたガスに汚染されるので，重元素の量が増えていく．し
たがって，より最近生まれた星ほど重元素量が多いことになる．このような
星が円盤部に存在する種族 I の天体である．

　われわれの体や地球をつくっている物質について考えてみると，重元素が

豊富にある．これらの重元素は，前世代の星の内部での核反応で合成された元素である．宇宙における物質は，

$$星間ガス \rightarrow 星 \rightarrow 星間ガス \rightarrow 星$$

という形で循環している．すなわち，宇宙では物質の輪廻転生が繰り返されている．

すでに 3.1.1 項で述べたように，ヨーロッパ宇宙機関（ESA）が 2013 年に打ち上げた位置天文観測衛星「ガイア」は，銀河系の 3 次元地図作成を目的としており，これまでに 10 億個以上の恒星の銀河系内での位置（年周視差），空間速度（固有運動と視線速度），明るさなどのデータを公開してきた．これらの情報を使って，多くの研究者が銀河系の構造について研究している．個々の恒星の位置と速度情報があると，（銀河系の重力ポテンシャルを仮定すると）これらの星の過去についても調べることができる．その結果，過去に複数の矮小銀河（矮小銀河については 5.1.2 項「銀河の分類」を参照）が銀河系に衝突，吸収されている証拠が発見された．

このような例として，「いて座矮小銀河」の衝突がある．いて座矮小銀河は銀河中心の向こう側で銀河系円盤に突っ込んでいたため観測が難しかったが，1994 年に偶然に発見された．この矮小銀河は，今まさに銀河系に落ち込んでいて，銀河系の潮汐力で大きく引き伸ばされた構造をしている．いて座矮小銀河は，これまでに銀河系に何度も接近し，銀河系による潮汐力で星やガスを剥ぎ取られていて，いずれ銀河系に合体，吸収されるプロセスにある銀河と考えられている．また，この矮小銀河が銀河系に衝突するたびに，銀河系内をゆさぶり，銀河系内での星形成を促進させたと考えられている．このように，ガイア衛星の観測を使って，銀河系の 100 億年以上にわたる歴史が読み解かれ，「銀河考古学」が可能になってきている．

第5章

銀河宇宙

5.1 銀　　河

5.1.1　系外銀河の発見

　宇宙には，わが銀河系と同じような星の大集団が存在し，系外銀河（extra-galaxy）または単に銀河（galaxy）と呼んでいる．わが銀河系自体も銀河の一つであるが，わが銀河系の場合，一般の銀河と区別するため「天の川銀河」あるいは固有名詞として「銀河系」と系をつけて呼んでいる．このような銀河の代表として，銀河系のお隣の銀河であるアンドロメダ銀河（図 5-1）がある．第 4 章での銀河系の姿についての認識の場合と同様，このような宇宙についての認識は，1920 年代に行われた「島宇宙」論争をへて，はじめて確かなものになった事柄である．

　島宇宙論争というのは，アンドロメダ星雲などの渦巻星雲は銀河系内の天体なのか，あるいは銀河系外の独立の天体（島宇宙と呼んでいた）なのかという論争である．いわゆる星雲（nebula）と呼ばれる天体は，点源である星に対して，ぼんやりとした広がりをもった天体を総称するものである．実際，星雲と呼ばれる天体には，以下に述べるようにまったく性質の異なった天体が星雲という名のもとにいっしょに分類されていた．

　星雲のカタログとしては，18 世紀につくられた「メシエのカタログ」が有名である．メシエのカタログは，そもそも彗星探しの際に彗星と間違いやすい邪魔な天体のリストとしてつくられたとのことである．明るい星雲については，メシエのカタログの番号で呼ばれることが多く，たとえばアンドロ

図 5-1　アンドロメダ銀河.

メダ星雲はメシエのカタログの 31 番目の星雲で M31 と呼ばれる．このような星雲のカタログに含まれている天体としては，①オリオン星雲（M42）のような近くの恒星に照らされて輝いているガス星雲（散光星雲），②数十万個の恒星の大集団である球状星団（例として球状星団 M13），③かに星雲（M1）のような超新星残骸，④太陽質量程度の星が進化の最後に白色矮星へ移行する際にできる惑星状星雲（例として，琴座にある惑星状星雲：M57）などがある．これらは，いずれもわが銀河系の天体である．

　それに対して，アンドロメダ星雲（M31）もメシエのカタログに星雲として登録されている天体である．しかし，現在ではよく知られたように，アンドロメダ星雲はわれわれのお隣の銀河で，それ自体がわが銀河系に匹敵する恒星の大集団である．しかし，1920 年代以前にはまだアンドロメダ星雲の中にある個々の星を一つひとつに分解して見ることができず，アンドロメダ星雲のような渦巻星雲までの距離がわからなかった．そのため，これらが銀河系の中にある天体なのか，銀河系外の天体なのか明らかではなかった．

　1920 年 4 月，アメリカの科学アカデミーにおいて 2 人の高名な天文学者，ハロー・シャープレーとリック天文台のヒーバー・カーチスとの間で行われた島宇宙論争は，歴史に残る有名なものであった．この論争では，渦巻星雲

について，シャープレーが銀河系内天体説を，カーチスが島宇宙説を展開した．島宇宙論争の最終的決着は，1924年にエドウィン・ハッブルによってつけられた．ハッブルは，カリフォルニアのウイルソン山天文台の100インチ望遠鏡を使って，アンドロメダ星雲などいくつかの渦巻星雲の中の星を個々の星に分解して観測することに成功し，とくにその中にセファイド変光星を発見，これらの渦巻星雲までの距離を決定した．その結果，アンドロメダ星雲をはじめとする渦巻星雲は，銀河系内の天体ではなく，はるか遠くにある天体で，わが銀河系に匹敵する天体であることが明らかになり，この島宇宙論争に決着がついた．

5.1.2 銀河の分類

銀河の分類としては，図 5-2 に示すような「ハッブルの形態分類」と呼ばれる分類方法が広く使われている．この分類では，銀河は基本的には，①渦巻銀河（spiral galaxies）または S 型，②楕円銀河（elliptical galaxies）または E 型，および③不規則銀河（irregular galaxies）または Ir 型，の3種類に分類される．

以上は，銀河系やアンドロメダ銀河などの通常の銀河についての分類である．近年の観測技術の進展により，こうした通常の銀河に比べて大きさも明るさもずっと小さい銀河が存在することがわかり，矮小銀河（dwarf galaxy）と呼ばれている．通常の銀河の場合，その典型的な質量は $10^{11} M_\odot$ 程度であるのに対して，矮小銀河の質量は $10^9 M_\odot$ 以下とたいへん小さい．銀河団

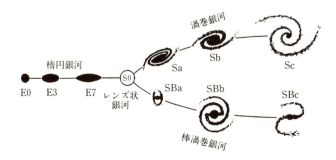

図 **5-2** 銀河の形態分類（ハッブル分類）．

の中に，矮小銀河が数にして通常銀河の 100 倍以上も存在していることが知られている．なお，通常銀河でもその質量には大きな幅があり，小さい側では，矮小銀河のそれに連続的につながっていることを注意しておく．

　近傍の明るい銀河（通常の銀河）についての統計によれば，これらのうち，楕円銀河とレンズ状銀河の割合が 30%，渦巻銀河と不規則銀河が 70% である．一方，銀河団の中では，両者の比率は逆転している．それぞれの銀河の特徴は以下の通りである．

（1）　楕 円 銀 河

　楕円銀河は，見かけの形が楕円形をしており，その見かけの形の楕円の程度によりさらに E0 から E7 まで細分類されている．楕円銀河の質量および明るさとしては，大きなものから小さなものまで大きな幅があり，大きな楕円銀河としてはわが銀河系の 5 倍程度のものから，小さなものではわが銀河系の 1000 分の 1 程度のものまである．楕円銀河の例としては，アンドロメダ星雲の伴銀河として 2 つの楕円銀河がある．また，銀河の集まりである銀河団の中心にはしばしば巨大楕円銀河が鎮座しており，たとえばおとめ座銀河団の中心に位置するジェットが観測されている M87 などが巨大楕円銀河の好例である．銀河団の中心に位置するこうした巨大楕円銀河を「cD 銀河」と呼ぶ．cD 銀河は，銀河団の重力ポテンシャルの底に位置していて，まわりの銀河やガスを掃き集めて大きく成長したものと考えられている．

　楕円銀河の特徴として，銀河の中にガスおよび星間塵が見られないことである．ガスや星間塵は星形成と密接な関係があり，ガスのない楕円銀河ではすでに星形成は終了していると考えられている．実際，楕円銀河には生まれて間もない星である青く明るい星が存在せず，赤色巨星や赤色矮星が主要な成分星であり，このことからも星形成の終わった銀河であることがわかる．また楕円銀河では，渦巻銀河の円盤部で見られる銀河回転のような系統的な星の運動は見られず，楕円銀河を構成する星ぼしが，楕円銀河の重力場の中で，無秩序な運動を行っていると考えられている．

（2） 渦巻銀河

渦巻銀河の特徴は，わが銀河系と同じように中心に「バルジ」と呼ばれる球形構造と円盤部からなっている．そして，円盤部には "spiral arm" と呼ばれる渦巻き構造がある．円盤部および渦巻きの腕の部分にはガスや星雲塵が存在し，星形成の証拠である青く明るい若い星が存在する．さらに，バルジと円盤の相対的比率により，バルジの大きいほうから小さいほうへ，Sa，Sb，Sc に分類される（図5-2 および図5-3 参照）．一般に，これは渦巻き構造の渦巻きの腕の開き具合とも関係しており，Sa から Sc へいくにしたがって，渦巻きの巻き方がゆるくなっていく．さらに，図5-2 に示したように中心部分が棒状になっているものを棒渦巻銀河（barred spiral）あるいは SB 型と呼んでいる．また，渦巻銀河と楕円銀河の中間に対応する銀河として S0 型（エスゼロ型：レンズ状銀河と呼ばれることもある）に分類される銀河がある．わが銀河系は典型的な渦巻銀河と考えられていた．しかし，最近の研究で，銀河系の中心付近に棒構造があり，銀河系は棒渦巻銀河であると考えられている．

（3） 不規則銀河

銀河の形が渦巻きの腕とか中心核などはっきりした形をもたず，渦巻銀河，楕円銀河などに分類できない銀河を不規則銀河と呼んでいる．不規則銀河に分類される銀河の例としては，銀河系の伴銀河である大マゼラン雲，小マゼラン雲がある．

5.1.3　銀河までの距離

宇宙におけるもっとも基本的な物理量として，いろいろな天体までの距離がある．これには，太陽に近い天体からスタートしてより遠い天体へと，いわゆる「距離のはしご」を伸ばしていくという方法により，距離の決定を行う．系外銀河の距離でもっとも重要な役割を果たしているのがセファイド変光星を使った銀河の距離決定である．

セファイド変光星は，脈動変光星と呼ばれる変光星の一種であるが，セファイド変光星には「周期−光度関係」と呼ばれる関係があり，周期がわかるとその絶対光度を知ることができる．絶対等級がわかれば，それを見かけ

178　第5章　銀河宇宙

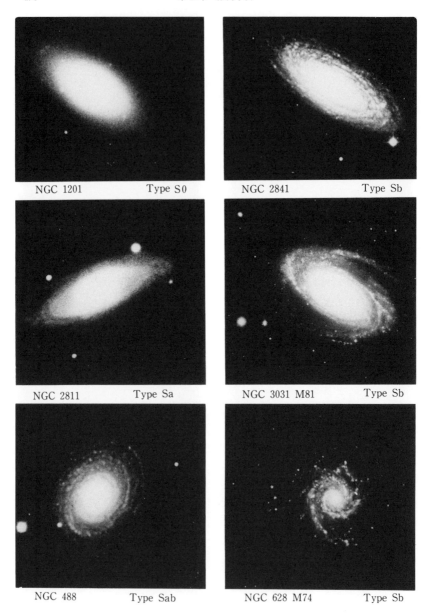

図 5-3　いろいろな銀河の写真.

5.1 銀 河

の明るさと比較することにより，セファイド変光星が所属する銀河までの距離が決定できる．すなわち，セファイド変光星は宇宙の「標準光源」としての役割を果たしている．

ハッブルがアンドロメダ星雲の中にセファイド変光星を見つけ，その周期を観測して，アンドロメダ星雲までの距離として 100 万光年という結果を得た．しかし，その後バーデが天体の種族という概念を提唱し，セファイドについても種族 I のセファイドと種族 II のセファイドの 2 種類があり，両者では周期－光度関係が異なっていて，同じ周期でも種族 I のほうが種族 II のものよりも明るいことが判明した．ハッブルが見つけたアンドロメダの中のセファイド変光星は種族 I のものであり，このことを考慮すると，アンドロメダ星雲までの距離は 230 万光年となり，アンドロメダ星雲はわが銀河系に匹敵する大きさの銀河であることがわかった．

銀河宇宙での距離としては，光年とかパーセクといった単位では追いつかなくなるので，通常メガパーセク（Mpc）という単位を使う．1 Mpc は 10^6 pc ～ 300 万光年である．アンドロメダ星雲までの距離の決定について述べたように，近傍の銀河までの距離にはセファイド変光星を標準光源として使う．セファイド変光星による方法は，銀河の中の明るい星が識別できるような近傍の銀河でのみ可能である．したがって，現在の地上望遠鏡による観測でこの方法が使えるのは，だいたい 6 Mpc 程度の距離の銀河までである．

それ以上遠い銀河では個々の星を識別できなくなり，別の方法を使う必要がある．次に使われる距離決定方法としては，銀河の中の一番明るい天体を標準光源として使う方法である．一番明るい天体としては，①巨大電離水素領域（HII 領域），②球状星団，③新星，超新星などがある．距離のわかっている近傍の銀河において，これらの天体で一番明るいものは銀河ごとであまり差がないことが確かめられているので，これらの天体を標準光源と考えて距離を決定するものである．この方法で，25 Mpc 程度の銀河までの距離を決定する．

さらに遠い銀河になると，銀河内の個々の天体を識別できなくなり，銀河自身の明るさを標準光源にすることになる．しかし，銀河には明るい銀河，暗い銀河があり，銀河の明るさは一定ではない．ところが幸い，渦巻銀河の場合，

電波の 21 cm の水素のスペクトル線の観測から銀河の回転速度が求められる．遠心力と重力がつりあっている渦巻銀河の円盤の回転速度からその銀河の質量の大小がわかり，その銀河の絶対光度も推定できる．実際，渦巻銀河の回転速度とその銀河の明るさとの間には一定の関係があることが経験的に知られている．この関係は，発見者の名前をとって「タリー・フィシャーの関係」と呼んでいる．楕円銀河についても，これと似たような関係が知られている．これらの関係を距離のわかっている近傍の銀河団で決めておいたうえで，距離のわからない遠くの銀河団にこれらの関係を適用して距離を求めるものである．このような方法で，400 Mpc までの銀河団の距離が推察できる．

5.1.4 銀河の赤方偏移とハッブル・ルメートルの法則

銀河宇宙でもっとも重要な発見は，1929 年のハッブルによる銀河のスペクトル赤方偏移（銀河の後退速度）と距離についての発見である．それより以前，1910 年代から 1920 年代にかけて，アリゾナ州ローウエル天文台のヴェスト・スライファーは，いくつかの渦巻銀河のスペクトルを撮り，渦巻銀河の視線速度を測定していた．アンドロメダ銀河の場合は，スペクトルのドップラー偏移がわれわれに近づくような運動（青方偏移）であったが，他の渦巻銀河の場合，ほとんどすべてスペクトル線は赤方偏移を示していた（アンドロメダ銀河の青方偏移については 5.1.5 項で議論する）．

1929 年ハッブルは，これらスペクトル偏移の測定されている銀河についてセファイド変光星を使って距離を求めた結果，遠くの銀河ほどスペクトル線の赤方偏移が大きい，すなわち遠い銀河ほど速いスピードで後退しているという事実を発見した．そして，その後退速度は銀河の距離に比例するという単純な関係を導いた．この関係を「ハッブルの法則」あるいは「ハッブル・ルメートルの法則」という．

実はハッブルに先立つこと 2 年前の 1927 年に，ベルギーの宇宙物理学者で神父のジョルジュ・ルメートルは膨張宇宙論を展開し，その中でこのハッブルの法則にあたる関係をすでに見つけていたのである．ところがルメートルの論文はフランス語で書かれていて，また発表された雑誌がベルギーの雑誌であったため，世界の研究者にはあまり知られなかった．2018 年に開かれ

た国際天文学連合の総会で，このルメートルの業績が再評価され，「これまで『ハッブルの法則』として知られていた宇宙の膨張を表す法則は今後『ハッブル・ルメートルの法則』と呼ぶことを推奨する」という決議が採択された．本書では以後この法則をハッブル・ルメートルの法則と呼ぶことにする．

銀河の後退速度を v，銀河までの距離を d とすると，ハッブル・ルメートルの法則は，

$$v = H_0 \cdot d \tag{5.1}$$

と表せる．ここで，H_0 はハッブル定数と呼ばれる定数である．なお，ハッブル定数として H に添え字の 0 をつけたのは，一般にハッブル定数は時間の関数であるが，添え字 0 をつけることによって，現時点での値を表している．ハッブル定数は，1 Mpc 遠くにいくごとに，銀河の後退速度が何 km/s 増大するかということを表しており，km/s/Mpc という単位を使う．図 5-4 は，ハッブルが得た銀河の後退についてのオリジナルな図である．

すべての銀河が距離の遠いほど速い速度で遠ざかっているということから，ハッブルはわれわれの宇宙は膨張していると結論した．これが現在の膨張宇宙論のもとになる観測である．このハッブルの膨張宇宙*の考えに立つ

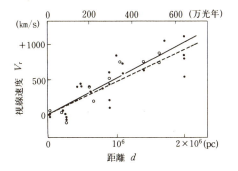

図 **5-4** 銀河の赤方偏移とハッブル・ルメートルの法則（ハッブルのオリジナルな図）．図中の黒丸と実線は個々の銀河のデータに対応し，白丸と破線は銀河をグループ分けして平均値をとった場合に対応している．

---

* 文中に膨張宇宙と宇宙膨張という 2 つの似た用語を用いているが，これは前者は expanding universe の意で，後者は cosmological expansion の意味で使いわけている．

と，過去にさかのぼれば，さかのぼるほど，銀河と銀河の間の距離は近くなり，過去のある時点では宇宙のすべての物質は一点に集中していたことになる．これが宇宙のはじまりということになる．もし，宇宙膨張が過去も現在も同じ割合であったとすると，宇宙の年齢は銀河までの距離を後退速度で割ってやればよい．すなわち，ハッブル定数の逆数が，この場合宇宙の年齢になる．これをハッブル時間といい，宇宙年齢の目安になる時間である．ハッブルが最初に導いたハッブル定数の値は 500（$H_0 = 500\,\mathrm{km/s/Mpc}$）であったが，その後いろいろな改良が加えられた結果，20 世紀の後半にいろいろな観測者によって得られたハッブル定数の値は，50 から 100 の間に集まるようになった（$H_0 = 50\sim100\,\mathrm{km/s/Mpc}$）．これに対応するハッブル時間は，それぞれ 200 億年と 100 億年となる．

　ハッブル定数を正確に決定するためには，より遠くの銀河の距離と後退速度を正確に決定することが重要になる．後退速度については，スペクトル線の赤方偏移から遠くの銀河の場合でも比較的正確に決定できる．ところが，距離の決定は銀河が遠くなればなるほど難しくなる．銀河の距離の決定方法でもっとも信頼がおけるのが，セファイド変光星の周期−光度関係を使う方法である．この方法が使えるためには銀河の中の個々の星が分解して見える必要があり，地上望遠鏡を使った場合，約 6 Mpc という距離の限界が存在した．

　1990 年代に入って，ハッブルにちなんで名づけられた「ハッブル宇宙望遠鏡」を使って，ハッブル定数をできるだけ正確に決めるというプロジェクトが進められた．ハッブル宇宙望遠鏡を使うことによって地上観測では実現できない遠くの銀河（18 個の渦巻銀河）について，セファイド変光星を観測しその銀河までの距離を決定，さらにセファイドの周期−光度関係以外の 2 次的距離指標の観測とも組み合わせて，最終的には $H_0 = 72\pm8\,\mathrm{km/s/Mpc}$ という値を出して，このプロジェクトは終了した．

　ハッブル定数として $H_0 = 72\,\mathrm{km/s/Mpc}$ を採用した場合，その逆数であるハッブル時間は約 140 億年となり，銀河系内の一番古い球状星団の年齢と近い値になる．ハッブル定数と宇宙の年齢については，7.8 節であらためて議論する．

5.1.5 銀河群と銀河団

　銀河は多くの場合，いくつかの銀河が集まって集団をつくっている．これを銀河群（group of galaxies）および銀河団（cluster of galaxies）と呼んでいる．銀河群や銀河団は，メンバーの銀河がつくる重力で束縛された系をなしていると考えられている．銀河群は，メンバーの銀河の数が数個から数十個以下のもので，それよりメンバー銀河の数が多いものは銀河団と呼んでいる．ただし，両者の境界はあいまいで，連続的につながっていると考えられている．わが銀河系も局所銀河群（Local Group）と呼ばれる小さなグループの銀河の集まりに属している．

（1）　局所銀河群

　わが銀河系（天の川銀河）は，アンドロメダ銀河（M31）と銀河系の2つの渦巻銀河を中心に，50個ほどのメンバーからなる小さな銀河のグループをつくっていて，局所銀河群と呼ばれている．メンバーの大部分は矮小銀河と呼ばれる小さな銀河である．よく知られているように銀河系には大マゼラン雲と小マゼラン雲の2つの伴銀河があり，一方，アンドロメダ銀河はM32とNGC205と呼ばれる銀河をお伴に連れている．近年，大規模な銀河探査により，銀河系やM31のまわりに矮小銀河がつぎつぎに発見されていて，局所銀河群の銀河の数はこれからも増えていくと思われる．

　また，銀河系とアンドロメダ銀河は，互いに接近する方向に秒速100 kmで運動していて，遠い将来には2つの銀河は衝突・合体して1つの銀河になり，周辺の矮小銀河も合体・吸収し，巨大楕円銀河になるだろうと考えられている．

（2）　メンバー数の多い銀河団

　この種の銀河団では，銀河のメンバー数が1000個にもなり，また，銀河団の中心になるほど銀河の数密度が高い．また，多くの場合，中心に巨大楕円銀河（cD銀河）が存在している．

　〔例〕　おとめ座銀河団：約2500個の銀河がつくる集団．わが銀河系からの距離は，約15 Mpc（5000万光年）で，銀河団の直径は5 Mpc，秒速約

1200 km の速さでわが銀河系から遠ざかっている．中心には巨大楕円銀河 M87 がいる．

5.1.6 宇宙の大規模構造

わが銀河系の近くの銀河の分布を観測してみると，宇宙の中で銀河は一様の密度で存在しているのではなく，銀河はグループをつくっている．すなわち，わが銀河系は局所銀河群のメンバーであり，このような銀河団が集まってさらにおとめ座銀河団を中心にした超銀河団ともいうべき集団（局所超銀河団という）をつくっている．そして，わが銀河系が属する局所銀河群はこの局所超銀河団の隅のほうに位置している．それではこのような宇宙の階層構造はどのくらい宇宙の大きい範囲まで存在するのであろうか．

ハーバード・スミソニアン天文台のマーガレット・ゲラーらは，宇宙の中でのたくさんの銀河の3次元の空間分布地図を作成し，それを1986年に発表した（図5-5）．彼女らの使った方法は，たくさんの銀河のスペクトルを撮り，その赤方偏移からハッブルの法則を使ってその銀河までの距離を決定するというものである．

彼女らのつくった宇宙の3次元構造の地図（図5-5）によれば，宇宙の中で銀河は一様に分布しているのではなく，銀河団が連なるように存在する大きな壁（グレートウォール：英語で「万里の長城」の意味）と呼ばれる部分と，銀河があまり存在しない超空洞（ボイド）と呼ばれる部分にわかれていることである．

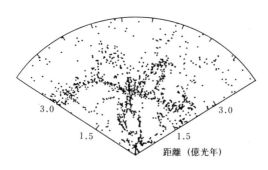

図 5-5　宇宙の大規模構造．

宇宙はちょうど，たくさんの「あわ」が重なるようになっていて，あわの表面にあたる部分が銀河のたくさん存在する大きな壁にあたり，あわの内部が銀河の少ない空洞になっている．このあわの直径は1億光年から1億5000万光年にも達する途方もなく大きなものである．このような構造を宇宙の大規模構造，あるいは宇宙のあわ構造という．

5.1.7 銀河団ガス

星と星の間に星間ガスが存在するように，銀河と銀河の間にもガスが存在すると考えられ，銀河間ガスと呼んでいる．実際，X線の観測で銀河団を包むように高温のガスが存在することが明らかになってきた．この高温ガスは，温度が1000万度から1億度にも達するもので，銀河団の中の銀河の分布に近い分布をしている．さらに驚くべきことは，この高温ガスの質量が銀河団の銀河の質量の総和の数倍にもなることが明らかになったことである．

図 5-6 はペルセウス座銀河団を取り巻く高温ガスからのX線放射の分布を示すものである．そして，このような高温ガスが宇宙空間に拡散していかないようにするには大きな重力で引き留めておく必要がある．ところが，銀河団の中の銀河と高温ガスの質量の総和だけではこの目的には不十分で，その数倍から10倍の目に見えない質量の存在が必要であることが明らかになった．すなわち，銀河団のレベルでもダークマターが必要なことがわかった．

図 5-6　銀河団を包む高温ガス．

5.1.8 銀河の衝突と合体

宇宙では銀河同士が接近したり，衝突したり，また合体したりする現象が頻繁に起こっている．銀河同士の衝突として最もよく知られているのは，図5-7に示すアンテナ銀河である．左図に見られるように，2つの渦巻銀河が衝突し，その相互作用で昆虫の触角のような2つの長い腕（図5-7左図）ができており，アンテナ銀河と呼ばれている．右図はハッブル望遠鏡で撮影されたアンテナ銀河の中心部の画像で，衝突に伴って星形成が急速に進行し，明るく若い星団がたくさんできている．

銀河が別の銀河と衝突したり，接近して相互作用をすると，銀河同士のガスが衝突したり，また潮汐作用で角運動量を失ったりしてガスが銀河の中心に急速に集まったりして，星形成が急速に進む現象が起こる．これが「スターバースト」と呼ばれる現象で，そのような急激な星形成が起こっている銀河をスターバースト銀河と呼ぶ．アンテナ銀河はスターバースト銀河である．

図5-8はステファンの五つ子と呼ばれるコンパクト銀河群のジェイムズ・ウェッブ宇宙望遠鏡（JWST）による画像である（ジェイムズ・ウェッブ宇宙望遠鏡については，5.3節を参照）．5つの銀河が密集して写っているが，この内の左側の銀河は手前にあってたまたま写り込んでしまったものだが，残り

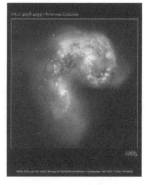

図 5-7　2つの銀河が衝突している最中のアンテナ銀河．左図：衝突による潮汐作用でできた大きくの伸びた2つの腕，昆虫の触角のように見えるためアンテナ銀河と名づけられた．右図：ハッブル宇宙望遠鏡によるアンテナ銀河の中心部．スターバーストによってできた若い星団が数珠繋ぎに光っている．

5.2 クエーサーと活動銀河核

図 5-8 ジェイムズ・ウェッブ宇宙望遠鏡によるコンパクト銀河群ステファンの五つ子の画像．左側の銀河はたまたま手前にある銀河で，この銀河群には属していない．

4個の銀河は実際に実空間でも接近して存在していて，お互いに相互作用しているコンパクト銀河群である．実際，このコンパクト銀河群でも銀河同士の相互作用でできた潮汐の腕（尾）が写っており，またX線観測でも銀河同士の衝突による衝撃波によりX線で明るく輝いていることが知られている．

銀河の進化を考える場合，こうした銀河同士の合体が大きな役割を果たしていると考えられている．実際，銀河系（天の川銀河）の場合でも，周辺からいくつもの矮小銀河が落下してきて，それらを合体して進化してきたことがわかっている．また，銀河団の中心に位置する巨大楕円銀河（cD銀河）は，銀河団の中心にある銀河が周辺の銀河を合体することによって，巨大銀河に成長してきたと考えられている．

5.2 クエーサーと活動銀河核

5.2.1 電波源の発見

たいていの人はクエーサーという言葉を一度は聞いたことがあると思う．クエーサーは，英語でquasarと書き，"quasi stellar object" あるいは "quasi stellar radio source" を略してつくられた造語である．そこで，日本語では

「準星」あるいは「恒星状電波源」などと訳されたりしたこともあった. しかし, 英語で "quasar" という言葉が定着するとともに, 日本語でもそのままクエーサーという言葉が使われるようになった.

クエーサーは, もともと電波源として見つかったもので, その後の光学的同定で光で見ると恒星のように点源として見える謎の天体として発見された. その後, 必ずしも電波源にはなっていないが, 光学観測で赤方偏移の大きい恒星状の天体もたくさん見つかり, このような天体もクエーサーと呼んでいる. 現在では, クエーサーは特別に明るい銀河中心核であり (中心核だけで通常の銀河の明るさの 100 倍から 1000 倍), 宇宙の中でもっとも明るい天体として知られている. また, クエーサーは宇宙のもっとも遠いところまで観測可能な天体である.

クエーサーの発見の歴史について語るには, 電波天文学の歴史について述べる必要がある. 宇宙からの電波の観測は, 1931 年のカール・ジャンスキーによるいて座方向 (天の川銀河の中心方向) からの電波の受信にはじまる. 第 2 次世界大戦後, 戦時中に使われたレーダーの技術が平和目的として科学の分野に使われ, 電波天文学が大きく花開くことになる. 波長がセンチメートルより長い電波は地球大気に吸収されず地上まで届く. そこで, 宇宙を見る窓として, 電波による宇宙の観測が急速に進展した.

天体電波の放射機構としては, 基本的には熱的放射と非熱的放射 (シンクロトロン放射) の 2 種類がある. 熱的放射というのは, 電離水素領域が放射する電波の場合がそれにあたり, 電離したガス中で熱運動する自由電子が, 正に帯電した原子核の近くを通過する際, クーロン力によってその軌道が曲げられることによって放射される電波である.

それに対して, ジャンスキーが発見したいて座方向からの電波は, 「シンクロトロン放射」と呼ばれるものである. シンクロトロン放射は, 光の速度近くまで加速された電子 (宇宙線電子あるいは相対論的電子*) が磁場中で,

---

＊ 光の速度に近い速度で運動する電子の場合, アインシュタインの特殊相対論の効果を考慮する必要があり, このような高速で運動する電子を「相対論的電子」と呼ぶ. また, このような電子の運動は, 特別な加速機構により加速されて高速になっているもので, 通常の電子の熱運動のそれとは異なるため「非熱的電子」と呼んでいる.

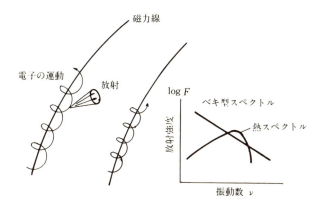

図 5-9 磁場の中の高速電子のらせん運動とシンクロトロン放射.

磁場によって曲げられてらせん運動をする際に放射される電波である（図5-9）.

このような放射は，地上実験としてはシンクロトロン加速器で加速された電子からの放射と同じ性質のものであり，シンクロトロン放射と呼ばれている．この放射は，光の速度に近い高速で運動する宇宙線電子（非熱的電子）からの放射であるため，非熱的放射とも呼ばれている．

シンクロトロン放射のスペクトルは，一般にベキ級数型の連続スペクトルを示す（図5-9）．また，シンクロトロン放射の特徴として，その放射光は一般に強く偏光している．

銀河系内の星間空間にはガスと塵のみでなく，数マイクロガウスという弱い磁場と宇宙線電子である相対論的電子が存在している．このような星間空間内での磁場の中の宇宙線電子からの放射がシンクロトロン放射である．

さて，電波天文学の初期に電波源として見つかったものは，普通は広がった電波源であり，かに星雲（おうし座 A）とかカシオペヤ座 A などの超新星残骸，O 型，B 型などの高温の星のまわりの電離水素領域などの銀河系内のガス星雲からの電波などであった．またすでに見たように，天の川（銀河円盤）もシンクロトロン放射により電波を放射する．さらに銀河系外からの電波として，通常の銀河にくらべて 100 万倍も強力な電波をだす電波銀河と呼ばれる銀河も見つかっている．電波銀河の代表がはくちょう座 A と呼

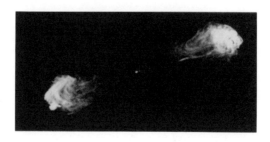

図 5-10　アメリカ，ニューメキシコの VLA（大型電波干渉計）によるはくちょう座 A 電波源の電波イメージ．

ばれる電波源である．これら電波銀河では，光で観測される銀河を真ん中に挟んだ 2 つ目玉の構造をしており，銀河の中心から電波放射のある目玉の位置までは 1 Mpc（300 万光年）にも達する巨大なスケールをもっている（図 5-10）．

1960 年代に入ると，イギリスのケンブリッジ大学のマーチン・ライル*を中心にしたグループは電波干渉計の技術を駆使してたくさんの電波源を見つけ，それらの電波源の正確な位置の決定を行い，3C カタログと呼ばれるような電波源のカタログをつくった．

5.2.2　クエーサーの発見

これらの電波源のうち，3C カタログの 48 番目の電波源 3C 48 という天体は，広がった電波源ではなく点源であり，光で見ると 16 等の "星" に対応する（光学的同定）ことがわかった．それまで星が電波をだすという例は知られていなかったので，どのような "星" が電波をだすのか興味がもたれた．ところが，この "星" のスペクトルをとってみると，幅の広い輝線のスペクトルが写っていたが，この星の輝線スペクトルはこれまで知られていたスペクトル線のどれにも対応するものがなく，どんな元素の線なのか同定できなかった．さらに 3C 273 という電波源については，月による掩蔽観測を

---

* マーチン・ライルは，「開放口径干渉」と呼ばれる電波干渉法を開発し，電波源の正確な位置の決定と電波源の詳細なマップをつくることを可能にした功績により，パルサーの発見者であるアントニー・ヒュウイッシュとともに，1974 年度のノーベル物理学賞を受賞した．

5.2 クエーサーと活動銀河核

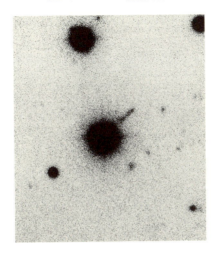

図 5-11 パロマー 200 インチ望遠鏡によるクエーサー 3C 273 の光学写真. 13 等の星とそこから伸びるジェットが写っている.

利用して電波源の位置と構造が調べられ, 3C 273 は A と B の 2 つの成分からなり, 3C 273 の B の位置に 13 等の "星" が対応していることがわかった (図 5-11).

カリフォルニア工科大学のマーチン・シュミットは, 1963 年に, 3C 273 の輝線スペクトルが実は大きな赤方偏移をした水素のバルマー線であることを発見した (図 5-12). 天文学では, 通常スペクトル線の赤方偏移を $z \equiv \Delta\lambda/\lambda_0$* という量で表す. ここで $\Delta\lambda$ は, 天体で実際に観測されたスペ

---

* 赤方偏移 z が 1 にくらべて十分小さいとき, すなわち天体の後退速度 v が光速度 c にくらべて小さいとき, よく知られたドップラーの関係により, $z = \Delta\lambda/\lambda_0 = v/c$ で与えられる. 一方, クエーサーでは赤方偏移 z が 5 に近いものもあり, このような場合, 後退速度は光の速度に近いことになる. 次項で見るように, 現在では, クエーサーの赤方偏移は宇宙膨張による赤方偏移であると考えられている. その場合, スペクトル線の波長の伸びは, 光が放射されてから, 観測されるまでの空間の伸びの割合に等しい. すなわち,

$$1 + z = \frac{\lambda}{\lambda_0} = \frac{R}{R_0}$$

ここで, λ_0 および λ は, それぞれ光が放射された時点でのスペクトル線の波長 (λ_0) および観測された現時点での波長 (λ), R_0 および R は 7.2 節で出てくる宇宙のスケール因子と呼ばれる量で, この比は膨張宇宙での空間の伸びの割合に対応する. すなわち, $z = 5$ のクエーサーでは, 光が放射されてから現在までの間に空間が 6 倍に膨張したことを意味する.

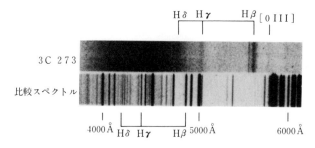

図 **5-12** 3C 273 のスペクトルとその赤方偏移.

クトル線の波長（λ）とそのスペクトル線の本来の波長（λ_0）との差である．3C 273 の場合，$z = \Delta\lambda/\lambda_0 = 0.158$ であることがわかった．そして，3C 48 の未同定の輝線も水素のバルマー線が大きく赤方偏移したものであることが判明し，この天体の場合は，$z = \Delta\lambda/\lambda_0 = 0.367$ という値を得た．

そこで，3C 273 や 3C 48 などのような電波源を，QSS（quasi-stellar-source）と呼んだ．1960 年代の後半における QSS の定義とその特徴は，①恒星状の電波源，②幅広い輝線スペクトルをもつ，③大きな赤方偏移，④可視光で変光が観測される，⑤紫外超過，などが挙げられる．

5.2.3 クエーサーという天体

クエーサーという謎の天体が発見されて，一番問題になったのはスペクトル線の大きな赤方偏移の原因であった．クエーサーの赤方偏移の原因として，①遠い天体（宇宙膨張による赤方偏移），②重力赤方偏移，③爆発によって放りだされたもののドップラー偏移，の 3 つの可能性が検討された．

このうち①は，クエーサーの赤方偏移をハッブル・ルメートルの法則にしたがう宇宙膨張に伴う赤方偏移とする理解である．この場合，大きな赤方偏移からクエーサーは宇宙の果て近くにある遠い天体ということになる．それに対して②は，アインシュタインの一般相対論による効果によるものである．一般相対論によれば，強い重力場の中では時計がゆっくり進む．したがってそこから放射される電磁波の振動数も小さいほうへずれる，すなわち，スペクトル線が赤方偏移する．これが重力赤方偏移である．一方③の場合は，わが銀河系の中心あるいは近傍銀河で爆発が起こり，そこから光の速

さに近い速度で放りだされたものがクエーサーであるとするものである．この場合，クエーサーの大きな赤方偏移は放出されたものの後退速度が光の速さに近いことに原因があるという考えである．

これらのうち，2番目の重力赤方偏移の可能性は，はやばやと消えたが3番目の可能性については1970年代になっても主張する研究者がいた．しかし，現在ではクエーサーの赤方偏移は宇宙膨張によるとする解釈が広く受け入れられている．すなわち，現在のクエーサーについての理解では，クエーサーは宇宙の果て近くにある遠い天体であるというものである．現在知られているもっとも大きな赤方偏移を示すクエーサーとしては，$z = 7.64$ のクエーサーで，距離としては約131億光年，宇宙誕生から約6億7000万年しか経っていない時代にすでにクエーサーが存在していたことになる．

クエーサーの特徴としては以下①〜③がある．

①異常に明るいこと：赤方偏移が非常に大きいことはクエーサーが遠くの天体であり，またとても明るい天体であることを意味する．実際，クエーサーは宇宙の中でもっとも明るい天体で，通常の銀河の明るさの100倍にもなる．

②サイズが小さいこと：大きな望遠鏡を使っても点源にしか見えず，通常の銀河と違ってきわめてサイズが小さいことである．

③変光の観測：光の観測で数日から年のオーダーの変光が観測されること．また，X線では数時間の変動が観測されている．

変光の時間スケールから放射源の大きさについて，ある程度の制限がつけられる．たとえば，銀河系やアンドロメダ銀河など典型的な渦巻銀河の直径は約10万光年である．このような銀河全体の明るさが変動するためには，少なくとも10万年が必要である．なぜなら，情報が光の速さで銀河の端から端まで伝わったとしても10万年かかるからである．

また，銀河全体で同時に明るさの変動があったとしても，銀河の手前側からの光と向こう側の光とではその到達時刻に10万年の差があるからでもある．すなわち天体の明るさの変動のタイムスケールを Δt とすると，そのような天体の大きさは，通常 $c \times \Delta t$ 程度かそれ以下であるということになる．

クエーサーの明るさの変動で短いものは1日程度であるから，クエーサー

の放射をだしている領域の大きさは太陽系程度の大きさということになる．すなわち，クエーサーは太陽系くらいしかない小さな領域から銀河系全体の100倍にもなるエネルギーを放射しているとてつもない天体ということになる．

　それでは，クエーサーとはいったいどのような天体であろうか．また，そのような莫大なエネルギーをそのような小さい領域から，どのような機構によって放射しているのであろうか．

　第1の問題に対する答えは，「クエーサーは異常に明るい銀河中心核」であるということが，以下のような観測から明らかにされている．すなわち，比較的近くにあるクエーサーで，クエーサーのまわりにもやもやとして霞のようなものが付随しているクエーサーがある．このようなクエーサーの中心部分を隠して，もやもやの部分のみのスペクトルを撮影した結果，同じ赤方偏移を示す銀河のスペクトルが撮影された．すなわち，クエーサーは，通常の銀河で銀河の中心核が異常に明るい天体であることがわかった．また，クエーサーの中には，遠くの銀河団の方向にあり，実際クエーサーとその銀河団のメンバーの赤方偏移が一致したことから，クエーサー自身も銀河団のメンバー銀河であることが知られているものもある．

　それに対して，第2のクエーサーのエネルギー生成機構の問題については，第6章のブラックホールの6.2.3項で述べる．

5.2.4　活動銀河中心核

　クエーサーが異常に明るい銀河中心核であることが明らかになると，実は銀河系に比較的近いところにもクエーサーの弟分のような天体があることがわかった．それは，セイファート銀河と呼ばれる銀河である．

　セイファート銀河は，通常の渦巻銀河の一種であるが，その中心核が異常に明るい銀河である．そして，中心核のスペクトルを撮ってみると，水素のバルマー線などが強い輝線スペクトルを示す．おもしろいことに，セイファート銀河を露出不足で撮影すると，中心核のみが恒星状の点源として写り，まわりの渦巻銀河は見えない（図5-13）．これは，ちょうどクエーサーを観測したのと同じ状態に対応すると考えられる．

図 5-13 セイファート銀河である渦巻銀河 NGC 4151 とその明るい中心核．3 つの写真は，異なった露出時間で撮影された NGC 4151 の写真．一番短い露出時間の写真（左端）では，銀河の中心核のみが恒星状に写っている．

スペクトル線に幅がつく原因としてはいろいろあるが，今回のような銀河での輝線の幅の場合，いろいろの速度で運動するガスのドップラー偏移の重ね合わせによって生じたと考えられる．スペクトル線の幅を表現するのに，ドップラー偏移に対応する速度で表す．セイファート銀河の中心核のスペクトルで見られる広い幅の輝線では，その速度幅は 5000 km/s にも達し，一方，幅の狭い輝線では 500 km/s ほどである．

クエーサーやセイファート銀河の中心核のように，異常に明るい銀河中心核を英語で Active Galactic Nuclei あるいは略して AGN（活動銀河中心核，または活動銀河核）と呼ぶ．活動銀河中心核の観測的特徴は以下のようである．

①定義からわかるように，異常に明るい中心核をもつ．②放射のエネルギースペクトルは黒体放射のエネルギーとは異なり，電波から X 線まで広い波長域にわたるスペクトルをもつ．とくに，紫外域から X 線領域でのエネルギーの高い電磁波でもっとも多くの放射をしている．③幅広い輝線スペクトルを示す．④いろいろの波長域の電磁波で変光現象を示す．とくに変光のタイムスケールは波長が短いほど速いタイムスケールの変動を示す．⑤ジェットが放出されている場合がしばしばある．

後で述べるように，活動銀河中心核には中心に太陽の 100 万倍から 1 億倍という質量の巨大ブラックホールが存在し，そのまわりにガスが円盤状に回転していると考えられている．幅広い輝線はブラックホールから 1 pc 以内

の近いところからでていると考えられ，このようなところを「広輝線領域」
と呼び，一方，狭い輝線は中心から数十 pc から数百 pc のところからでてい
て，「狭輝線領域」と呼ばれている．

セイファート銀河には幅広い輝線スペクトルを示すセイファートⅠ型と，
幅の狭い輝線しかださないセイファートⅡ型の 2 種類がある．セイファー
トⅠ型の場合，幅広い輝線の上に幅の狭い輝線が重なっており，広輝線領域
と狭輝線領域の両方が存在すると考えられている．

5.2.5 エディントン限界

クエーサーに代表される活動銀河中心核の最大の特徴は，きわめて小さな
領域から莫大なエネルギーを放射していることである．このような場合，放
射圧が非常に強いことになり，放射圧についての考慮が必要になる．そのよ
うな場合の重要な概念に，エディントン限界というのがある．

ある与えられた質量（M）をもつ天体が，自分自身で放射する光子による
放射圧で吹き飛ばされて，ばらばらにならないという要請から，その天体の
明るさ（光度 L）にはある上限が存在する．その明るさの上限をその質量の
天体のエディントン限界（L_E）という．この限界光度のことをエディントン
限界と呼ぶ理由は，エディントンが 1920 年代に恒星の内部構造の研究にお
いて放射圧が優勢な平衡状態にある星の光度としてはじめて導いたからであ
る．エディントン限界光度は，天体の重力と放射圧による力がちょうどつり
あう明るさである．以下では，このエディントン限界光度を求めてみよう．

一般に，ガスは強い放射圧のもとでは電離しており，また宇宙の物質は大
部分は水素からなっている．そこで，水素原子が電離してできた陽子と電子
からなる電離水素ガス（電離プラズマ）について，放射圧と重力とのつりあ
いについて考える．

質量 M の天体から距離 r の位置にある，電離した水素 1 個（陽子 1 個お
よび電子 1 個）あたりに働く重力は GMm_p/r^2 である．ここで m_p は陽子
の質量で，また電子の質量は陽子の質量の 1800 分の 1 であるからここでは
電子の質量は無視する．

一方，放射と電離ガスとの相互作用でもっとも重要なのは，光子の電子に

5.2 クエーサーと活動銀河核

よる散乱である．光子の電子による散乱をトムソン散乱と呼び，その散乱断面積を σ_T と書く．放射をだしている天体の光度を L とすると，中心天体から距離 r のところで放射強度は $L/4\pi r^2$ で与えられる．光子1個のエネルギー（$h\nu$）と運動量（p）との間の関係は $p = h\nu/c$ であるので，電離水素ガス1個あたり外向きに働く放射圧は $(L/4\pi r^2) \times (\sigma_T/c)$ で与えられる．

エディントン光度は，この電離プラズマに働く重力と放射圧を等しいと置くことによって得られる．

$$\frac{GM}{r^2}m_p = \frac{L_E}{4\pi r^2}\frac{\sigma_T}{c} \tag{5.2}$$

これにより，

$$L_E = \frac{4\pi GMcm_p}{\sigma_T} \tag{5.3}$$

式(5.3)において，エディントン限界は中心天体の質量のみで決まり，中心天体からの距離には関係しないことに注意しておく．

式(5.3)に物理定数を代入すると，エディントン限界光度として，

$$L_E \simeq 3 \times 10^4 L_\odot (M/M_\odot) \tag{5.4}$$

という値を得る．すなわち，太陽質量の天体の場合のエディントン限界は，太陽光度の約3万倍である．

クエーサーの光度は，わが銀河系全体の光度の約100倍，太陽の光度の数兆倍（$10^{12}L_\odot$）にもなる．クエーサーの光度がその天体のエディントン限界内におさまっているという条件から，クエーサーの中心核の質量は太陽質量の1億倍以上である必要がある．クエーサーでは，太陽の1億倍もの質量が太陽系程度の大きさの領域に詰め込まれているということになる．このような狭い場所にこのような大量の物質を詰め込むと，重力崩壊を起こしてブラックホールになってしまうと思われている．すなわちクエーサーのような活動銀河核には太陽質量の100万倍から1億倍の巨大ブラックホールが隠れていて，それが活動のエンジンの働きをしているのではないかと思われている（6.2節「ブラックホール」を参照）．

5.3 ハッブル・ディープフィールドとジェイムズ・ウェッブ宇宙望遠鏡

宇宙の場合，遠くを見ることは過去を見ることにあたる（7.9節「宇宙の進化」を参照）．天文学では，ビッグバン宇宙138億年の歴史において，より遠くでより昔の天体を観測することを目指してきた．すなわち，宇宙誕生後の最初の星，最初の銀河に迫ろうということである．以前は我々近傍の天体しか観測できなかったが，観測技術の進歩でより暗い天体で，したがってより遠い天体まで観測できるようになってきた．

このようにより遠くてより昔の天体を観測しようとする試みにハッブル・ディープフィールド（Hubble Deep Field：HDF）プロジェクトがある．このプロジェクトでは，1995年の12月に10日間かけて，ハッブル宇宙望遠鏡の広視野カメラを「おおくま座」の一角，差し渡し2.4分角（満月の約1/150の面積）に向けて，140時間にわたる長時間露光を行い，画像（図5-14）を取得した．これは可視光では過去最長の露光時間で過去最高の分解能を実現したものである．長時間露光することによって，より暗い天体まで撮影することができ，より遠くで，より宇宙年齢の若い天体まで撮影できる．宇宙空間のより深いところまで探るという意味で，ディープフィールド（深宇宙）

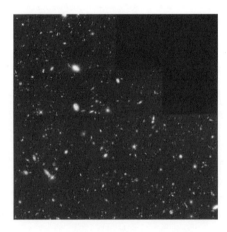

図 5-14　最初のハッブル・ディープフィールド画像．［NASA 提供］

探査と呼ばれる．観測に選ばれたこの一角は，銀河系内の恒星がほとんどない，いわば暗闇の領域であった．しかし，その画像には3000個の天体が映し出されており，そのほとんどが銀河で，中には赤方偏移の大きな遠くの銀河も多数あった．すなわち，宇宙の歴史でより昔の宇宙の姿を写したものである．

おおくま座の方向のこの観測はディープフィールド・ノースと呼ばれ，その後南天の「きょしちょう座」の方向で同様なディープフィールド・サウスが撮影され，さらに21世紀に入って，2002年にハッブル宇宙望遠鏡に新たに搭載された広視野カメラを使って，ハッブル・ウルトラ・ディープフィールド（HUDF）が撮影された．さらに2013年から3年間のハッブル・フロンティア・フィールド計画（HFF）では，6個の銀河団の深い画像を撮影，銀河団による重力レンズ効果で明るくなった背景の天体の観測を行うというものである．

ジェイムズ・ウェッブ宇宙望遠鏡（James Webb Space Telescope：JWST）は，ハッブル宇宙望遠鏡の後継機として，アメリカのNASAが20年以上の歳月と約100億ドルの費用をかけて2021年12月に打ち上げた宇宙望遠鏡である．この望遠鏡は，対角線が1.3 mの六角形の鏡を18枚合わせて口径6.5 mの主鏡とし，観測波長域としては0.6–28 μmで，赤外線を主観測波長とした望遠鏡である（図5-15）．JWST（ウエッブ望遠鏡）は，打ち上げ後，地球から150万km離れたところにある太陽・地球系のラグランジュ点（L_2：地球から見て太陽の反対側にあるラグランジュ点）まで移動し，そこで観測を行うものである．なおこの望遠鏡は，NASAの二代目長官ジェイムズ・ウェッブ（James E. Webb）にちなんで命名された．

JWSTの主要な観測目標としては，赤外線という波長域の特性を生かして，宇宙最初の星や銀河の形成，太陽系外惑星の形成と生命の起源にせまる研究などがある．宇宙の歴史でより遠くて昔の天体を観測しようとすると，宇宙膨張のためこれらの天体は大きく赤方偏移していて，天体からの放射が紫外線，可視光の領域から赤外線の領域に大きくシフトしている．したがって初期宇宙を観測するには赤外線で観測する必要がある．JWSTはそのために赤外線を主要観測波長に選んでいる．

第 5 章　銀河宇宙

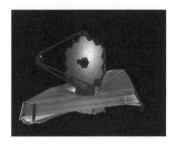

図 5-15　ジェイムズ・ウェッブ宇宙望遠鏡 (JWST). 望遠鏡の下に取り付けられているのは遮光板で, 太陽や地球の光で望遠鏡が暖まらないようにするためのシールド板である. 望遠鏡および遮光板は, 打ち上げ時には折り畳まれていたものを宇宙空間に出てから展開した. [NASA 提供]

図 5-16　JWST による銀河団 SMACS0723 方向の赤外線ディープフィールド画像. 円弧状に写っている天体は, 手前の銀河団の重力による重力レンズ効果で背景にある遠方の銀河が円弧状に拡大変形された像である. [NASA 提供]

　JWST による最初のディープフィールド観測としては, 南天の「とびうお座」の方向にある SMACS0723 と呼ばれる遠方の銀河団の方向の画像 (図 5-16) である. 画像は赤外線カメラ NIRCam によって計 12.5 時間露光されたものである. この画像は赤外線でこれまでで一番宇宙初期に迫る, 解像度

5.3 ハッブル・ディープフィールドとジェイムズ・ウェッブ宇宙望遠鏡　　201

も高いものであった．撮影場所として銀河団の方向が選ばれたのは，銀河団の重力による重力レンズ効果を使って銀河団の背後にあるより遠くの銀河を拡大して写すことを目的としている．実際，この画像にはたくさんの円弧状の天体が写っているが，これらはこの銀河団による重力レンズ効果で背後にある銀河が拡大変形を受けたものである．この画像には数千の銀河が写っており，その内の 48 個ほどの銀河についてはスペクトル観測による赤方偏移が測定され，一番大きな赤方偏移のものは $z = 8.5$ であった．

　JWST の観測がはじまる以前では，これまでで一番遠い銀河としては，ハッブル宇宙望遠鏡が見つけた GN-z11 という天体で，その赤方偏移は $z = 10.956$ であった．JWST の NIRCam の撮像画像から，赤方偏移が $z > 11$ と思われるたくさんの銀河の候補が見つかった．ただし，これらは銀河の色に基づいた距離の推定で，この中には手前の銀河がまぎれこんでいる可能性があり，正確な距離を求めるには分光観測が必要である．

　JWST に搭載の赤外分光器 NIRspec を使って正確な赤方偏移（z）を調べた結果，2023 年の時点で，新たに $z > 11$ の 5 つの銀河が発見された．なお，その内の 2 個の銀河の発見は，播金優一らの日本人グループによるものである（ちなみに 5.1.8 項で出てきたステファンの五つ子の画像（図 5-8）は，播金らによって使われた画像の一つである）．この内で最も z の値が大きなものは，JADES-GS-z13-0 という銀河の $z = 13.2$ で，ビッグバン宇宙誕生から 3 億年という最も初期の銀河であった．今後も JWST を使ってより初期宇宙の天体を観測しようとする試みがなされていくことになる．

第6章

ブラックホールと重力波

6.1 アインシュタインの一般相対論

　20 世紀における物理学の大きな飛躍は量子力学とアインシュタインの相対性理論（相対論）によってもたらされた．量子力学は半導体技術など 20 世紀の科学技術の進展の基礎になった理論で日常生活に欠かせないものである．一方のアインシュタインの相対論であるが，アインシュタインは 1905 年に特殊相対論を，1915 年に一般相対論を発表した．特殊相対論はどの慣性系から見ても光速度は一定であるという光速度不変の原理に基づく理論で，異なる慣性系間の変換理論である．特殊相対論の一つの帰着として，有名なアインシュタインの質量（m）とエネルギー（E）は等価であるという関係（$E = mc^2$）が導かれた．ここで c は光速度を表す．

　アインシュタインの相対論では，3 次元の空間と時間を一つにまとめて，4 次元の時空と呼ぶ．まとめたという意味は時間と空間は別々に存在するのではなく，二つは一体不可分のものであるということである．相対論は時空の物理学である．特殊相対論については，それが発表されるとすぐに光速度に近い現象がからむ素粒子の世界でこの理論が正しいことがわかり，物理学の世界で広く認められることになった．

　一方の一般相対論であるが，特殊相対論を非慣性系にまで拡張した理論で，重力を時空の歪みとして表現する画期的な理論である．重力の理論は 17 世紀にニュートンにより確立された万有引力の法則があり，このニュートン力学は天体の軌道運動などを正しく記述できる理論として 300 年にわ

たり物理学の基礎を成してきた。しかしニュートンの万有引力の法則の場合、なぜ直接触れていない物体同士の間に力が働くのかとか、なぜ逆2乗の法則になるのかという問いに答えることができなかった。アインシュタインは1915年に特殊相対論を非慣性系に拡張することにより重力を時空の歪みとして定式化する一般相対論（一般相対性理論）を発表した。一般相対論は次のようなアインシュタイン方程式で表される。

$$G_{\mu\nu} = \left(\frac{8\pi G}{c^4}\right) T_{\mu\nu} \tag{6.1}$$

ここで、左辺の $G_{\mu\nu}$ はアインシュタインテンソルと呼ばれる時空の歪みを表す量で、一方右辺の $T_{\mu\nu}$ はエネルギー・運動量テンソルと呼ばれ、物質やエネルギーの存在、その運動による量である。添え字の μ と ν であるが、これは4次元の時空 (x, y, z, t) の成分を表す。ここで G は万有引力定数である。アインシュタイン方程式は時空の歪みは物質の質量とエネルギーおよび運動量によって決まるという式である。右辺の係数 $(8\pi G/c^4)$ は重力が弱い場合にニュートンの重力理論に一致するように選ばれている。一般相対論では、ニュートンの万有引力の代わりとして、質量が存在すると空間がゆがみ、物体の運動は曲がった空間の中での測地線に沿った運動として理解できる。

一般相対論が発表されたすぐの頃には実験や観測でこの理論を確かめることができるような現象は極めて限られていた。それまでの重力の理論はニュートンの万有引力理論で、太陽系での惑星の運動などはニュートンの重力理論で十分説明できていた。当時アインシュタインの一般相対論を確かめる方法としては、天体観測が唯一のもので、①水星の近日点前進、②重力場での空間の歪みによる光の屈折、③重力場でのスペクトル線の赤方偏移の3つが挙げられていた。①の水星の近日点前進については、ニュートン力学では説明が困難で水星のさらに内側の軌道を回る「バルカン」という仮想の惑星を仮定するような説まであったが、この現象は一般相対論で見事に説明ができた。②の重力場での光の曲がりについては、1919年の日食でエディントン率いる英国の観測隊がこれを確かめたとされる。③の重力場での赤方偏移であるが、太陽での観測や白色矮星での赤方偏移がぎりぎりのところで確

かめられたとされている．一方現在では当時とは違って科学技術の進展は目覚ましいものがあり，カーナビで知られる GPS 衛星を使った位置情報でも正確な位置を決定するには，一般相対論に従って地球上と人工衛星が飛んでいる宇宙空間での重力場の違いによる時計の進みの違いを補正する必要があるとのことである．

20世紀も後半に入ると，アインシュタインの一般相対論が必要になるような現象が次々に見つかってきた．このような現象として，中性子星やブラックホールなど強重力の天体，重力場による光の曲がりによって引き起こされる重力レンズ現象，宇宙全体を記述する宇宙論方程式，重力波の観測などがある．

6.2 ブラックホール

6.2.1 一般相対論とブラックホール

ブラックホールは，その重力が極端に強いため光も出て来られない天体，あるいはまたすべてを飲み込んでしまう恐ろしい天体などとして一般にも広く知られている．1915年にアインシュタインが一般相対論の基本方程式を提案した際，アインシュタイン自身も式(6.1)で表されるアインシュタイン方程式は難しいので，この方程式の解が簡単に見つかるとは思っていなかった．ところが，その翌年の1916年にドイツの天文学者であるカール・シュバルツシルトが，中心に物質（質点）がある場合に一般相対論の球対称の重力場の解を求めることに成功した．この解がシュバルツシルト解である．この解は内部解と外部解といわれる2つの部分に分かれる．その境界にあたるのが以下に述べる「シュバルツシルト半径」である．

シュバルツシルト解では，質量 M の物体が中心にある場合，中心から半径 r の所にある時計の刻む時間間隔 $d\tau$ と，無限遠方の観測者の計る時計の時間間隔 dt の間に

$$d\tau = \left(1 - \frac{R_g}{r}\right)^{\frac{1}{2}} dt \qquad (6.2)$$

という関係が成り立つ．

206　　　　　　　第 6 章　ブラックホールと重力波

　ここで R_g はシュバルツシルト半径あるいは重力半径と呼ばれる量で

$$R_g = \frac{2GM}{c^2} \simeq 3\,\mathrm{km} \quad (M/M_\odot) \tag{6.3}$$

で与えられる．シュバルツシルト半径 R_g は，ニュートン力学で質量 M の
物体の表面からの脱出速度がちょうど光速度 c に等しくなる半径に対応して
いる．

　式(6.2)が意味するところは，半径 r が R_g より大きい外部解ではその点
にある時計の進み方は無限遠方の観測者から見るとゆっくり進むということ
である．これが 6.1 節で述べた重力赤方偏移である．そして，r が R_g に近
づくと，無限遠方にいる観測者から見ると，そこでの時計は無限にゆっくり
進むことになる．さらにこの式で $r < R_g$ では右辺の係数は虚数になり物理
的意味を失う．この領域が内部解にあたり，そこでは重力が強すぎて光も外
側に出て来られず，外側の世界とは完全に情報的には切り離されてしまう．
その境目となる半径（シュバルツシルト半径あるいは重力半径）を「事象の
地平線」（イベント・ホライズン）と呼ぶ．シュバルツシルト半径より小さい
サイズに収縮した天体がブラックホールである．なお，後の 6.2.6 項で述べ
るイベント・ホライズン・テレスコープはこれに由来する名前である．シュ
バルツシルト半径は中心の質点の質量に比例する．この質量 M に太陽質量
（$M_\odot$）を入れると 3 km になる．すなわち，太陽質量のブラックホールの重
力半径（シュバルツシルト半径）は 3 km で，太陽質量の 10 倍のブラック
ホールでは 30 km である．

　シュバルツシルトが見つけたブラックホールの解は球対称の解であるが，
1963 年にニュージーランドの数学者ロイ・カーは回転するブラックホール
の解を発見，この回転するブラックホールはカーブラックホール，その数学
的解はカー解と呼ばれている．一般にブラックホールは，質量と角運動量
（回転）と電荷の 3 つのパラメータのみで記述されることが知られている．
通常，天体は電荷を持たないと考えられており，したがってブラックホール
は質量と角運動量の 2 つのパラメータで記述されると考えられる．カーブ
ラックホールは質量と角運動量（回転）を持つ解である．カーブラックホー
ルでは，回転の影響で事象の地平線の外側に「エルゴ領域」という特別な領

6.2 ブラックホール　　207

域ができる．そこではブラックホールの回転に引きずられて（「空間の引き
ずり効果」），あらゆる物質，エネルギー，情報がブラックホールの回転と逆
方向には伝播できない．この性質をうまく使うと，ブラックホールの回転か
らエネルギーを取り出すことが可能になることが示されており，それを使っ
てクエーサーなどの莫大なエネルギー放出を説明できるという説がある．

6.2.2 恒星質量ブラックホールと X 線連星

　実際の天体現象として最初にブラックホールの存在を示唆する観測が出て
きたのは X 線連星である．すでに 3.5.5 項で述べたように，X 線連星では
近接連星系において X 線源となる中心星が中性子星あるいはブラックホー
ルなどの重力ポテンシャルの井戸の深い星（コンパクト星）で，相手の星か
ら流れてきたガスが降着円盤などを通じて降着する際に解放される重力エネ
ルギーで輝く現象と考えられている．3.5.5 項では X 線源が中性子星の場合
を紹介したが，X 線星の中にはブラックホールが中心天体であろうと考えら
れる場合が出てきた．その代表的なケースが Cyg X-1 で 1971 年のことで
ある．

　ブラックホールは，大質量星が一生の最後に行きつく果ての天体と考えら
れている．すでに 3.3.7 項で見てきたように，大質量星は核燃料を使い果た
すと，最期に重力崩壊を起こす．重力崩壊の結果，中心コアが原子核の密度
に達するまで収縮して中性子星になる場合と，原子核の密度に達しても重力
崩壊をとどめることができず無限に収縮してブラックホールになってしまう
場合と 2 通りがある（3.4.1 項を参照）．

　これら 2 つの異なった道筋を分ける一番大きな差は，重力崩壊の際の中心
のコアの質量である．コアの質量が中性子星の最大限界質量を超えている
場合は，安定な解はなく，ブラックホールになる．中性子星の最大限界質量
は，まだ理論に不確定な部分があるため正確な値はわかっていないが，いず
れにせよ太陽質量の 2 倍ないし 3 倍程度と考えられている．従って，連星系
をつくっている X 線源でその質量が 3 倍の太陽質量を越える場合，ブラッ
クホールの可能性が高い．

　ブラックホールが X 線源と推定されている X 線星として一番有名なの

はCyg X-1である．この星のX線源としての特徴は，①X線のエネルギースペクトルにおいて，3.5.5項で述べた中性子星の近接連星系と違って，100 KeV以上の高エネルギーのほうまでX線のフラックスがのびていること，②X線強度が激しく時間変動しており，時間スケールとしてミリセカンドという極端に短い時間の変動があること，③パルサーやX線バーストなどの現象がないこと（中性子星のような表面が存在するときに起こる現象が観測されていないこと），が挙げられる（図6-1）．これらの観測事実はこのX線源がブラックホールである可能性を示唆はするが，これだけでX線源がブラックホールであると結論することはできない．

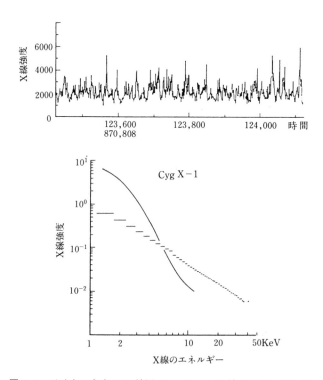

図6-1 はくちょう座のX線源Cyg X-1のX線の強度の変動（上図）とX線スペクトル（下図）．Cyg X-1は，X線強度の不規則な時間変動を示すとともに，X線スペクトルとして2通りのスペクトルの形を示す．

一番確実な証拠は，連星系でのコンパクト天体の質量を求めることである．Cyg X-1 の場合，1971 年に X 線源の精度の高い位置決定がなされ，その位置に光学望遠鏡で HD226868 という名の 9 等の B 型超巨星が見つかった．さらに，この星は軌道周期が 5.6 日の分光連星であることがわかり，これが X 線星 Cyg X-1 の光学的対応天体であると考えられた．すなわち，この連星系は B 型の超巨星と光では見えないコンパクトな X 線星が連星系をつくっていて，両星ともその共通重心のまわりを公転運動している．そして，B 型超巨星のスペクトル線のドップラー偏移から，光では見えない X 線星がどのくらい大きな質量の星であるかが推定できる．これによると，X 線星の質量は太陽質量の 6.6 倍より大きいということの結論が得られた．この質量は中性子星の上限質量である 3 倍の太陽質量を超えており，中性子星の可能性はなくなり，唯一残された可能性としてブラックホールということになった．

ブラックホール X 線連星における X 線放射メカニズムであるが，近接連星系の相手の星からブラックホールの重力圏に供給されたガスがブラックホールに降着する際にブラックホールのまわりに降着円盤をつくり，降着円盤からの放射であると考えられている．ブラックホールへのガス降着によって得られる光度（L）は，通常，

$$L = \eta \dot{M} c^2 \tag{6.4}$$

という形で書かれる．ここで $\dot{M}$ はブラックホールへの質量降着率，η は物質のエネルギーへの変換効率である．アインシュタインの質量とエネルギーの等価原理から，もし質量をすべてエネルギーに変換することができたら，η は 1 ということで，これが最大のエネルギー変換効率である．

ブラックホールの場合，その重力ポテンシャルの井戸は十分深く，降着円盤の内縁はシュバルツシルト半径ではなく，その 3 倍であることが知られている．すなわち，ガスがブラックホールに降着円盤を経由して落下する場合，ブラックホールの重力半径の 3 倍のところまでは円盤を経由して降着してくるが，そこから先ではブラックホールの重力が強くなりすぎ，回転の遠心力ではもはや重力とバランスをとることができなくなり，ガスは自由落下で

ブラックホールに吸い込まれ，エネルギーを放出しないと考えられている．3.5.3 項で議論した降着円盤の放射光度（L_{acc}）の式(3.22)で，中心星の半径の代わりに降着円盤の内縁半径（3 倍のシュバルツシルト半径）を代入すると，この場合の放射量として，大雑把に $L_{\mathrm{acc}} \simeq (1/12)\dot{M}c^2$ と見積もることができる．より正確な計算によれば，ブラックホールの場合，回転していないシュバルツシルトブラックホールの場合で η は 0.057 で，回転しているカーブラックホールの場合，最大で η は 0.42 にまで達する．ちなみに星のエネルギー源である水素の核融合のエネルギー変換効率 η は 0.007 で，ブラックホールへのガス降着の方が 10 倍ほどエネルギー変換効率がよいことになる．

ブラックホール X 線星としては，その後の観測で Cyg X-1 以外にもいくつか見つかっている．それらの多くは X 線新星と呼ばれるもので，ある日突然 X 線で明るく輝きはじめ，X 線および光で最大光度に達した後，ゆっくり暗くなっていくものである．これらの X 線新星のいくつかで光学的同定が行われ，可視光での分光観測により連星系の質量が決定された結果，X 線源である星の質量が太陽質量の 3 倍以上で，ブラックホールであると考えられている．また，光学同定はできていないが，このようなブラックホール X 線新星と似たような X 線の光度曲線を示す X 線新星が数十個見つかっており，これらの多くがブラックホール X 線連星であろうと考えられている．X 線新星の爆発現象の原因であるが，3.5.3 項で議論した矮新星の爆発と同じメカニズム，すなわち降着円盤の不安定性がその原因であろうと考えられている．

これまでのところでは，太陽質量の数倍から十数倍のブラックホールを中心星にもつ X 線星について議論してきた．これらのブラックホールは，恒星進化の終末にできる天体として「恒星質量ブラックホール」と呼ぶ．ところが，太陽質量の数百万倍，数億倍の巨大ブラックホールが銀河の中心にあり，クエーサーなど莫大なエネルギーを放射している活動銀河核のエンジンになっているという話があり，それについては次の項で述べる．

6.2.3　銀河中心の巨大ブラックホール

5.2 節で述べたように，銀河中心が極めて明るい銀河があり，活動銀河核と呼んでいる．活動銀河核の代表はクエーサーである．クエーサーおよび活

動銀河核のモデルとして，これまでいろいろな説が提案されてきたが，現在では「巨大ブラックホール」が活動のエンジンの役割を果たしていると考えられている．

巨大ブラックホールは，英語で Super-Massive Black Hole（略して SMBC）と呼ばれるように，その質量が太陽質量の 100 万倍から 100 億倍にもなる巨大質量のブラックホールである．さらに，活動銀河核だけに限らず一般の銀河でも，銀河中心には巨大ブラックホールが存在していると考えられている．実際，6.2.5 項で見るように我々の銀河系（天の川銀河）の中心にも太陽質量の約 400 万倍の巨大ブラックホールが存在することが明らかになっている．また，お隣の銀河であるアンドロメダ銀河でも中心部の恒星の大きな速度分散から中心部の狭い領域に太陽質量の 3000 万倍もの質量集中があり，巨大ブラックホールではないかと考えられている．

クエーサーなど活動銀河核のモデルとしては，これまで①超新星の連鎖爆発モデル，②星と星との衝突モデル，③質量が太陽質量の 100 万倍から 1 億倍もある超巨大質量星モデル，などいろいろなモデルが提案されてきた．しかし，これらのモデルはいずれも難点があり，結局生き残ることはできなかった．

現在の活動銀河核のモデルは，巨大ブラックホールへの質量降着モデルである．ブラックホールは，その名前の由来通り，光も逃げ出せない天体である．したがって，ブラックホール自身がエネルギーを放射することはない．しかし，前項の恒星質量ブラックホールで見てきたように，ブラックホールのまわりの回転ガス円盤を経由してガスをブラックホールに落下させて，その重力ポテンシャルエネルギーを取り出すことにより，クエーサーで観測されるような莫大な放射が可能になる．

すでに 6.2 節で述べたように，ブラックホールには事象の地平線と呼ばれる半径があり，これはそれより中からは光も出てこられない半径で重力半径（R_g）あるいはシュバルツシルト半径と呼ばれている．

巨大ブラックホールの重力半径（R_g）は，

$$R_g = 2\frac{GM}{c^2} \simeq 3 \times 10^8 \text{ km} \quad \left(\frac{M}{10^8 M_\odot}\right)$$

で与えられる（式(6.3)参照）．すなわち，太陽質量の1億倍の超巨大ブラックホールの重力半径は2AUで，その降着円盤の内縁半径は約6AUで木星の軌道程度の大きさということになる．すでに5.2節で見てきたように，クエーサーでは，その時間変動とエディントン限界光度の制限から，太陽の1億倍もの質量が太陽系程度の狭い領域に詰め込まれており，そこから莫大なエネルギーが放射されていて，まさに巨大ブラックホールのまわりの降着円盤の描像にぴったりである．

　前6.2.2項の式(6.4)にあるように，ブラックホールへ降着円盤を経由して質量降着が起こる場合，そのエネルギー変換効率ηは，回転していないシュバルツシルトブラックホールで約0.06，回転しているカーブラックホールでは最大で0.42になる．クエーサーのモデルとして巨大ブラックホールのまわりの降着円盤による放射とすると，クエーサーでは1年間に太陽質量程度のガスが巨大ブラックホールに吸い込まれていることになる．クエーサーをはじめ活動銀河核は，銀河中心の巨大ブラックホールに格段に大量なガスが吸い込まれている特別な銀河中心核ということになる．

　なぜクエーサーなど活動銀河核では巨大ブラックホールへのガスの降着が多いのかという疑問が生ずるが，その一つの可能性として，活動銀河核では，銀河同士の接近や衝突などの相互作用の結果，中心の巨大ブラックホールに多くのガスが降着を起こしているとも考えられている．銀河系の場合でもわかるように，普通の銀河にも中心に巨大ブラックホールが存在しているが，特に中心核がそれほど明るいわけではない．通常の銀河と活動銀河核との違いは，巨大ブラックホールへのガスの降着率の違いであると考えられる．

　銀河の中心に巨大ブラックホールが存在することが明らかになると，巨大ブラックホールの起源が問題になる．恒星質量のブラックホールについては，大質量星の進化の最後の生成物であるとしてよく理解されている．ところが，銀河中心の巨大ブラックホールの起源は，現在も謎になっている．一方観測の方から，銀河中心の巨大ブラックホールの質量と銀河のバルジの質量との間にはある種の比例関係があり，$M_{\mathrm{BH}}/M_{\mathrm{bulge}} \sim 0.001$ と書き表される．この相関関係をマゴリアン関係と呼んでいる．マゴリアンは，この研究に関わった天文学者ジョン・マゴリアンにちなんで付けられたものである．ここ

で，M_{BH} は巨大ブラックホールの質量で，M_{bulge} は銀河の中心の楕円体成分であるバルジの質量である．すなわち，銀河中心の巨大ブラックホールの質量は，銀河のバルジの質量の約 0.1% という関係にある．このような相関関係があるということは，巨大ブラックホールと銀河がお互いに影響を及ぼし合っているということで，銀河とブラックホールの「共進化」と呼ばれている．なぜこのような相関関係があるのかについては，まだよく解明されていない．

6.2.4　巨大ブラックホールのまわりの回転円盤の観測

銀河の中心には巨大ブラックホールが存在し，巨大ブラックホールへのガスの降着がクエーサーや活動銀河核（AGN）のエネルギー放射メカニズムであると述べてきた．このモデルを支持するような観測的な証拠として，巨大ブラックホールのまわりの回転円盤の可視光，電波および X 線の観測があり，それらを紹介する．

（1）可　視　光

すでに述べたように，銀河系のお隣のアンドロメダ銀河では，中心部の恒星の運動速度の分散が大きく，そのことから銀河の中心に巨大な質量の集中があり，巨大ブラックホールが存在する可能性が示唆されていた．このような銀河中心への質量集中について，もっとも有名なのは巨大楕円銀河 M87 である．

M87 は，おとめ座銀河団の中心に位置する巨大楕円銀河（cD 銀河）で，その距離は 5500 万光年，この銀河からは光のジェットが出ていることでも有名な銀河である．M87 は，強い電波を出していて，電波源おとめ座 A としても知られている．また，電波観測でも中心に強い電波源があり，そこから鋭いジェットが出ている．

1970 年代の後半に，M87 の中心部の明るさ分布が調べられ，中心に異常に尖ったスパイク構造が存在することがわかった．そして，中心近傍の星の速度分散から M87 の中心には太陽質量の 50 億倍もの質量が集中していることが明らかになった．1990 年代に，ハッブル宇宙望遠鏡による水素の Hα 輝線観測で，M87 の中心部にガス円盤が検出され，円盤の見かけの長軸・

短軸の関係から円盤の垂直軸は視線に対して 42° 傾いていて，観測された
ジェットはこの円盤の垂直軸の方向に出ているとして矛盾ないことがわかっ
た．また，この円盤の中心を挟んだ反対側の 2 地点での回転速度を分光観測
で測ったところ速い回転速度が計測され，円盤中心に太陽質量の数十億倍の
質量が存在し，超巨大ブラックホールが存在することが強く示唆された．

M87 は 6.2.6 項で述べる「イベント・ホライゾン・テレスコープ（EHT）」
によるブラックホール・シャドウの観測で最初に取り上げられた天体で，こ
れについては 6.2.6 項で詳しく述べる．

（2）　電 波 観 測

1995 年に日本とアメリカのグループが，電波の水分子のメーザー線を使っ
た観測で，近傍の NGC4258（M106）という渦巻銀河の中心に太陽質量の
3600 万倍の巨大ブラックホールを発見したという報告を行った．

銀河 NGC4258 は，近傍にある活動のあまり激しくない活動銀河である
が，水分子のメーザー放射が非常に強いことがわかり，メガメーザーと呼ば
れている．国立天文台の野辺山観測所の中井直正らは，野辺山の 45 m 鏡で
この銀河の中心領域を観測し，この銀河の宇宙膨張による後退速度に対応す
る水メーザーの線を観測するとともに，それ以外に毎秒 ±1000 km という高
速度の成分が存在することを発見した．水メーザーのこの高速成分の起源を
明らかにするために，彼らはアメリカのグループと共同して VLBA（超長基
線電波干渉計）＊という電波の干渉計により，NGC4258 を観測し，ミリアー
クセカンド（角度の 1 秒の 1000 分の 1）という空間分解能を達成した．そ
の放射は銀河中心から 0.005 秒角から 0.008 秒角という非常に中心近傍から

＊　VLBA というのは，口径 25 m の電波望遠鏡を 10 基，アメリカ東部から西部に至る広い範囲に配置
　　して電波干渉計として機能させるものである．望遠鏡の空間分解能は，電磁波の波長 λ と望遠鏡の口径
　　D の比で与えられる．すなわち，分解能（$\Delta\theta$）は，角度のラジアンで，

$$\Delta\theta \sim \lambda/D$$

　　で与えられる．たとえば，波長 1 cm，口径 45 m の電波望遠鏡の分解能は 1/4500 ラジアン＝ 40 秒
　　角となる．VLBI（超長基線電波干渉法）という技術は，何千 km と離れた複数の電波望遠鏡による電
　　波を干渉させることにより，実質的に大きな口径の望遠鏡の役割をさせる方法で，この方法によりずば
　　抜けて高い空間分解能を達成することができる．VLBA の場合，波長 1.3 cm の水メーザー線で 3000
　　分の 1 秒という分解能が達成された．

やってくるメーザー放射で，さらにその高速成分は中心からの距離に 1/2 乗に反比例して外側にいくほど速度が減少していくことが明らかになった．これはケプラー回転している回転円盤から水メーザー線が放射されていると解釈される．

この円盤の内半径は 0.4 光年，外半径は 0.8 光年で，その回転速度は毎秒 1080 km，外半径で毎秒 770 km である．この回転速度と距離の関係からケプラーの第 3 法則を使うと，円盤の内側にある物質の質量は太陽質量の 3600 万倍もあることになる．このような狭い領域にこれだけの大量の質量を押し込めて安定に存在できる形としては，唯一巨大ブラックホールということになる．この観測は，銀河の中心に巨大ブラックホールが存在する有力な観測的証拠と考えられている．

（3） X 線 観 測

日本の宇宙科学研究所が打ち上げた宇宙 X 線観測衛星「あすか」による X 線観測でも，活動銀河核における巨大ブラックホールの存在の有力な証拠が見つかった．すなわち，あすか衛星を使ったセイファート銀河 MCG-6-30-15 の X 線観測で，エネルギー 6.4 KeV（波長 1.94 Å）の鉄の K 殻蛍光輝線を観測，その線輪郭から巨大ブラックホールのまわりの降着円盤からの放射である強い証拠を見つけた．

図 6-2 に示すように，セイファート銀河 MCG-6-30-15 の「あすか」で観測された鉄輝線は幅の広い線輪郭をもっていた．鉄輝線の線幅をドップラー効果とした場合，秒速 10 万 km にも対応し，鉄輝線を放射するガスが高速度で運動していることを示している．とくに注目すべきは，観測された鉄輝線がエネルギーの低い側に長く裾を引いていることである．鉄輝線の線輪郭の解釈として，鉄輝線を放射するガスが強い重力をもつ中心天体のまわりを，秒速 5 万 km にもなる高速で回転運動をしていると理解される．また鉄輝線がエネルギーの低い側に長く裾を引く現象であるが，これは強い重力場の中での一般相対論的重力赤方偏移の効果および光速に近い速度でのガスの運動による相対論的ドップラー効果（横ドップラー効果）として理解できる（図 6-2 の実線）．

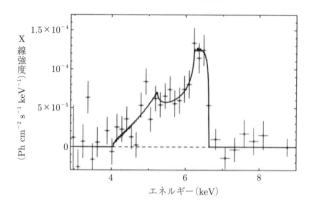

図 6-2 セイファート銀河 MCG-6-30-15 からの X 線領域の幅広い鉄輝線.非対称な 2 つのピークをもつ構造は,ブラックホール近辺の降着円盤からの放射が相対論的効果によってゆがめられたとする理論(データに合わせた実線)によく合っている.

　すなわち,このセイファート銀河の中心核には,ブラックホールの事象の地平線であるシュバルツシルト半径の数倍から 10 倍程度の近傍まで降着円盤が存在し,X 線の鉄輝線はその降着円盤から放射されていると考えられる.この「あすか」の観測は,相対論的効果が効くほど強い重力場の天体の存在,すなわち活動銀河中心核に巨大ブラックホールが存在する強い証拠になっている.

6.2.5　銀河系中心の巨大ブラックホール　いて座 A*（いて座エー・スター）

　銀河の中心には巨大ブラックホールが鎮座しているというのが一般的であることがわかると,天の川銀河（わが銀河系）にも中心に巨大ブラックホールがあるのではないかと思われるようになった.銀河系の中心方向は星間吸収が大きいため可視光では銀河系の中心は見ることができない.したがって,銀河系中心の観測はもっぱら星間吸収の少ない電磁波の波長域である電波,赤外線,X 線観測による.

　実際,わが銀河系の中心には強い電波源があり,いて座 A (Sgr A) と呼

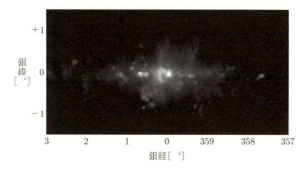

図 6-3 銀河中心の 10 GHz（波長 3 cm）の電波画像．この図の中心付近にある特に強い電波源が「いて座 A」．図の濃淡は電波強度を示し，白いほど強い．[半田利弘（理学博士）提供]

んでいる（図 6-3）．いて座 A 自体は，「いて座 A イースト」と「いて座 A ウエスト」の 2 つの成分からなり，さらにいて座 A ウエストの中心に点状の強い電波源があり，いて座 A*（いて座エー・スター）と呼ばれている．これが銀河系の中心と考えられている．

可視光では途中の星間吸収のため銀河中心を見ることができない．そこで，銀河中心にある恒星を観測するには赤外線を使う．ラインハルト・ゲンツェルの率いるドイツチームとアンドレア・ゲッズの率いるアメリカチームは，いて座 A* のまわりを回る星について近赤外線を使って観測し十数年ほどその位置（固有運動）を追いかけ，そのうち数個の恒星は楕円軌道を描いて「いて座 A*」のまわりを公転していることを明らかにした．特に 16 年周期で，いて座 A* を公転する S2 と名づけた恒星（ゲッズのグループは S0-2 と呼んでいる恒星）の位置と速度を測定，その軌道から銀河系の中心（いて座 A*）の位置に太陽質量の約 400 万倍の巨大ブラックホールが存在することを明らかにした．

図 6-4 は，2 つのグループの観測を 1 つの図にまとめたものである．この図の左上図は，銀河中心の近傍にある数個の恒星の固有運動を示したもので，いずれもいて座 A* のまわりを楕円軌道で公転していることがわかる．右図は，恒星 S2 の軌道の詳細な観測結果を示す．また左下図はこの星の視線速度曲線である．この図から，これらの恒星が赤外線では見えていない中

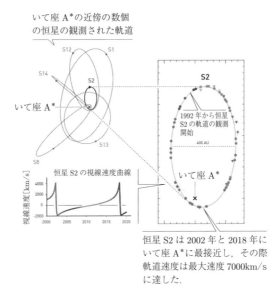

図 6-4　銀河中心のいて座 A* のまわりにある恒星の軌道.
左上図：いくつかの恒星の天球上の軌道，右図：恒星 S2 の軌道の詳細，左下図：恒星 S2 の視線速度曲線.
［2020 年ノーベル賞委員会］

心天体（いて座 A*）のまわりを公転運動していて，その中心天体の質量は太陽の約 400 万倍であることがわかった．このような狭い領域にこれだけ巨大な質量を持つ天体としてはブラックホール以外に考えられず，天の川銀河の中心に巨大ブラックホールが隠れているという強い証拠になった．

　ゲッズのアメリカチームは，可視光・赤外線地上望遠鏡としては最大口径のハワイ・マウナケア山にあるケック望遠鏡（口径 10 m）を使い，スペックル観測および補償光学などの技術*を使って地球大気のゆらぎの影響を最大限取り除くことにより，このような観測を可能にした．ゲンツェルのドイツチームも南米チリにあるヨーロッパ南天文台の VLT と呼ばれる口径 8 m の

＊　地上望遠鏡で，大気のゆらぎに基づく画像のぼやけを補正する技術．スペックル観測では，短時間の露光で大気ゆらぎを凍結した瞬間瞬間の天体像を多数枚取得する．この短時間露光像をスペックル像（speckle frames）という．これらの画像を統計的方法で重ね合わせて，星像を再生する．一方，補償光学（adaptive optics）は，大気のゆらぎにあわせて望遠鏡の鏡の形を高速で変形しながら観測する技術で，大気のゆらぎを打ち消し，本来のシャープな画像を得ることができる．

望遠鏡を使い，同様な方法で観測を行った．両者の結果は基本的にはよく一致しており，銀河系の中心に巨大質量のブラックホールが存在することを観測的に証明した．

この業績によりゲンツェルとゲッズの2人は，ブラックホールの理論的研究を行ったイギリスのロージャー・ペンローズとともに，2020年ノーベル物理学賞を受賞した．なお，ゲッズはノーベル物理学賞を受賞した4人目の女性である．

6.2.6 ブラックホール・シャドウの観測

すでに見てきたように，活動銀河核の放射は，ブラックホールのまわりの降着円盤からの放射であると考えられている．その場合，ブラックホールの近辺から出た光は，中心にあるブラックホールの重力で光路が曲げられたり，あるいは捕まえられたりするため，撮像された画像ではブラックホールのまわりに光が出てこられない穴（画像の暗い部分）ができる．これをブラックホール・シャドウと呼んでいる．このシャドウの半径は回転していないブラックホールの場合，2.5倍のシュバルツシルト半径であることが知られている．電波の超長基線干渉計（VLBI）を使って，銀河中心の巨大ブラックホールのこのようなシャドウを撮像しようという国際共同観測計画があり，イベント・ホライゾン・テレスコープ（EHT：Event Horizon Telescope,「事象の地平線望遠鏡」）計画（2012年に発足）と呼ばれている．この計画では，ミリ波・サブミリ波という短い波長の電波を使い，ALMA望遠鏡をはじめとする地球上の8つの電波望遠鏡を結合させて，電波の干渉計技術を使って画像をつくるものである．この研究チームは，日本人研究者も含む200人以上の研究者が参加する国際プロジェクトである．

現在知られている巨大ブラックホールで，視直径が一番大きいのが活動銀河核であるM87の中心のブラックホールと天の川銀河の中心のブラックホールの2つである．これらのブラックホール・シャドウを観測するには，波長1.3 mmの電波を使っても地球規模の干渉計が必要で，このようなEHT計画が企画されたわけである．M87のブラックホールも銀河系中心のブラックホールの場合も，ブラックホールへの降着量は比較的に低く，

図 6-5 イベント・ホライゾン・テレスコープ（EHT）による楕円銀河 M87 の中心に鎮座する巨大ブラックホール・シャドウの撮像．［国立天文台］

ブラックホールまわりの高温プラズマからシンクロトロン放射により波長 1.3 mm の電波が放射されていると考えられる．

　イベント・ホライゾン・テレスコープ（EHT）の研究チームは，2019 年 4 月に世界 6 ヵ所で同時記者会見を開いて，楕円銀河 M87 の巨大ブラックホールとそのシャドウ（影）の存在を初めて画像として撮像することに成功したと発表した．EHT チームは，2017 年 4 月の 4 日間に波長 1.33 mm の電波で超長基線干渉計の手法により M87 の中心の 4 枚の画像を取得した．図 6-5 はそのうちの 4 月 11 日の画像である．残り 3 枚の画像も基本的にはこの画像とよく一致していた．

　図からわかるように明るいリング状の構造の真ん中に暗い穴（ブラックホール・シャドウ）が見事に写し出されている．そのシャドウの大きさから，M87 の巨大ブラックホールの質量は太陽質量の 65 億倍と求められた．これは，M87 の中心核のまわりの恒星の速度分散から求められていた値とよく一致していた．この結果は，活動銀河核（AGN）の中心には確かに超巨大ブラックホールが鎮座し，それが AGN の活動のエンジンの役割を果たしていることの確かな証拠となった．図 6-5 からわかるように，リングの明るさの分布は，図の下側（南側）が明るく，上側が暗い．これは，降着円盤の回転に伴うドップラー・ブースティング効果による．ここでドップラー・ブースティングとは，光速度に近い高速のガスからの放射について，相対論の効果により観測者に近づくようなガスからの放射が明るく，遠ざかるよう

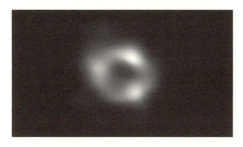

図 6-6 EHT による天の川銀河の中心の「いて座 A*」にある巨大ブラックホール・シャドウの撮像．[国立天文台]

なガスからの放射が暗くなる現象のことである．すなわち，この画像の下側では，ガスの運動は観測者に近づく側で，上側が遠ざかる方向であることを意味している．

さらにイベント・ホライズン・テレスコープの研究チームは，2022 年 5 月に天の川銀河の中心にある巨大ブラックホール（いて座 A*）の撮像にも成功したと発表した．天の川銀河の巨大ブラックホールの場合は，M87 のそれに比べて質量が約 1/1000 と小さく，ブラックホール近傍からの放射の時間変動のタイムスケールが短い．そのため，短い時間で撮った画像を重ねて平均的な画像にした．図 6-6 は，波長 1.3 mm での 2017 年 4 月 7 日に観測された天の川銀河中心のイベント・ホライズン・テレスコープにより得られた画像である．観測された画像は真ん中に穴のあいた明るいリングの構造をしており，太陽質量の 400 万倍のカーブラックホールに基づく理論結果とよく一致していることがわかった．これは，前項で述べた赤外線観測による恒星の運動から求めた天の川銀河中心の巨大ブラックホールの質量の値とよく一致している．またさらに踏み込んでいうと，今回の観測結果は，①ブラックホールとしては回転していないシュバルツシルトブラックホールではなく，スピンを持つカーブラックホールの可能性が高く，②ブラックホールのスピン軸と観測者のなす傾斜角 i があまり大きくなく（$i < 50$），また③降着円盤の回転方向とブラックホールのスピン軸とは同方向である可能性が高いということである．

222 第6章 ブラックホールと重力波

イベント・ホライゾン・テレスコープのプロジェクトでは，巨大楕円銀河
M87 および天の川銀河の中心にひそむ超巨大ブラックホールのシャドウを
直接撮像することに成功したという意味で画期的な観測であった．

6.3 重力波

6.3.1 重力波とは

6.1 節で見てきたように，アインシュタインが 1915 年に発表した一般相
対論は重力を 4 次元時空における時空の歪みとして表現する理論である．ア
インシュタイン自身，1916 年に一般相対論の帰着として「重力波」が存在
することを理論的に示した．重力場が時間変化すると，時間と空間の歪みが
波となって宇宙空間に伝わっていく，これが重力波である．重力波を理解す
るには，電磁波と対比して考えるとわかりやすい．光とか電波などの「電磁
波」は，電磁気学の基礎方程式であるマックスウェル方程式の解としてその
存在が予言され，19 世紀にヘルツにより実験的に確かめられた．電磁波と
同じように，アインシュタイン方程式からも波動解が得られ，これが重力波
である．アインシュタイン方程式は時空の計量テンソルについての非線形方
程式であるが，時空の歪みを平らな時空（ミンコフスキー空間）の小さな摂
動として扱う線形方程式にすると，その解として波動解が存在し，それが重
力波である．重力波は横波で，進行方向に垂直な面内で空間を潮汐的に伸び
縮みさせながら，光速で伝わっていく．重力は電磁気力に比べて格段に弱い
ため，その帰着である重力波はきわめて弱い波でその検出は難しく，アイン
シュタインの一般相対論から 100 年を経た 2015 年に，はじめて直接検出に
成功した．

重力波は加速度運動する物質から放射されるが，双極子放射は存在せず四
重極放射（潮汐的振動）が最低次の放射となる．重力波は極めて弱いため，
実験室で人工的に検出可能な重力波をつくることは難しく，宇宙における天
体現象からの重力波を観測することになる．重力波を放射する天体として
は，中性子星やブラックホールの連星，超新星爆発，パルサーなどが考えら
れており，また初期宇宙においても重力波が生成された可能性がある．

6.3.2 重力波の存在証明：連星パルサーでの重力波放出

一般相対論から予測された重力波であるが，その存在は1970年代に間接的な形であるが，連星パルサーを使って証明された．3.4節で述べたように，パルサーは秒単位の周期でパルス状の電波を出す天体で，その正体は磁場を持つ中性子星の回転として理解されている．1974年にマサチューセッツ大学アマースト校のジョゼフ・テイラー教授と大学院生のラッセル・ハルスは，プエルトリコにある口径300mの電波望遠鏡を使ってパルサー探しを行っていて，その中に奇妙なふるまいをするパルサーを発見した．そのパルサーは，後にPSR 1913+16と呼ばれるようになったパルサーであるが，パルス周期は0.059秒で，発見当時は「かにパルサー」に次ぐ短い周期のパルサーであった．

このパルサーは，軌道周期約8時間の連星系を形成していて，連星の軌道運動によりパルス周期が規則的に変動していることがわかった（図6-7）．この連星パルサーは，太陽質量程度の2つの中性子星が，太陽半径ほどの近距離で大きな離心率をもった楕円軌道で公転している連星であった（図6-8(a)）．そして，パルサーのパルス周期が規則正しい時計になっているという点を利用すると，この連星パルサーの公転軌道を正確に求めることがで

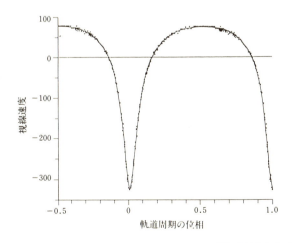

図 6-7 連星パルサー PSR 1913+16 のパルス到達時刻から求めた視線速度曲線．

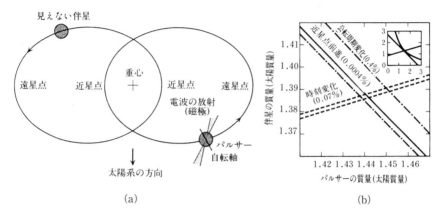

図 6-8 (a) 連星パルサーの軌道模式図. (b) 一般相対論効果からの制限により求められる連星系のそれぞれの星の質量.

き，アインシュタインの一般相対論の観測的検証に役立つことがわかった．

　ニュートン力学によれば，連星系の運動は二体問題であり，ケプラーの楕円軌道で記述できる．太陽系の惑星運動はもちろんケプラー運動であり，惑星の運動において楕円軌道上で太陽に一番近づく点を近日点（連星では近星点）と呼んでいる．ニュートン力学では近日点は動かないことが知られている．ところが，重力が強い場合，より正確なアインシュタインの一般相対論を使うと，ケプラー運動の近日点がわずかに前進していくことが知られている．

　実際，太陽系の場合，太陽に一番近い惑星である水星の場合に近日点の前進が観測されている．水星の近日点の前進は金星や木星などの摂動によっても起こるが，他の惑星の影響を考慮してもニュートン力学ではどうしても説明できない部分が残っていた．アインシュタインの一般相対論により，この未解決の部分を見事に説明できた．

　連星パルサーの場合，発見後数ヵ月で一般相対論の効果による近星点の前進が，1年あたり 4.0 ± 1.5 度と測定された．連星パルサーでは一般相対論の効果が大きく効いているので，一般相対論が正しいと仮定すると逆に連星系の質量や軌道要素などが決定できる．

　実際，この連星パルサーの場合，近星点の前進の効果，一般相対論による重力場内での時間の遅れの効果などを考慮することで，パルサーの質量と

6.3 重力波

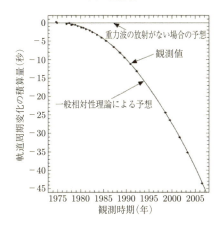

図 6-9 連星パルサー PSR 1913+16 の重力波放出による軌道周期の観測変化．実線は重力波を放出するとして計算した理論値．

して太陽質量の 1.44 倍，伴星の質量として 1.39 倍という値が得られた（図 6-8(b)）．これは中性子星として期待される値とよく一致していた．さらに，アインシュタインの一般相対論によれば，このような連星系は重力波を放出しエネルギーを失い，それに伴って連星軌道が縮小していく．ハルスとテイラーは，この連星パルサーを 4 年間にわたり観測し，実際に「重力波」の放出によって起こると期待される連星系の軌道周期の減少を検出することに成功した．さらにその後 30 年にわたる観測で，一般相対論から予測される重力波放出によるエネルギー損失と連星の軌道周期の減少とがぴったり一致し，この観測により重力波の存在を間接的に証明することができた（図 6-9）．

重力波は，一般相対論によってその存在が予測された現象であるが，20 世紀の当時はまだ地上実験装置で重力波の直接検出には成功していなかった．ハルスとテイラーは，この連星パルサーの軌道周期減少という形で重力波の存在を間接的に実証したとして，1993 年度のノーベル物理学賞を受賞した．

6.3.3 重力波の直接検出

重力波はきわめて弱い波であるため，重力波を直接検出することは不可能に近いと思われていた．ところが，1960 年代にアメリカの物理学者ジョー

第6章 ブラックホールと重力波

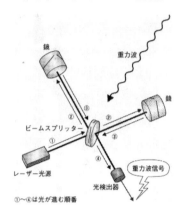

図 6-10　レーザー干渉計による重力波観測の原理．マイケルソン干渉計を基本とし，重力波がやってくると，2つの腕の長さの伸び縮みの差を読み取ることによって重力波を測定する．

ゼフ・ウェーバーは「共振型重力波検出器」を開発，1969年に「重力波を初検出した」と発表した．しかし，ウェーバーの実験結果にはいろいろな疑問が呈され，またその後のより感度の高い実験装置で再確認ができず，ウェーバーの「発見」は現在では否定されている．しかし，ウェーバーの実験をきっかけに重力波を検出しようとする試みが世界中ではじまるようになった．

現在の重力波検出装置は，レーザー干渉計方式を使った重力波望遠鏡で，アメリカのLIGO（ライゴ），ヨーロッパのVirgo（ヴィルゴ），日本のKAGRA（かぐら）などは，すべてこの方式のものである．レーザー干渉計方式の重力波望遠鏡（図6-10）は，有名な「マイケルソン・モーリーの実験」*で使われた「干渉計」の原理を使ったものである．重力波望遠鏡では，重力波がやってくると，干渉計の十字の2つの腕の長さが一方はプラスにもう一方はマイナスに逆符号で変動，2つの光の合成光を受ける検出器の光量

＊　19世紀に光が波であることが明らかになり，音波を伝える媒質として空気があるように，光の伝播に必要な媒質として仮想的な「エーテル」があると考えられた．1887年にアルバート・マイケルソンとエドワード・モーリーは，マイケルソンが開発した干渉計を使って，この「エーテル」に対する地球の運動を測ろうとしたが，装置の性能は十分であるにもかかわらず，「エーテル」の存在を確認できず，これにより「エーテル仮説」は否定され，「光速度不変の原理」としてアインシュタインの相対論につながっていった有名な実験である．

が変動，これにより重力波の信号を捉えるものである．重力波検出装置としてのマイケルソン干渉計の場合，干渉計のアームの長さを長くするほど感度を高めることができる．LIGO の場合，アーム長は 4 km で，また Virgo と KAGRA ではアーム長は 3 km である．

（1）重力波の初検出

アメリカの LIGO グループは，2016 年 2 月 17 日に記者会見を開き「重力波を検出した」と発表し，世界中を驚かせた．重力波検出プロジェクト LIGO（Laser Interferometer Gravitational-wave Observatory）は，アメリカ合衆国のルイジアナ州リヴィングストンとワシントン州ハンフォードの 3000 km も離れた 2 ヵ所の観測所にレーザーマイケルソン干渉計を置き，それらを同時運用して一対の装置として使う（図 6-11）．重力波検出装置の場合，いかに雑音を抑えて，有意な重力波の信号を拾い出すかということが重要で，2 つの装置で同じような波形の重力波の信号を受けることにより，雑音と区別する．そして，波源からの 2 つの施設への重力波の到達時間の差から波源の方向についての手掛かりを得るものである．

LIGO が検出したとするイベントは，2015 年 9 月 14 日に LIGO の 2 ヵ所の観測所でほぼ同時に重力波を捉えたというものである（図 6-12）．このイベントは GW150914（2015 年 9 月 14 日に検出した重力波イベントという意味）と呼ばれるもので，地球から約 13 億光年離れた場所で起こった

図 6-11　重力波望遠鏡 LIGO．ハンフォード観測所の写真．

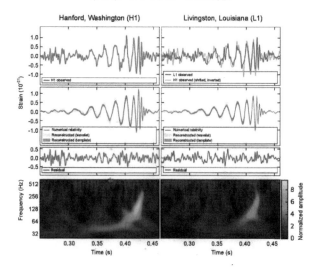

図 6-12 LIGO が初観測した重力波信号（GW150914）．左図：ハンフォードでの信号，右図：リヴィングストンでの信号，上段：観測された信号，上から2段目：ブラックホール連星が合体したときに予想される波形（数値シミュレーションの結果），上から3段目：観測値と理論値との差，下図：信号の振動数の時間変化．

2つのブラックホール天体が合体した際に放出された重力波を検出したというものである．すなわち，太陽質量の36倍のブラックホールと29倍のブラックホールの連星が合体し，太陽質量の62倍の1つのブラックホールが生れた際の重力波である．合体前の2つのブラックホールの質量の和（36 + 29 = 65）よりも，合体後のブラックホールの質量は太陽質量の3倍分だけ小さくなっているが，これはこの質量分だけ重力波のエネルギーとして放射された結果である．

このような重力波イベントからなぜブラックホールの合体であるとわかるかというと，図 6-12 に示した重力波の波形（上段の図）と，数値相対論によるブラックホール連星合体の数値シミュレーションの結果（上から2段目の図）とを比較することによってわかる．また，その天体までの距離は観測された重力波の振幅から推定できる．数値相対論というのは，一般相対論の

アインシュタイン方程式をコンピュータで数値シミュレーションにより解く
もので，一般相対論の場合，時間と空間を一体として考えなければならない
だけ計算はより複雑である．実際，ブラックホール連星の合体の数値シミュ
レーションが実現されたのは 2005 年のことで，21 世紀に入ってからである．

　アインシュタインが 1916 年に重力波の存在を予言して以来，ちょうど
100 年目に LIGO グループが重力波を直接初検出したことになる．重力波
の直接検出は，「アインシュタイン最後の宿題」と呼ばれ，物理学上の最も大
きな課題であった．重力波を初検出した LIGO グループの業績に対して，グ
ループを主導してきたマサチューセッツ工科大学のレイナー・ワイス，カリ
フォルニア工科大学のバリー・バリッシュとキップ・ソーンのアメリカ人 3
氏が 2017 年のノーベル物理学賞を受賞した．発見の発表から 1 年後にノー
ベル物理学賞を受賞するというのは異例の早さである．

　今回の重力波直接観測の意義は極めて大きいものがある．もちろん第一の
意義は，アインシュタインの一般相対論が予測した重力波を初めて直接検出
したということが挙げられる．それ以外にも，この宇宙にはブラックホール
の連星が存在し，それが合体を起こした現象を観測したことが挙げられる．
ブラックホール連星は，6.2.2 項で述べたブラックホールと通常の星からな
る X 線連星とは違って，それ自体は電磁波をまったく放射しないので，電
磁波で観測することができず，その存在すらこれまでは観測的に知ることが
できなかったことである．また，合体を起こした元のブラックホールの質量
が太陽質量の 30 倍を超える大質量のブラックホールであったことも大きな
意義として挙げられる．これまで X 線連星として見つかっていたブラック
ホールの場合，その質量は太陽質量の約 10 倍程度までで，このような大質
量の恒星ブラックホールが存在することは知られていなかった．このように
電磁波による観測では知りえなかった天体現象を重力波の観測により明らか
にしたという点でもこの観測には大きな意義があった．まさに「重力波天文
学」の面目躍如たるものがある．

（2）　中性子連星の合体からの重力波検出とキロノバ

　LIGO グループは観測データの解析をさらに進め，第 2，第 3 の重力波

信号を検出し，それらもブラックホール連星の合体による重力波放出であることを 2016 年 6 月に発表した．その後 2017 年 8 月からはヨーロッパの Virgo 観測所も加わり，LIGO と Virgo 両重力波観測所により次々に重力波イベントが検出され，2020 年 4 月の時点でこのようなイベントの数として 90 例にも達している．このようにして「重力波天文学」という天文学の新しい分野が確立された．これらのうち多くのイベントはブラックホール連星（Binary Black Hole：BBH）の合体によるものであるが，それ以外にも中性子連星（Binary Neutron Star：BNS）や中性子星・ブラックホール連星（Neutron Star and Black Hole binary：NSBH）の合体現象などが見つかっている．その中で特に重要な事象として，2017 年に見つかった中性子連星の合体に伴う重力波の検出があり，それについて以下に詳述する．

2017 年 8 月 17 日に LIGO と Virgo の両観測所で同時に重力波を検出した．この重力波イベント（GW170817）は，その波形から中性子連星の合体に伴う現象であることが明らかになった．これとは独立にフェルミ・ガンマ線望遠鏡が合体から時間にして 1.7 秒遅れで，継続時間約 1 秒の短いガンマ線バースト（GRB170817）を観測した（図 6-13）．重力波観測から推定された天体の方向と距離は，ガンマ線バーストの観測結果とよく一致しており，同一天体によるものであることがわかった．これらの情報はすぐに可視光，赤外線望遠鏡，X 線衛星，電波干渉計などに伝えられ，電磁波の広い波長領域で追観測が行われた．可視域では距離 40 Mpc（1 億 3000 万光年）にある楕円銀河 NGC4993 で合体 10 時間後に明るい突発天体（AT2017gfo）が発見された．3.6.2 項でも述べたように，これは「キロノバ」と言われる爆発現象で，超新星爆発よりは暗いが新星（ノバ）爆発よりは約 1000 倍明るいのでキロノバと呼ばれている．観測されたキロノバは，半日でピークに達し，1 週間ほどで暗くなり，色も青色から赤色に急激に変化した．一方，X 線と電波では初期には観測されなかったが，X 線は 9 日後に，電波では 16 日後に観測された．ガンマ線バーストは光速に近い速度に加速されたジェットから生ずると考えられている．通常のガンマ線バーストの場合，観測者がジェットの真正面から見ているために強い放射が観測されると考えられている（3.6 節参照）．今回の短いガンマ線バースト GRB170817 の場合，ガ

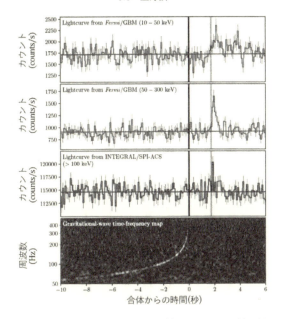

図 6-13 GW170817 からのガンマ線シグナル．中性子星の合体から 1.7 秒後にガンマ線バーストが観測されている．上 2 図はフェルミ・ガンマ線衛星による 2 つのエネルギー帯でのガンマ線バーストの観測，第 3 図はインテグラル衛星によるガンマ線バーストの観測，最下図は LIGO により検出された重力波のダイナミック・スペクトル．

ンマ線の明るさが通常のものに比べて 1000 倍ほど弱いことがわかったが，その理由はジェットを真正面から見ていないためと解釈されている．実際，VLBI（超長基線電波干渉計）による GW170817 の観測が半年ほど時間をおいて行われ，その間に電波源が移動していることから，電波を放射するジェットが観測者の視線方向からずれているためと解釈されている．

中性子星の合体が起こると，その一部が宇宙空間に放り出される．放出された物質では中性子が豊富にあるため速い中性子捕獲反応（r プロセス反応）が起こり，金，プラチナ，ウランといった重元素が合成される．キロノバは，r プロセスでできた放射性元素の崩壊（β 崩壊）に伴う熱で輝く現象である．その特徴として可視光より赤外線で強く輝くが，これは r プロセスでできたランタノイド元素と呼ばれる原子番号が 57〜71 の元素が赤外線を効率よく

吸収，放射するからである．

　これらの観測から，重力波イベント GW170817 は，楕円銀河 NGC4993 の中の中性子連星の合体で重力波が発生，その後短いガンマ線バースト（GRB170817）が発生し，その際に放出された物質の中で進行した r プロセス反応でできた重元素の放射性崩壊で輝くキロノバが生じた現象と理解される．重力波イベント GW170817 は，重力波の観測という電磁波以外の観測手段と色々の電磁波領域での観測との共同による「マルチメッセンジャー天文学」の最も輝かしい成果になった．

　この GW170817 というイベントもいろいろな意味で画期的な観測になった．まず①このイベントでは中性子連星の合体に伴う重力波放出を地上で捉えたという点であり，また②短いガンマ線バーストの起源について中性子連星の合体モデルがこれまで提案されてきたが，今回の観測でこのモデルが確定したこと，また③鉄より重い元素の起源として必要な速い中性子核反応（r プロセス反応）が起こる場所として中性子星合体によるキロノバが有力な候補であることが判明したことなどが挙げられる．

　なお，このイベントについて重力波から電磁波のすべての波長域にわたる観測結果の最初の報告となった論文は，アメリカの天文学の雑誌 Astrophysical Journal に発表されたが，その共著者の数が 4000 人にのぼるという記録的な論文となった．

第7章

現代の宇宙論

7.1 膨張宇宙

5.1.4 項で述べたように，ハッブルは，遠くの銀河ほど速い速度でわれわれから後退しているというハッブルの法則（ハッブル・ルメートルの法則）を発見した．ハッブル・ルメートルの法則は，現在の宇宙観を確立するうえで，もっとも重要な発見であった．

すべての銀河がわれわれから遠ざかるような運動をしているということは，わが銀河系が宇宙の中心にあるということになるのであろうか．これまでの宇宙観の歴史を振り返ってみると，天動説から地動説へ（コペルニクスの転回による地球中心の世界から太陽中心の世界へ），そしてまた，シャープレーの球状星団の分布の研究から太陽自身も銀河系内で銀河中心からはるか離れた隅のほうに位置することを，われわれは学んできた．ところが，ここにきて宇宙のもっとも大きなスケールで，またわが銀河系が銀河宇宙の中心に位置するということになるのであろうか．

ハッブルの宇宙膨張は，わが銀河系から見た場合のみ他の銀河が後退しているというのではなく，どの銀河から見ても遠くにある銀河ほど大きな速度で遠ざかっているように見えるというものである．宇宙膨張をイメージするのによく使われるたとえとして，風船の上にたくさんの点を打って，風船をふくらませるというのがある．このたとえでは，風船の表面が2次元の宇宙であり，その表面につけた点が銀河に対応する．この場合，風船がふくらんでいくと，風船上のどの点をとってもまわりの点が遠ざかっていくように見

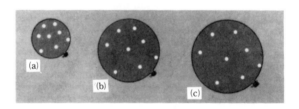

図 7-1　膨張宇宙のモデル．

える（図 7-1）．この考え方の基礎にあるのは宇宙原理と呼ばれる考え方で，宇宙は大きなスケールで見ると，一様等方的であり，特別な中心とか果てとかいうものはなく，すべての場所と方向が平等であるとするものである．

　哲学的には，宇宙原理は，はなはだ納得のいくものである．すなわち，宇宙という大きなスケールで見ると，宇宙に特別な場所や方向を考えにくいからである．また，観測的にも宇宙の中の銀河の分布に特別な方向性を見いだすことはできない．さらに後に述べる宇宙全体を満たす放射である「宇宙マイクロ波背景放射」の強度分布にも特定の方向性がないことが確かめられている．

7.2　一般相対論の膨張宇宙の解

　宇宙を記述する方程式は，1915 年にアインシュタインによって提案された一般相対論に基づく方程式である．第 6 章でも述べたように一般相対論は，物体が存在することによって生ずる「重力」を，時間と空間についての 4 次元空間における非ユークリッド幾何学における空間の曲率の効果として記述する数学理論である．

　アインシュタイン自身，1917 年に一般相対論を使って，一様等方的で静的宇宙の解を見つけようとしたが成功しなかった．まだ当時は宇宙が膨張していることが知られてなく，そこでアインシュタインは時間的に変化しない静的宇宙の解を探そうとしたのである．静的宇宙の解を得るためには，宇宙の物質の重力とバランスする斥力が必要で，そこでアインシュタインは「宇宙定数」を含む宇宙項という新しい斥力項（Λ 項と呼ばれる）を彼の方程式

7.2 一般相対論の膨張宇宙の解

235

につけ加えて，静的宇宙の解を得ることを考えた．

$$G_{\mu\nu} + \Lambda g_{\mu\nu} = \frac{8\pi G}{c^4} T_{\mu\nu} \tag{7.1}$$

式 (7.1) がその方程式で，左辺の第 2 項が Λ 項で，第 2 項に出てくる Λ 項を除いた式が式 (6.1) に出てきた一般相対論の基本方程式である．Λ 項は，Λ が正の場合（$\Lambda > 0$）は斥力，$\Lambda < 0$ では引力で，アインシュタインは物質の重力につりあわせるためにこの宇宙項をつけ加えたのである．宇宙項は空っぽの空間どうしが互いに押し合うという奇妙な力で，太陽系とか銀河系とかのスケールではまったく影響がないが，100 億光年という宇宙スケールで，はじめて効果が表れる微弱な力である．

その後，ハッブル・ルメートルの法則として知られる宇宙の膨張が見つかり，アインシュタインも膨張宇宙という観測事実を認め，「宇宙項の導入は，私の生涯で最大の失敗だった」と述べた．ところが，20 世紀から 21 世紀にかけて，アインシュタインが最大の失敗であったと述べた「宇宙項」が宇宙論で復活しようとしている．すなわち，現在の宇宙では，宇宙膨張が減速しているのではなく，むしろ加速しているという観測事実が明らかになり，膨張が加速するためには宇宙項にあたる斥力項が必要で，これをダークエネルギーと呼んでいる．こうした最近の進展については，7.8 節で述べる．

1922 年にソ連の数学者アレクサンダー・フリードマンは，アインシュタインのもともとの一般相対論の解として膨張宇宙の解を発見した．現在の宇宙論での膨張宇宙は，このフリードマンの解によって記述される．フリードマンの方程式はアインシュタインの一般相対論に基づいて導かれるものである．しかし，定性的には図 7-2 に示すような宇宙の中の任意の点のまわりの球殻の膨張を記述する式と基本的には同じであり，球殻の膨張に関する運動エネルギーと重力ポテンシャルエネルギーとの間のエネルギー保存則として求めることができる．

すなわち，宇宙の中の任意の点のまわりに半径 r の球殻を考える．その球殻の単位質量あたりの運動エネルギーは $v^2/2$ で，重力ポテンシャルエネルギーは $-GM/r$ である．ここで，M は球殻内の質量で，球殻内の平均密度（宇宙の密度）ρ を使って $M = 4\pi\rho r^3/3$ と書かれる．したがって，膨張す

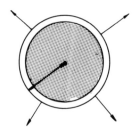

図 **7-2** 球殻の運動エネルギーと重力ポテンシャルエネルギーの保存則.

る球殻のエネルギー保存則は次のように表される.

$$\frac{1}{2}v^2 - \frac{4\pi}{3}G\rho r^2 = \text{const} \tag{7.2}$$

宇宙の初期のように放射のエネルギー密度のほうが物質の密度より大きい場合は,ここでいう密度は放射のエネルギーも考慮したエネルギー密度である.フリードマンの膨張宇宙の方程式は,通常,宇宙のスケール因子 $R(t)$ についての方程式として書かれる.スケール因子 $R(t)$ というのは,2つの銀河間の距離を r とし,

$$r = R(t)r_0 \tag{7.3}$$

と表現されるものである.ここで,t は宇宙初期から測った時間であり,r_0 は基準時刻における2つの銀河間の距離である.基準時刻としては現在をとるのが一般的である.

ここで式(7.3)を式(7.2)に代入すると,

$$\dot{R}^2 - \frac{8\pi}{3}G\rho R^2 = -kc^2 \tag{7.4}$$

という式を得る.

定数 k は,膨張する球殻の全エネルギーに対応する量であり,また一般相対論における宇宙の曲率を表している.すなわち,k の値の符号により,曲率正の宇宙,曲率ゼロの平らな宇宙,曲率負の宇宙に相当する.

方程式(7.4)は,その時刻におけるハッブル定数 $H = \dot{R}/R$ を使って次のようにも表される.

7.2 一般相対論の膨張宇宙の解

$$H^2 - \frac{8\pi G}{3}\rho = -\frac{kc^2}{R^2} \tag{7.5}$$

また宇宙初期にさかのぼると，放射のエネルギーが優勢で，放射のエネルギー密度は $\rho_{\text{radiation}} = aT^4 \propto R^{-4}$ で与えられる．ここで，T は放射の温度，a は放射密度定数という定数である．放射優勢な宇宙初期では，式(7.4)の右辺は左辺の第 2 項に比べて無視できる．この場合，式(7.4)は簡単に積分でき，

$$R \propto t^{1/2} \tag{7.6}$$

という関係を得る．また，放射の温度は $T \propto R^{-1}$ であるので，放射の温度と時間について，

$$T \propto t^{-1/2} \tag{7.7}$$

という簡単な関係を得る．

フリードマンの膨張宇宙の解は，曲率 k の違いによって図 7-3 に示すように 3 つの場合が存在する．

第 1 の解は，正の曲率をもつ場合で，宇宙は，ある程度膨張した後，収縮に移る解である．ビッグバン宇宙では，宇宙は無限に高い密度の状態からスタートするが，第 1 の解の場合，宇宙は収縮に移ってから有限時間の後，宇宙全体が一点に集中し，密度が無限大になって終了する．これを英語ではビッグクランチと呼んでいる．

それに対して，第 2，第 3 の解はそれぞれ宇宙の曲率がゼロおよび負の解で，いずれの場合も宇宙は永遠に膨張を続ける解である．第 2 の解と第 3 の解の違いは，第 2 の解では十分時間がたった後，宇宙の膨張速度がゼロに近

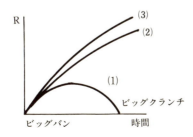

図 **7-3** フリードマンの膨張の 3 つの解．

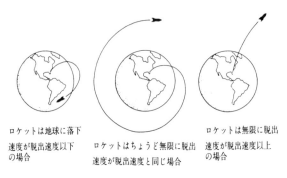

図 7-4 地球の表面からいろいろの初速度で物体を打ち上げた場合の運動の軌跡.

づくのに対して，第3の解ではいつまでたってもゼロに近づかないという差である．

これらの解は，地球の表面からいろいろの初速度で物体を打ち上げた場合の物体の軌道の解とよく似ている（図7-4）．すなわち，地球上から物体を打ち上げた場合でいうと，第1の解は初速度が十分大きくない場合に対応し，この場合いったん上向きに打ち上げられた物体は，ある高さまでいった後，地球の重力のために上昇から落下に転じ，地球表面にまた戻ってきてしまう．すなわち，二体問題の楕円軌道に対応する解である．

それに対して，第2の解は地球表面からちょうど脱出速度で物体を打ち上げた場合に相当する．この場合，物体は無限へ飛んでいくが，無限遠では速度がゼロになる放物線軌道の解である．第3の解は脱出速度以上の初速度で物体を打ち上げた場合にあたる．この場合，放出された物体は無限遠へいっても速度はゼロにならない双曲線軌道に相当する．

実際の宇宙がこれら3つの解のうちのどれに対応するかを決めているのは，現在の宇宙の物質密度である．すなわち，現在の宇宙の平均密度が臨界密度より大きいか小さいかによって，収縮に転じる解になるか，永遠に膨張を続ける解になるかが決まる．

臨界密度は，式(7.5)の右辺がゼロになる場合である．臨界密度を ρ_{crit} と書くと，臨界密度は $\rho_{\mathrm{crit}} = 3H_0^2/8\pi G$ で与えられる．ここで，添え字0は膨張宇宙の現時点を表す．すなわち，臨界密度は現在の宇宙の膨張速度，

いいかえるとハッブル定数によって決まる．さらにハッブル定数を $H_0 = 100h\,\mathrm{km/s/Mpc}$ と表現すると，宇宙の臨界密度は $\rho_{\mathrm{crit}} = 2 \times 10^{-29} h^2\,\mathrm{g/cc}$ で与えられる．観測から求められたハッブル定数のもっとも最近の値は，$H_0 \simeq 70\,\mathrm{km/s/Mpc}$ である．したがって，$h \simeq 0.7$ であるから，宇宙の臨界密度は $\rho_{\mathrm{crit}} \simeq 1.0 \times 10^{-29}\,\mathrm{g/cc}$ ということになる．

宇宙の現在の密度と臨界密度との比を宇宙の密度パラメータと呼び，$\Omega = \rho_0/\rho_{\mathrm{crit}}$ と書く．ここで，ρ_0 は現在の宇宙の物質密度である．結局，この宇宙密度パラメータの値により，3つの場合が生ずる．

（1） $\Omega > 1$ の場合

この場合には，宇宙の密度が臨界密度より大きく，宇宙は一般相対論における時空の曲率について正の曲率（曲率パラメータ：$k = +1$）をもち，2次元の場合の球の表面のように，有限の大きさの閉じた宇宙になる．この場合，図7-3の(1)の解にあたり，宇宙の物質密度が大きいため，宇宙膨張は，いずれ宇宙の物質による重力により止められ，その後は，宇宙は収縮に向かう．

（2） $\Omega = 1$ の場合

この場合は，宇宙の曲率がちょうどゼロ（$k = 0$）の場合で，平らな宇宙と呼んでいる場合である．これは，図7-3の(2)の解にあたり，開いた宇宙である．この場合は，宇宙は無限で，また無限に膨張を続ける．

（3） $\Omega < 1$ の場合

この場合，図7-3の(3)の解にあたり，負の曲率（$k = -1$）を持ち，宇宙は無限である．

実際のわれわれの宇宙が，フリードマン宇宙の解のどれにあたるかは，結局宇宙の物質エネルギー密度による．観測から求められる宇宙のなかにある星や銀河などの「目に見える」形の物質密度（これをバリオン密度という）は，臨界密度より1桁から2桁小さいと見積もられている．これを文字通りにとれば，われわれの宇宙は第3の解である曲率負で無限に膨張を続ける

宇宙ということになる．しかし，宇宙には目に見えない暗黒物質（ダークマター）が存在していると考えられており，ダークマターの質量密度も考慮すると，第1ないし第2の解の可能性もある．

ここまでのところでは，アインシュタインの宇宙定数が考慮されていないフリードマン宇宙の場合（すなわち，$\Lambda = 0$）を考えてきた．ところが，最近になり宇宙膨張は減速しているのではなく，加速しているという観測事実が出てきて，宇宙項（Λ 項）を復活させる方向に進んでいる（7.8 節参照）．この場合，宇宙項による宇宙密度パラメータ Ω_Λ（$= \Lambda^2/3H_0^2$）を付け加える必要が出てくる．すなわち，宇宙密度パラメータ Ω としては，バリオンとダークマターの両方を考慮した物質密度パラメータ Ω_{m} と宇宙定数 Λ によるダークエネルギー（真空のエネルギー）密度パラメータ Ω_Λ の和ということになる（$\Omega = \Omega_{\mathrm{m}} + \Omega_\Lambda$）．

また，7.6 節に述べるインフレーション宇宙論では，われわれの宇宙は第2の解（$\Omega = 1$）に対応する平らな宇宙であると考えられている．最新の観測によるこれら宇宙論パラメータについては，7.8 節で述べる．

7.3　ビッグバン宇宙論と定常宇宙論

ハッブルの膨張宇宙において，時間を過去にさかのぼると，過去のある時点ですべての宇宙の物質が一点に集中し，宇宙の密度が無限大であったことになる．すなわち，今から約 140 億年（より正確には 138 億年）前に宇宙は超高密度の状態からスタートし，その後宇宙の物質はお互い同士どんどん離れていっていることになる．いいかえると，宇宙には「はじまり」がある．

宇宙の啓蒙書で有名なジョージ・ガモフは，このように宇宙にははじまりがあり，宇宙は超高温，超高密度の火の玉状態から爆発的にスタートしたとする「火の玉宇宙論」を展開した．このような宇宙論は，火の玉宇宙論あるいは「ビッグバン宇宙論」と呼ばれている．宇宙にははじまりがあるとするビッグバン宇宙論に対抗する宇宙論として，「定常宇宙論」がある．

「ビッグバン」という言葉は，大爆発を意味する英語の擬音語で，定常宇宙論の主唱者であるイギリスのフレッド・ホイルが対抗理論に対するあだ名

として「ビッグバン宇宙論」と名づけたのが、皮肉にもその語感がよく、広く使われるようになって、「ビッグバン宇宙論」という言葉が定着した.

すでに述べたように宇宙を考える場合の指導原理として「宇宙原理」というのがある. これは宇宙の中には、中心とか果てとかという特別な場所はなく、宇宙は一様等方であるとする原理である. この宇宙原理では、空間については特別な場所は存在しないとしているが、ビッグバン宇宙論では宇宙にははじめがあるという点で時間に関しては特定の時刻が存在している. 定常宇宙論は、宇宙にははじめも終わりもないとする立場に立っている.

定常宇宙論は1940年代から1950年代にかけて、イギリスのヘルマン・ボンディ、ホイル、トーマス・ゴールドといった人たちによって展開された. これらの人々は、宇宙には時間についても特定の時間というものがないとする考え方を提唱し、これを「完全宇宙原理」と呼んだ. 定常宇宙論では、宇宙は常に定常状態にあるとする.

一方、ハッブル・ルメートルの法則からわかるように、遠くの銀河は距離に比例した速度でわれわれから遠ざかっているという観測事実が存在する. この銀河の後退により宇宙の物質密度は時間とともに減ってしまうことになる. 定常宇宙論では、物質密度が減ってしまわないようにするため、それに見合うだけの物質の生成があるとするものである. すなわち、定常宇宙論では、一般相対論の方程式に「物質の生成項」というのをつけ加えて定常解を求めるものである.

ビッグバン宇宙論と定常宇宙論とは、1960年代のはじめまで激しく争っていた. しかし、1965年に次に述べる宇宙マイクロ波背景放射が発見され、この論争に終止符を打った.

7.4 宇宙マイクロ波背景放射の発見

宇宙マイクロ波背景放射は、1965年アメリカのベル研究所のアーノ・ペンジアスとロバート・ウイルソンにより、ある意味で偶然に発見された. 彼らは、20フィートの角型アンテナを使って、波長7.35 cmの電波（電波の波長域としてはマイクロ波と呼ばれる）の絶対測定を行っていた（図7-5）. 電

図 7-5 ペンジアスとウイルソンおよび宇宙マイクロ波背景放射の発見に使われた角型アンテナ．

波望遠鏡を使って天体の電波強度の絶対測定をする場合，望遠鏡および受信機内で発生する雑音，地球大気からの雑音などいろいろの雑音を正確に知る必要がある．彼らはこれらの雑音源について正確に測定を行ったが，どうしても説明がつかない雑音電波が空のあらゆる方向からやってくることを発見した．その雑音電波の強度は絶対温度 3 K に対応する強さであった．

彼らは，最初その電波の起源が何にあるのかわからなかった．しかし，幸い，ベル研究所と同じニュージャージー州にあるプリンストン大学のジム・ピーブルスらが火の玉宇宙のなごりの電波を観測する計画を立てており，ペンジアスとウイルソンが発見した謎の電波が正にこの電波であることが明らかになった．

そして，この電波は空のあらゆる方向から等方的にやってくるもので，その後の別の波長域での観測と総合すると，この電波は 2.7 K の黒体放射の分布をしていることが明らかになった（図 7-6）．この電波は，現在では「宇宙マイクロ波背景放射」と呼ばれ，宇宙が昔，高温の火の玉であった当時のなごりの電波であると，考えられている．

この黒体放射の光は，もともと宇宙の中で物質と放射が熱平衡状態にあった時代のものであり，宇宙の温度としては 3000 K であった時代に放射されたものである．しかし，その後の宇宙膨張により波長で 1000 倍ほど赤方偏

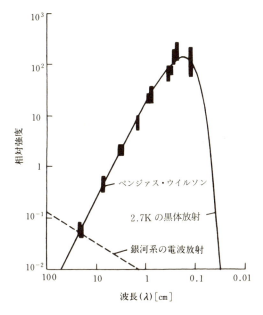

図 **7-6** 宇宙マイクロ波背景放射スペクトル.

移して，現在，マイクロ波の電波として観測されたものである．この宇宙背景放射の電波は，ビッグバン宇宙論では火の玉宇宙のなごりの電波として自然に説明がつくが，定常宇宙論では説明が困難であり，ビッグバン宇宙論と定常宇宙論の論争に決着をつける画期的観測となった．この観測により，ペンジアスとウイルソンは1978年度のノーベル物理学賞を受賞した．

7.5 ビッグバン宇宙での元素合成

現在宇宙にある水素からウランに至るいろいろの元素がどのようにしてできたのかという問題は，天体物理学の重要な問題である．ガモフは，1948年に，ビッグバン宇宙の初期の超高温，高密度の時代に現在あるいろいろの元素がすべてつくられたとする理論を展開した．この理論は，ガモフがアルファとベーテとの共著論文としたため，$\alpha\beta\gamma$ 理論と呼ばれている．

この理論によれば，宇宙初期には，宇宙物質は陽子と中性子からなってい

たが，宇宙が冷えていく過程で，陽子と中性子が結合して重水素，さらに重い元素へと核反応が進行し，最終的には現在宇宙にあるすべての元素がつくられた，とするものである．しかし，この理論の最大の困難は，質量数が5と8の安定な元素が存在しないことである．そのため，宇宙初期の核反応では質量数が5と8の間隙を飛び越えて，炭素以上の重い原子核を合成できないことが，その後の研究で明らかになった．

　現在では，炭素以上の重い原子核は，星の内部の核反応でつくられたと考えられている．しかし，重水素，ヘリウム，リチウム，ベリリウムなどの軽い原子核は，現在でもビッグバン初期につくられたと考えられている．ビッグバン直後のヘリウムなどの軽い元素の合成については，スティーブン・ワインバーグの名著『宇宙創成はじめの3分間』に詳しく書かれている（巻末文献参照）．

　以下では，ビッグバン宇宙での軽元素の合成について見ていこう．ビッグバン宇宙を過去にさかのぼると，宇宙は高温，高密度の状態にある．ビッグバン宇宙論によれば，宇宙初期の温度 T は，

$$T = 10^{10}\,\mathrm{K}/\sqrt{t}$$

で与えられる．ここで，t はビッグバンのはじまりから測った時間で単位は秒である．

　宇宙初期の超高温（温度 $T \simeq 10^{11}\,\mathrm{K}$），超高密度の状態では，素粒子は熱平衡状態にあり，陽子と中性子も次の反応により，だいたい等量存在していた．

$$\mathrm{p} + \bar{\nu} \rightleftarrows \mathrm{n} + \mathrm{e}^{+}$$

$$\mathrm{n} + \nu \rightleftarrows \mathrm{p} + \mathrm{e}^{-}$$

そして，宇宙の温度が $10^{11}\,\mathrm{K}$ から $10^{10}\,\mathrm{K}$ に下がるにつれ，エネルギーの高い中性子の割合は，陽子に対して減少し，約20%まで下がってくる．そして，宇宙の温度が $T < 10^{10}\,\mathrm{K}$ にまで下がると，宇宙の熱平衡状態が破れるようになる．すると，中性子はその時点での割合でいったん凍結するが，その後中性子は次の β 崩壊反応で陽子に崩壊する．

$$\mathrm{n} \rightarrow \mathrm{p} + \mathrm{e}^{-} + \bar{\nu}$$

7.5 ビッグバン宇宙での元素合成

この反応の中性子の半減期は約 10 分と長い．そのため，中性子が全部陽子に変換する前に，中性子の一部は，次のような核反応により，陽子と反応して，重水素，ヘリウム，リチウム，ベリリウムなどの原子核が合成される．

$$p + n \rightarrow {}^2D$$

$$^2D + {}^2D \rightarrow {}^3He + n$$

$$^2D + {}^2D \rightarrow {}^3H + p$$

$$^2D + {}^3H \rightarrow {}^4He + n$$

あるいは，また，

$$^2D + n \rightarrow {}^3H$$

$$^3H + p \rightarrow {}^4He$$

のような反応である．

このようにして宇宙のはじまりから 3 分ほどで，陽子と中性子から重水素，ヘリウム，リチウム，ベリリウムができる．しかし，質量数が 8 のベリリウムが不安定核であるため，それより重い元素は合成されない．結局，ビッグバン宇宙の最初の 3 分間で，重量比で水素が約 75%，ヘリウムが 25% 合成される．また，その他の元素として，わずかな量であるが ${}^2D$, ${}^6Li$, ${}^7Li$, および ${}^7Be$ が合成される．

それに対して，炭素より重い元素は，恒星の内部の核融合反応と超新星爆発の際の爆発的核反応で合成され，超新星爆発や星の表面からの質量放出により星間空間に混入し，現在の宇宙の元素の存在比ができあがったものである．

ヘリウムは，星の中の核融合反応によってもできるが，現在宇宙に存在する重量比の約 25% という大きなヘリウムの存在値は，星の内部での核融合反応では足りないことが知られており，ヘリウムは基本的には宇宙初期の核反応でできたと考えられている．一方，重水素，リチウム，ベリリウムのような軽元素は，星の中の核反応ではむしろ壊される方向であるので，これら軽元素は宇宙初期につくられたと考えられている．

以上述べてきたように，現在の宇宙の標準モデルであるビッグバン宇宙の

246 第 7 章 現代の宇宙論

観測的根拠として，①遠くの銀河の赤方偏移についてのハッブル・ルメートルの法則，②宇宙マイクロ波背景放射の観測，③宇宙における軽元素（水素とヘリウム）の存在比，の 3 つの事柄が強力な証拠であると考えられている．

7.6 宇宙のインフレーション

ビッグバン宇宙論のさらなる発展として，インフレーション宇宙論がある．これは，1981 年にアメリカのアラン・グースと日本の佐藤勝彦によって独立に提案された理論で，宇宙の極めて初期の段階で，宇宙の相転移があり，その際，宇宙は何十桁，何百桁という急激な膨張をしたという理論である．

このようなインフレーション宇宙を考えるよりどころとして，現在の標準モデルとなっている膨張宇宙論の困難についてふれておく．これまで述べてきたようにビッグバン宇宙論は宇宙のもっとも基本的事実を説明できる優れた理論であるが，次に述べる 2 つの点で原理的困難に遭遇していた．その困難というのは，①地平線問題，②平坦性問題と呼ばれる 2 つの問題である．

（1） 地平線問題

現在の宇宙の基本的考えとして，すでに述べたように宇宙原理がある．この宇宙原理によれば，宇宙は一様等方で，宇宙には特別な中心とか果てといったものはないが「地平線」というものがある．

宇宙の地平線というのは，ある時点で宇宙の中のある地点から見ることができる一番遠いところのことである．宇宙では遠くを見るということは単に距離的に遠くを見るというだけでなく，時間的にもより昔の過去を見ることに相当する．ところが，ビッグバン宇宙論では宇宙にははじまりがあり，過去を見るといっても宇宙のはじまりよりも過去を見ることはできない．すなわち，宇宙のはじまりから測ったある時点の時間を t とすると，その時点での宇宙の地平線は ct のところにあることになる．したがって，ビッグバン宇宙論では宇宙の地平線は時間がたつに従ってだんだん広がっていくことになる（図 7-7）．

すでに見てきたように，宇宙マイクロ波背景放射は，宇宙がまだ物質と放

7.6 宇宙のインフレーション

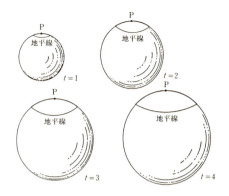

図 **7-7** 宇宙の地平線とその時間変化.

射が熱平衡状態にあった当時（宇宙の温度が約 3000 K であった当時）に放射された黒体放射が宇宙膨張により赤方偏移して，電波の領域の放射として観測されたものである．すなわち，われわれから見て，現時点での宇宙の地平線に近いところから放射された光である．そして，この宇宙マイクロ波背景放射は，実際に高い精度で等方的である．いいかえると，われわれから見て，宇宙のある一方向とちょうど逆方向からの放射の強度が等しいということである．これは，考えてみると不思議なことである．というのは，これらの2点からの放射が等しいということは，これら2点間に過去のある時点ではお互いに相互作用できたということになる．ところが，上述した2点は過去のいかなる時点でも一方の点が他の点の地平線の中に入っていたということはない．これが「宇宙の地平線」問題である．

（2） 平坦性問題

平坦性問題というのは，現在の宇宙膨張が極端に「平らな宇宙」の膨張に近いという問題である．現在の観測宇宙論の大きな課題の一つに，宇宙の曲率を測ることがある．しかし，現在に至るも，宇宙の曲率が正であるのか負であるのかさえわかっていない．いいかえると，宇宙はそれほど平らであるともいえる．

この問題の深刻さは，宇宙の初期にさかのぼって考えるとよくわかる．現在の物理学で考えることのできるもっとも早い時間はプランク時間と呼ばれ

る 10^{-43} 秒のときである．これより以前の宇宙は現在の物理学では取り扱うことができない．そこで，このプランク時間に膨張宇宙の初期条件が与えられたとして，アインシュタイン方程式により，その後の宇宙の膨張について解くことを考えよう．この場合，宇宙の密度が臨界密度よりほんのわずかだけ大きかったとすると，宇宙はあっという間に膨張から収縮に転じてしまい，現在の大きな宇宙まで至らない．また，宇宙の密度が臨界密度よりわずかに小さかったとした場合，すぐに宇宙の曲率が大きく負になってしまう．すなわち，138億光年という現在の大きな宇宙まで膨張するためには，宇宙の初期条件として最初から限りなく臨界密度に近い値から出発したことになる．このようなファイン・チューニングが偶然行われたとは考えにくい．すなわち，現在の宇宙が平らに近いのは偶然ではなく，なんらかの理由があるとするのが，宇宙の平坦性問題である．

　これらの問題に解決を与えようとするのが，インフレーション理論である．この理論によれば，以下に説明するように宇宙のインフレーションは「真空の相転移」によって引き起こされたという．現在の素粒子理論の大きな目標は，素粒子の統一理論と呼ばれるものである．これは，素粒子間に働くいろいろの力を統一的に理解するというものである．

　素粒子間に働く力としては，重力，電磁力，弱い相互作用，強い相互作用の4つの力がある．電磁力は電荷をもった粒子の間に働く力で，正に帯電した原子核と負の電荷をもつ電子を結合させて原子をつくっている力である．それに対して，弱い相互作用というのは中性子が陽子と電子とニュートリノに崩壊する β 崩壊の際に働く力である．一方，強い相互作用は，原子核の中の核子（陽子と中性子）を結びつけている力である．

　このような統一理論としては，電磁力と弱い相互作用を統一するワインバーグとサラムの理論がある．さらに核力もこれらの力と統一させる理論が大統一理論（GUT：Grand Unification Theory）と呼ばれるものである．さらにこれらの力と重力を統一するのが量子重力理論である．

　統一理論によれば，宇宙初期の超高温，高密度の時代にはこれらいろいろの力は一つの力であった．しかし，宇宙が膨張して冷えていく過程で，ちょうど生物の進化と同じように，力も枝わかれを起こし，種類が増えていった

7.6 宇宙のインフレーション

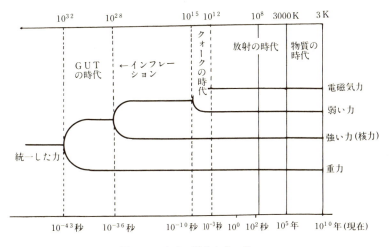

図 7-8 宇宙の進化と力の統一.

というものである（図7-8）.

　宇宙の考えられる一番早い時期は，プランク時間と呼ばれるもので，宇宙のはじまりから10^{-43}秒経過した時期で，そのときの宇宙の密度は10^{56} g/ccという想像を絶する超高密度であった．これより以前については，重力と量子力学を統一する量子重力理論が必要である．プランク時間以後は，重力は他の力からは分離した．その後，10^{-36}秒たち，宇宙の温度が10^{28} Kになったとき，核力が電磁力などの弱い力から分離する．このような対称性の破れはすぐには実現せず，一種の「過冷却」状態になる．しかし，いずれ対称性は破れ，相転移が起こる．

　これは，たとえてみると水が氷になる場合の相転移と同じで，相転移に伴う「潜熱」が解放される．この相転移が宇宙に斥力を生み出し，宇宙は一気に指数関数的に膨張する．これが宇宙のインフレーションである．インフレーションによって，宇宙はほとんど瞬時に何十桁，何百桁と大きくなる．しかし，インフレーションは長くは続かず10^{-32}秒後には終了する．しかし，このインフレーションの間に，宇宙は限りなく小さな宇宙から現在観測されるような大きな宇宙になったのである．

　インフレーション宇宙論によれば，宇宙の地平線問題と平坦性問題は次の

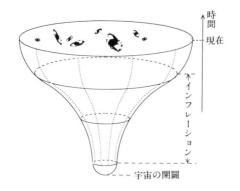

図 7-9 インフレーション宇宙.

ようにして解決される．まず地平線問題については，インフレーション前に，その内部で因果関係をもつことができる十分小さな一様な領域を考える．この一様な領域は，インフレーションによって引き伸ばされて，大きな一様な領域になる．これより，地平線問題に解決が与えられる．また，宇宙初期にあった宇宙の不均一性，宇宙の曲率もインフレーションで引き伸ばされて，宇宙は一様で，曲率がほとんどゼロの宇宙になる（図 7-9）．インフレーション理論は宇宙の地平線問題と平坦性問題を一気に解決する優れた理論である．

7.7 宇宙背景放射探査衛星「COBE」による観測

1989 年 11 月に，COBE (Cosmic Background Explorer；通称，コービー) と呼ばれる宇宙マイクロ波背景放射を専用に観測する人工衛星が，アメリカの NASA によって打ち上げられた．この衛星には，以下のような 3 つの主要な観測装置が載せられていた．

3 つの装置とは，①遠赤外線絶対分光計，②赤外線背景放射実験装置，および③差分マイクロ波放射計と呼ばれる装置である．3 番目の差分マイクロ波放射計というのは，ジョージ・スムートが責任者を務めるもので，これは宇宙マイクロ波背景放射の空間的な非等方性を測定する装置である．

打ち上げ後すぐに大きな成果をあげたのは，ジョン・マザー率いる第 1

7.7 宇宙背景放射探査衛星「COBE」による観測 251

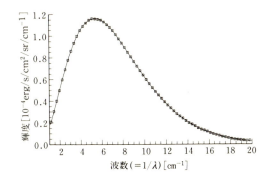

図 7-10 COBE による宇宙マイクロ波背景放射スペクトルの観測．観測値は，絶対温度 2.73 K の黒体放射スペクトル（実線）にぴったり一致している．

の遠赤外線絶対分光計のグループであった．COBE のこの観測では，波長 1 cm から 0.1 mm の間での宇宙マイクロ波背景放射のスペクトル分布を正確に測定した．その結果，宇宙マイクロ波背景放射は温度 $T = 2.725$ K の完全な黒体放射スペクトルを示すことが明らかになった（図 7-10）．そして，黒体放射からのずれは 1% の 300 分の 1 以下と極端に小さなものであることがわかった．この観測により，宇宙マイクロ波背景放射はビッグバン宇宙の火の玉のなごりの電波であることが疑いの余地なく確定した．

さらに，スムートのグループは，打ち上げから 3 年後の 1992 年 4 月にワシントンで開かれたアメリカ物理学会の席上で宇宙マイクロ波背景放射の空間的ゆらぎを発見したと報告した．この観測に至るまでの経緯および宇宙論にとってのこの発見がもつ意義については，スムート自身の筆になる『宇宙のしわ（上）・（下）』という本に生き生きと記述されている（巻末文献参照）．

これまで，宇宙マイクロ波背景放射の空間分布についても高い精度で等方的であることが知られていた．しかし，地球がビッグバン宇宙の火の玉のなごりである宇宙マイクロ波背景放射に対して相対運動をしていると，宇宙マイクロ波背景放射に近づく方向では放射のスペクトルが青方偏移し，そのため放射強度がわずかに増加し，逆に遠ざかる側では赤方偏移のため放射強度は少しだけ弱くなるはずである．

このような地球の宇宙マイクロ波背景放射に対する運動によって生ずる宇

宙マイクロ波背景放射の等方性からのずれは，空間分布としては 2 重極（双極子）分布の形で観測される．地球は太陽のまわりを秒速 30 km で公転している．さらに，太陽自身もわが銀河系の中心のまわりを秒速 220 km で回転している．宇宙マイクロ波背景放射の強度分布から，わが銀河系全体も宇宙マイクロ波背景放射に対して，ケンタウルス座の方向に秒速 600 km という速度で運動していることが，1973 年にすでに知られていた．

スムートらによる COBE の差分マイクロ波放射計による観測でも，このような双極子成分について確かめられただけでなく，角度にして 10° から 50° のスケールで 10 万分の 1 という極端に小さいながら宇宙マイクロ波背景放射の強度に空間的なゆらぎがあることが明らかにされた（図 7-11 の上図）．この空間的ゆらぎの発見は，銀河，銀河団，超銀河団といった構造の「タネ」を宇宙マイクロ波背景放射の中に見つけたという意味で，宇宙論での重要な発見である．また，実際に観測されたゆらぎのスケールが，角度で 10° から 90° という大きなものであった．このような大きなスケールでのゆらぎの起源としては，宇宙のインフレーション時期に生み出された量子論的ゆらぎがインフレーションで大きく引き伸ばされたためと考えられ，観測からのインフレーション理論に対する強い支持になっている．

宇宙マイクロ波背景放射のこのようなゆらぎの観測は，宇宙に存在する銀河，銀河団，さらにそれよりも大きな大規模構造がこのようなゆらぎのタネから重力不安定により成長してきたという考えを強く支持している．

宇宙マイクロ波背景放射が黒体放射スペクトルをしていること，および宇宙マイクロ波背景放射の空間ゆらぎの発見という COBE 衛星の 2 つの大きな業績に対して，ジョン・マザーとジョージ・スムートが 2006 年度のノーベル物理学賞を受賞した．

7.8 宇宙マイクロ波背景放射観測衛星「WMAP」による観測結果

COBE による宇宙マイクロ波背景放射の空間のゆらぎの分解能はあまり高くなく，スケールとしては角度 10° より小さな角度でのゆらぎは観測できなかった．より高い空間分解能で宇宙マイクロ波背景放射の空間的ゆらぎを

7.8 宇宙マイクロ波背景放射観測衛星「WMAP」による観測結果

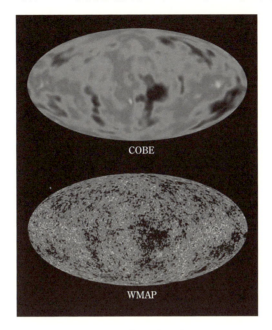

図 7-11　宇宙マイクロ波背景放射の全天マップ．COBE （上図）と WMAP（下図）の比較．［NASA 提供］

観測しようとするプロジェクトが次に述べる「WMAP」衛星である．

　WMAP（ダブリューマップと発音）は，Wilkinson Microwave Anisotropy Probe（ウィルキンソン・マイクロ波異方性探査機）の英語の頭文字をとって名づけられた宇宙マイクロ波背景放射観測専用の人工衛星で，2001 年 6 月に NASA によって打ち上げられた．WMAP は，宇宙マイクロ波背景放射のゆらぎを全天にわたって高い角分解能と精度で観測するもので，空間分解能としては 0.2° である．図 7-11 は，COBE（上図）および WMAP（下図）により得られた宇宙マイクロ波背景放射のゆらぎの全天マップである．2 つの図を比較してみると，COBE に比べて WMAP の観測で解像度がいかに良くなっているかがわかる．デジカメ写真でいうと，COBE の 6000 画素から WMAP では 300 万画素へと全天マップの解像度が飛躍的に改善されたことになる．なお，COBE で見えていた構造は WMAP でもより鮮明な画像として見えている．

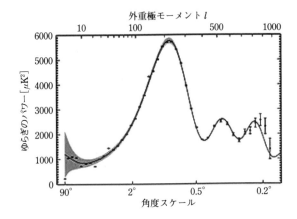

図 **7-12** WMAP による宇宙マイクロ波背景放射の温度ゆらぎの空間スペクトル解析結果．横軸は，ゆらぎの波数（空間スケールの逆数），縦軸はゆらぎのパワーに対応する量．［NASA 提供］

WMAP で得られたゆらぎのデータを解析することによって，驚くほどの精度で多くの宇宙論の基本的パラメータが求められた．使われた解析法は，ゆらぎのデータを空間的パワースペクトルとして解析するという方法である．図 7-12 は WMAP による宇宙マイクロ波背景放射のゆらぎの空間的パワースペクトルである．横軸の l は空間的波数（波長の逆数）を表し，l が小さいほど大きいスケールのゆらぎを表す．一方縦軸は，ゆらぎのパワーを表す量である．この図を解析することによって，いろいろの宇宙論パラメータが精度良く決められる．

2003 年の時点で WMAP のデータ解析から得られた宇宙論パラメータを表 7-1 にまとめる．

表 **7-1** WMAP から求められた宇宙論パラメータの値．

ハッブル定数：$H_0 = 72 \,\mathrm{km/s/Mpc}$
宇宙の曲率：$\Omega = 1$
バリオン密度（普通の物質密度）パラメータ：$\Omega_b = 0.046$
ダークマター密度パラメータ：$\Omega_c = 0.23$
ダークエネルギーパラメータ：$\Omega_\Lambda = 0.72$
宇宙年齢：$t_0 = 137$ 億年
宇宙の晴れ上がり時期：ビッグバン以来 38 万年

7.8 宇宙マイクロ波背景放射観測衛星「WMAP」による観測結果　　255

この表に出てくる宇宙論パラメータについて，以下で説明する．ハッブル定数 H_0 は，宇宙膨張速度を表すパラメータで，すでに 5.1.4 項で詳しく論じた．この値は長い間 50 から 100 の間で議論が続いてきたが，最近のハッブル宇宙望遠鏡のキープロジェクトでもだいたい $70\,\mathrm{km/s/Mpc}$ あたりに収斂してきている．

また，宇宙の曲率を決める宇宙の密度パラメータ Ω であるが，WMAP の結果でも宇宙は平坦（$\Omega = 1$）で，インフレーション宇宙論を支持する結果になっている．宇宙密度パラメータ Ω の内訳であるが，通常の物質であるバリオンは宇宙のエネルギー密度のうち，たったの 4.6% でしかなく，正体不明のダークマター（暗黒物質）が 23%，残りはまったく正体不明のダークエネルギーということである．

ダークエネルギーが宇宙論パラメータ Ω の 7 割を占めているということで，これは，WMAP の結果でもっとも驚くべき結果である．ダークエネルギーというのは，現時点でその正体がまったく不明であるが，宇宙論方程式で負の圧力を持ち，アインシュタインが導入した斥力項（Λ 項）に対応するものである．このダークエネルギーの存在により，現在の宇宙膨張は減速しているのではなく加速しているということになる．

実は 20 世紀の末（1998 年）に，現在の宇宙膨張は減速しているのではなく，加速しているという驚くべき観測事実が遠方の銀河に出現する超新星の観測から明らかにされた．これはアメリカのソール・パールムッターらのグループとオーストラリアのブライアン・スミスらのグループが独立に明らかにしたもので，超新星のうち Ia 型と呼ばれる超新星の極大時の絶対等級が光度曲線の減光の割合から決められるという事実を使って，Ia 型超新星を遠くの銀河までの距離を求める「標準光源」として利用するものである．今回の WMAP の結果は，Ia 型超新星を使った観測結果（宇宙膨張が加速しているという事実）を強く支持している．現在のダークエネルギーの割合やハッブル定数の値から，宇宙膨張は宇宙年齢で 70 億年頃に減速から加速度的膨張に転じたと考えられている．

また，宇宙年齢についても WMAP で 137 億年という値が得られた．WMAP の観測の解析から，宇宙が冷えていく過程で陽子と電子が結合して

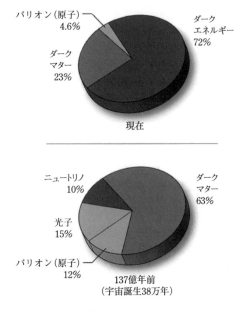

図 7-13 宇宙の組成比の変遷（WMAP による）．上は現在，下は宇宙誕生 38 万年の時点（宇宙の晴れ上がりの時点）での組成比．［NASA 提供］

水素原子になり，その結果それまで強く結びついていた放射と物質の相互作用が切れるいわゆる「宇宙の晴れ上がり」が起こったのは，宇宙誕生以来 38 万年経ったときであることも明らかになった．

さらに，2008 年 3 月に WMAP チームはその後 5 年間の観測データの解析結果を発表した．それによると，「宇宙の晴れ上がり」時である宇宙誕生 38 万年の時点では，ニュートリノが宇宙の全エネルギー密度の 10% を占めていたことが明らかになった．図 7-13 は，宇宙の組成比が「宇宙の晴れ上がり」時点から現在までの間にどのように変化したかを示した図である．宇宙誕生後 38 万年の時点ではダークエネルギーは無視でき，ダークマターが全体の 63%，ニュートリノが 10%，光子が 15%，バリオン（原子）が 12% であった．それが現在ではダークエネルギーが全体の 72%，ダークマターが 23%，バリオン（原子）が 4.6% になったのである．また，この宇宙に銀河や星が誕生し，その紫外光で銀河間にある水素が再電離した時期として，宇宙誕生後約 4 億年であることも明らかにされた．

7.8 宇宙マイクロ波背景放射観測衛星「WMAP」による観測結果　257

　以上が 2008 年時点での WMAP による宇宙論パラメータの決定結果であるが，2009 年 5 月にヨーロッパ宇宙機関（ESA）が新たに宇宙マイクロ波背景放射観測衛星「プランク衛星」を打ち上げた．プランク衛星の名前の由来は，黒体放射を発見したドイツの物理学者マックス・プランクにちなんで名づけられたものである．プランク衛星は，宇宙マイクロ波背景放射の温度ゆらぎを WMAP よりさらに高い空間分解能と高い感度で精密測定することを目的とした衛星で，打ち上げ後 2012 年まで観測を行った．

　プランク衛星による結果は，2013 年，2015 年に発表されたが，ノイズの影響の除去など，より注意深く行った解析の最終結果が 2018 年に発表された．プランク衛星の結果は，基本的には WMAP の結果を再確認するものであったが，宇宙論パラメータの数値については細かい点で違いがあり，宇宙の構成要素の割合として，バリオン（原子）が 5%，ダークマターが 26%，ダークエネルギーが 69% ということで，WMAP の結果よりバリオンとダークマターの割合が少し増えて，ダークエネルギーの割合が少し減ったという結果になった．また，宇宙の年齢としては，138 億年という値が得られた．本書第 3 版では宇宙の年齢としてこの 138 億年で統一した．

　以上述べてきた宇宙についてのさまざまな観測事実に基づいて，「ΛCDMモデル」と呼ばれるモデルが，現時点では最も有力な標準宇宙モデルと考えられている．ここで，Λ はアインシュタインが導入した斥力項すなわちダークエネルギーを表し，CDM は冷たいダークマターのことである．すなわち，現在の宇宙はダークエネルギーにより加速度膨張しており，また，ダークマターとしては冷たいダークマターが宇宙の階層構造を形成してきたというものである．

　一方，ハッブル定数であるが，プランク衛星の結果は $H_0 = 67.7\,\mathrm{km/s/Mpc}$ であり，これまで述べてきたハッブル宇宙望遠鏡などによる観測結果，$H_0 = 72\,\mathrm{km/s/Mpc}$ に比べて有意に小さい．すなわち，ハッブル定数について，宇宙マイクロ波背景放射の観測から求めた値と銀河の距離と後退速度から求めた値に不一致があり，現在のところ，その原因はわかっていない．この問題は，「ハッブル定数の緊張」と呼ばれる未解決問題になっている．

258 　第 7 章　現代の宇宙論

　WMAP およびプランク衛星によって，これまで正確に決めるのが困難で
あった多くの宇宙論の基本パラメータが精度良く決まり，宇宙論が観測的に
検証可能な精密科学の仲間入りを果たしたことになった．ところが，このよ
うに宇宙論パラメータが精度良く決まった結果，この宇宙を支配しているも
のはダークエネルギーとダークマターという 2 つのまったく正体不明のも
のであることが明らかになった．科学の進歩では，これまでの謎が解決する
と，新たな謎が立ち現れるということが往々にして起こるが，宇宙論の分野
でも正にこのようなことが起こっている．

7.9　宇宙の進化：宇宙の誕生から現在まで

　宇宙の誕生から現在に至るまでの宇宙の進化について，現在の宇宙論はど
のように見ているかここに簡単にまとめる．
　今から 138 億年前にこの宇宙は誕生した．どのようにこの宇宙が誕生し
たかは，まだ推測の域をでないが，現在の宇宙論によれば，「無」の状態から
量子力学的なゆらぎによるトンネル効果で，きわめて小さいが有限の大きさ
の宇宙（時空）が誕生，膨張をはじめる．
　その後，核力（強い相互作用）が電弱力（電磁力と弱い相互作用）と分か
れ，インフレーションが起こることは 7.6 節で述べた．インフレーションを
終えた後の宇宙は，標準ビッグバン理論にしたがって膨張することになる．
その後の宇宙におけるいくつかの出来事としては，
　① $t \sim 10^{-10}$ 秒

　　　電磁力が弱い力と分離し，放射やクォーク，レプトンなどの素粒子か
　　らなる熱いビッグバン宇宙が実現する．また，インフレーション終了
　　後，この時代までに，物質と反物質の対称性に小さな差が生まれ，今日
　　の物質からなる宇宙が実現する条件が整えられたと考えられている．ま
　　た，今日バリオンより大きな比率を占めるダークマター（アクシオンと
　　かニュートラリーノとか冷たい暗黒物質）もこの時代につくられたと考
　　えられている．

②$t \sim 10^{-6}$ 秒（宇宙の温度 $T \sim 10^{13}$ K）

クォークから陽子，中性子などの核子ができる．

③$t \sim 3$ 分（$T \sim 10^9$ K）

陽子，中性子から核反応により水素，重水素，ヘリウム，リチウムなどの軽い原子核ができる．

④$t \sim 4 \times 10^5$ 年（$T \sim 3000$ K，$z \sim 1000$）

宇宙の温度が 3000 K より高い時代には，物質は原子核と電子がばらばらになったプラズマ状態にある．この場合，光子は物質中の自由電子と頻繁に衝突するため，まっすぐに進むことができない．つまりこの頃の宇宙は不透明であり，ちょうど飛行機が雲の中にいるときのように遠くは見えないのである．しかし宇宙が膨張により冷えて温度が 3000 K にまで下がると，宇宙の中の物質の主成分である水素の原子核である陽子と電子が結合し，水素原子ができる．自由電子が減少した結果，放射と物質との相互作用が弱まる．光子は，これ以後物質とほとんど相互作用することなく宇宙空間を直進することになる．これを「宇宙の晴れ上がり」という．

宇宙の晴れ上がりの際に放射された 3000 K の熱放射のスペクトルをもつ放射は，その後宇宙空間を自由に飛来するが，現時点でわれわれが観測すると，宇宙膨張による赤方偏移によりマイクロ波電波の領域まで波長が長くなり，宇宙背景放射として観測されるのである．飛行機が雲の中から飛び出した後，後ろを振り向くと雲の表面が見える．3 K の宇宙背景放射は，宇宙晴れ上がりの瞬間の宇宙の姿を見ていることになる．

⑤$t \sim 2 \times 10^8$ 年（$z \sim 20$）

宇宙がさらに膨張し，冷えていくに従い，宇宙初期に存在していたわずかな密度のゆらぎが成長，密度の濃い部分が自らの重力により宇宙膨張を振り切り，収縮をはじめ，銀河や星などがつくられた．その正確な時期はまだ特定できていないが，この頃に宇宙の中の最初の天体（銀河や星あるいはクエーサー）が誕生したと考えられている．われわれの銀河系の基になる原始銀河もたぶんその頃にできたのであろう．

すでに見たように，物質を構成する水素，ヘリウムなどのバリオンに

対して，非バリオンの冷たい暗黒物質（ダークマター）がその数倍も存在する．大型コンピュータを使った宇宙における構造形成のシミュレーションによれば，宇宙が膨張により冷えていくなかで，宇宙初期の密度ゆらぎの中から密度の濃い部分の冷たいダークマターが，宇宙膨張を振り切って重力でまず固まり，それに重力的に引きずられて，水素やヘリウムのバリオンのガスがダークマターのつくる重力ポテンシャルの井戸に集まって，銀河や銀河団ができたと考えられる．

　現在の宇宙で銀河間空間にあるガスでは，水素は陽子と電子に分かれた電離した状態にある．ところが，すでに見たように，宇宙誕生後 $t \sim 40$ 万年の時点で陽子と電子が結合して水素原子になり，宇宙は「晴れ上がった」わけであるので，その後に，水素は再電離したことになる．宇宙の再電離は，中性水素が第 1 世代の星や銀河から放射された紫外光を吸収することによって起こされたと考えられている．このような宇宙の再電離は宇宙のはじまりから 4 億年後から 10 億年後にかけて起こったと考えられている．

　宇宙の晴れ上がりから最初の天体ができるまでの時代を「宇宙の暗黒時代」と呼んでいる．「宇宙の暗黒時代」と呼ぶわけは，光を放つ星も銀河も存在しないので，この時代について観測する手段が存在しないためである．この暗黒時代は初代星の出現によって終わりとなる．すでに 5.3 節で述べたように，現時点（2023 年の時点）で観測されている最も遠い天体は，ジェイムズ・ウェッブ宇宙望遠鏡により発見された赤方偏移 $z = 13.2$ の銀河で，ビッグバン宇宙誕生から約 3 億年の時点での天体である．今後この記録がどこまで伸びていき，宇宙最初の星，最初の銀河にどこまで迫れるか興味深い．

⑥ $t \sim 10^9$ 年（$z \fallingdotseq 5$）

　ジェイムズ・ウェッブ宇宙望遠鏡以前の観測では，宇宙年齢の約 10 分の 1 であるこの時期の銀河やクエーサーが最も遠くの天体であった．

　1990 年半ばまでに観測されていた一番遠くて，過去の天体は $z \sim 5$ のクエーサーであった．その後 20 世紀の終わりには，日本がハワイ島マウナケア山頂（標高 4000 m）に建設した口径 8 m の「すばる望遠鏡」

7.9 宇宙の進化：宇宙の誕生から現在まで

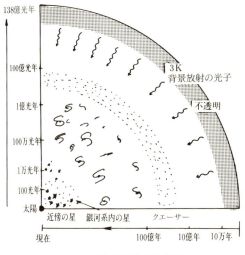

図 7-14 ビッグバンから現在までの宇宙の進化．

など口径 8〜10 m の大望遠鏡が活躍するようになり，21 世紀に入ると，こうした大望遠鏡を使った観測で，$z \sim 7$ という銀河がたくさん見つかってきた．2009 年の時点で観測された最も遠い天体はガンマ線バーストで，2009 年 4 月 23 日に発見されたガンマ線バースト GRB 090423 の場合，赤方偏移が $z = 8.26$ であった．現在の宇宙年齢を 138 億年とした場合，このガンマ線バーストは 132 億年前の光（光子あるいは電磁波）を観測したことになり，また，ビッグバン開闢以来，6 億年の時点 ($t \sim 6 \times 10^8$ 年) で，すでにガンマ線バーストを起こす天体がこの宇宙には存在していたことになる．

⑦ $t \sim 9 \times 10^9$ 年　太陽と太陽系が銀河系の中に誕生
⑧ $t \sim 1.38 \times 10^{10}$ 年（$z = 0$）　現在である．

　図 7-14 は，ビッグバンから現在までの宇宙を模式的に示したものである．宇宙では遠くを見ることは過去を見ることに対応する．この図では，縦軸にわれわれ（太陽系）から見た天体までの距離を示し，横軸にはビッグバン以来の時間を目盛っている．

第8章

宇宙の中の人間

　本書では宇宙科学（天文学）というテーマで，これまで7章にわたって，その現状について概観してきた．また第1章で，「宇宙科学（天文学）のめざすところは，宇宙の中の人間についてよりよく理解することである」と述べた．そして，そのもっとも基本的疑問として，①われわれの住むこの宇宙は，どのようになっているのか？　②われわれ人類はどこから来て，どこへ行くのであろうか？という2つの疑問を挙げた．それでは，これらの疑問に対して，どこまで答えることができたかを本章で考えてみよう．

　その前にまず，人類のたどった宇宙観の変遷について，簡単に振り返ってみよう．

8.1　宇宙観の変遷

　今から数千年前，人類は農耕をはじめ，それにより定住生活に移り，共同体社会を築いていった．農耕社会では，季節を知ることはもっとも重要なことであり，暦を発達させた．暦を知るには，太陽，月および星の位置を知る必要があり，天文学が興ってきた．天文学が最古の学問である所以である．

（1）　古代の宇宙観（神話的宇宙観）

　すでに序論で述べたように，文明の夜明けである古代社会においても，またどんな未開の民族もそれぞれ独自の宇宙観，宇宙像をもっていた．しかし，これらはある意味で，共通の特徴をもっている．

　これらの宇宙観においては，多くの場合，基本的には人々が日々に体験す

る世界（地上の世界）と，それを超えるもう一つの未知の世界（神の世界）からなっている，という点である．そして，月，日，星の属する天界はこのもう一つの世界に属すると考えられた．そして，時の為政者は，神（天界）の意志を地上世界へ伝達する者と位置づけられた．古代中国の支配者を「天子」と呼んだいわれでもある．

（2）　西洋の宇宙観（天動説）

　古代から中世にかけて西洋世界を支配した宇宙論は，ギリシャの哲学者アリストテレスの宇宙論を基礎にしたものであった．アリストテレスの宇宙論では，宇宙は天体の世界（天界）と地上の2つの世界からできている．天界は完全，不変であり，一方，地上の世界は，不完全で，生成消滅が常の世界である．天界は完全不滅のエーテルという素材でできているのに対して，地上の物質は土，水，空気，火の4大元素からできている．そして，宇宙の中心に地球があり，月，水星，金星，太陽，火星，木星，土星，および恒星群のそれぞれを乗せる8つの透明な天球が地球のまわりを回転しているとする．

　アリストテレスの宇宙観を完成させたのは，紀元2世紀のアレクサンドリアの天文学者プトレマイオスである．太陽をはじめ，惑星は恒星を背景にして，黄道12宮を基本的には西から東に少しずつ移動していく（これを順行運動という）．ところが，惑星の場合，ときどきこの動きをとめ（留という），逆に西へ移動する（逆行という）ことがある．プトレマイオスは，地球のまわりを回る円（導円）と，さらにそのまわりを回る円（周転円）を考えて，惑星の複雑な運動を説明することに成功した．

　アリストテレスとプトレマイオスの宇宙観は，宇宙の中心に地球を据え，天球が地球のまわりを1日に1回まわるという「天動説」である．天動説は，人間のもっとも素朴な考え方であり，また人間を中心に考えるキリスト教の教えによく合致したため，キリスト教神学思想として採用され，16世紀までの約2000年間，西洋社会の基本的思想として人々の心に生き続けた．

（3）　地　動　説

　地球中心の考え方に決別し，地球が他の惑星とともに太陽のまわりを公転

するという「地動説」を最初に提唱したのは，16世紀のポーランドのコペルニクスである．

コペルニクスは，その死の年である1543年に『天体の回転について』という著書を出版，宇宙の中心には太陽があり，地球は他の惑星とともに太陽のまわりを公転し，また，地球は1日に1回，自転しているとする考え方を発表した．これは，プトレマイオスの導円－周転円の複雑な体系にくらべ，太陽のまわりを地球を含めた6個の惑星が円運動をするというずっと簡単な体系であった．コペルニクスの地動説は，ケプラー，ガリレオ，ニュートンをへて，近代科学の基礎をつくるのに決定的役割を果たした．

コペルニクスの地動説では，惑星の運動としては，ギリシャ時代からの伝統的考え方であるところの等速円運動を想定していた．惑星の運動として，円運動という束縛から離れ，楕円運動を提唱したのがドイツの天文学者ケプラーである．ケプラーは，プラハ天文台において，優れた天体観測家であるチコ・ブラーエの助手として働いたが，チコの惑星観測データを整理して，有名なケプラーの3つの法則を発見した（2.2.3項「惑星運動についてのケプラーの3法則」参照）．

アリストテレス的宇宙観によれば，地上の世界と違って，天界は完全無欠の存在であるはずであった．17世紀に入ると，イタリアのガリレオは，自作の望遠鏡を空に向け，いろいろの天体を観察した．そして，月の表面ででこぼこしていること，木星の4つの衛星，太陽の黒点など，ガリレオは次々と重要な発見を行った．月の表面のでこぼこ，太陽の黒点の存在は，天界の完全無欠の神話を壊すものであった．また，4つの衛星が木星のまわりを公転するのを望遠鏡で観察したガリレオは，コペルニクスの地動説の正しいことを確信した．

ケプラーの惑星運動の3法則から，万有引力の法則を発見したのがニュートンである．ニュートン以後は近代科学の時代といってよい．

8.2 現代の宇宙観

ここでは，これまで現代の宇宙観として学んできたことを簡単に振り返っ

てみよう.

（1） 太　陽　系

　太陽系は，太陽を中心にした天体の一家族である．その構成メンバーは，太陽と 8 つの惑星，その他に準惑星，衛星，小惑星，彗星，惑星間塵などがある.

　太陽系内の天体の運動は，基本的にはニュートンの万有引力の法則に支配されており，惑星に束縛された衛星を除き，太陽を中心としたケプラー運動をしている.

（2） 恒星の世界

　恒星は，自ら光をだして輝いている巨大なガス球で，そのエネルギー源は高温の内部での核融合反応である．恒星は，宇宙空間に浮かぶ巨大な核融合炉である．太陽は，もっとも平凡な恒星の一つである.

　ちょうど，人が生まれ，育ち，最後は死んでいくように，恒星も生まれ，成長し，最後には死んでいく．内部の核燃料を使いつくした質量の大きな星は，最後は超新星爆発を起こして一生を終える．超新星爆発の際に，星の内部の核反応によりつくられたいろいろの元素が宇宙空間にばらまかれる．星間ガスは，このようにして星の内部でつくられた重元素が混入する結果，重元素の量が時間がたつとともに増えていく.

　現在も宇宙空間にただよう星間雲の中から，星が生まれている．宇宙では，このようにして物質は，星の内部に取り入れられたり，また星から放出されたりして，輪廻転生を繰り返している.

（3） 銀河系といろいろの銀河

　銀河系は，その中に約 1000 億個の恒星を含む巨大な集団で，中心がふくらんだ凸レンズの形をしている．その直径はおよそ 10 万光年で，太陽自身は銀河系の中心から 2 万 5000 光年ほど離れた，どちらかというと隅のほうに位置している.

　宇宙には，わが銀河系と同じような銀河が何億と存在している．銀河同士もまた銀河団という集団をつくっている．宇宙には，銀河があまり存在しな

い「超空洞」と銀河が壁状にたくさん存在するところとがあり，銀河の分布は一種の「あわ」構造をつくっている．

（4）　膨張宇宙とビッグバン

遠くの銀河ほど，より速い速度で膨張しているというハッブル・ルメートルの法則にあるように，われわれの宇宙は膨張している．このような膨張宇宙を過去にさかのぼると，今から約 140 億年前に宇宙は一点に集中する．

すなわち，われわれの宇宙は，約 140 億年前に限りなく高温で，高密度の状態からの大爆発としてスタートした．これがビッグバン宇宙論である．

8.3　宇宙の歴史と人間

（1）　ビッグバン宇宙

今から約 140 億年（より正確には 138 億年）前に，この宇宙は超高温，高密度の火の玉からスタートした．宇宙が膨張により冷却していく途中の宇宙初期，最初の 3 分間で，水素，重水素，ヘリウムなどの軽い元素が合成された．

宇宙初期から約 40 万年たったとき，宇宙の温度は 3000 K にまで冷える．この温度になると，それまで電離状態にあった水素（陽子）は電子と再結合し，水素原子になる．それまでは，自由電子が放射を散乱するという形の強い相互作用があり，放射（radiation）と物質（matter）は熱平衡状態にあった．しかし，水素の再結合により自由電子が急激に減少したため，放射と物質との相互作用が減り，それぞれ独立に行動するようになる．これをdecoupling と呼ぶ．

3000 K の黒体放射のスペクトルをもつ放射は，その後ほとんど散乱されることもなく，直進するようになる（宇宙の晴れ上がり）．この放射が現在まで生き残り，それが宇宙膨張による赤方偏移で絶対温度 3 K の宇宙マイクロ波背景放射として観測されている．

膨張宇宙の中にある物質密度のわずかな「むら」が重力不安定性により成長し，銀河が誕生し，さらに重力的に収縮していく銀河の中に星が誕生した．

268　　　　　　　　　　　第 8 章　宇宙の中の人間

（2）　太陽および太陽系の誕生

　太陽および太陽系は，今から約 46 億年前に，銀河系の中心から約 2 万
5000 光年ほど離れた銀河系の円盤部で誕生した．銀河系自身は宇宙の年齢
とあまり違わない時代にできたと考えられるので，太陽は銀河形成の第 1 世
代の星ではなく，第 2 世代，第 3 世代の星である．

（3）　地球の誕生，生命の誕生

　現在の惑星系形成論によれば，地球をはじめとする惑星は，原始太陽のま
わりを回る円板状のガスと塵（原始惑星系円盤）の中から誕生したと考えら
れている．原始惑星系円盤の中で，塵の層が赤道面に沈殿する．その塵の層
が重力不安定を起こし，直径が 10 km 程度の微惑星と呼ばれる塊がたくさ
んできる．これらの微惑星がお互い衝突を繰り返すうちに，合体してより大
きな天体へ成長する．これが原始惑星である．地球もこのようなプロセスに
よってできたと考えられている．

　地球誕生の初期には，地球生成の材料である隕石が地球に次々衝突し，と
ても生命が誕生する状況にはなかった．初期の地球にも大気はあった．しか
しそれは，地球の火山活動などで放出されたガスからなり，その成分は炭酸
ガス，水蒸気，メタン，アンモニアなどであり，まだ大気中には酸素は含ま
れていなかった．

　地球誕生の初期の活動もおさまり，原始地球が冷えていくとともに，大気
中の水蒸気が凝縮して，原始の海ができた．そして，今から 38 億年ないし
40 億年前に，その原始の海の中に最初の生命が誕生した．最初の生命がど
のようにして誕生したかはまだよくわかっていないが，海の中の熱水噴出孔
のようなところで，アミノ酸が重合するような化学反応が起こり，最初の生
命が誕生したのではないかと考えられている．当時の地球では，大気中にも
海水中にも酸素はなかった．このような地球に酸素をもたらしたのは，シア
ノバクテリアである．シアノバクテリアは，それまでの生物と同じバクテリ
アの仲間であるが，光合成を行い，酸素を放出した．こうして，海の中にシ
アノバクテリアが増えると，酸素が大量につくられ，海の水に溶けた形で，
あるいはまた大気中に酸素ガスの形で広がっていった．酸素が存在するよう

8.3 宇宙の歴史と人間   269

になると，酸素を消費する動物も存在できるようになる．

　今から約6億年前の先カンブリア時代末期に地球上に生存した生命は，いずれも簡単な形のものに限られていた．ところが，5億5000万年前のカンブリア紀に入ると，突然いろいろの複雑で怪奇な形をした生命が一斉に原始の海に登場した．爆発的な生命の誕生である．しかし，これらの生命の大部分はカンブリア紀にのみ栄え，滅びていった．現在地球上に生存する生命の先祖は，このカンブリア紀にすべてその起源をもつ．

　4億年前になると，陸上生物が出現した．最初に陸上にあがったのは植物であるが，それを追って動物も陸上に進出した．そして，約2億年前に恐竜が出現した．恐竜はその後，最盛期を迎えるが，今から約6500万年前の白亜紀の終わりに突然絶滅した．

　恐竜の突然の絶滅の原因として最も有力な説に「隕石衝突説」がある．これは，直径が10kmあるいはそれ以上の小惑星あるいは彗星が地球に衝突したことに原因があるとする説である．この考えによると，巨大隕石の地球衝突によって舞いあがった塵により，日照がさえぎられ，植物が死に絶え，それを食料とする大型の動物も死に絶えたというものである．

　恐竜時代の次にくる新生代はほ乳類の時代である．恐竜全盛時代にはほ乳類の祖先は体も小さく，地上を闊歩する恐竜の隅のほうでほそぼそと生きていた．しかし，恐竜の死に絶えた後，ほ乳類が地球上の主役として登場する．

（4）　人類の誕生

　そして，今から約600万年前にアフリカの地に，人類の祖先がゴリラやチンパンジーなどの類人猿から分かれて，二足歩行する人類として誕生した．現在の人類であるホモサピエンスは，今から約20万年前にアフリカに出現し，その後世界中に広まっていき，現在に至っている．この間，地球上を何度か氷河が襲う氷河時代を経験するが，氷河時代の厳しい環境を生き抜くために，人類は文明（civilization）を発達させた．

（5）　人類の歴史

　そして，約1万年前に最後の氷河期が終わり，地球上に温暖な気候が訪

れると，エジプト，メソポタミア，インド，中国といった地域に，最初の古代文明が栄える．これが今から数千年前のことである．その後，ギリシャ，ローマ時代などをへて，19 世紀にイギリスに産業革命が起こり，現在の機械文明の時代を迎えたわけである．現在われわれが享受している，電気，テレビ，冷蔵庫などの快適な生活環境を人類が獲得したのは，せいぜい 100 年程度の最近のことである．

8.4 宇宙カレンダー

ビッグバンから測った宇宙の年齢は約 140 億年である．140 億年という時間のスケールは大きすぎて，普通の人間には知覚するのが難しい．そこで，よく使われるたとえとして，これを 1 年に換算する．すなわち，1 月 1 日（元日）の午前 0 時を宇宙のはじまりであるビッグバンの瞬間として，現在を 12 月 31 日の午後 12 時とする．このカレンダーの上に，宇宙や地球上で起こったいろいろな出来事を記入するのである．これを宇宙カレンダーと呼ぶ．

さて，この宇宙カレンダーによれば，宇宙で一番遠い銀河，クエーサー，ガンマ線バーストからの光は，1 月半ばに放射された光を今見ていることになる．また，わが銀河系はその当時，あるいは，それ以前に誕生したものと考えられる．

太陽系の誕生，地球の誕生は 46 億年前，すなわち宇宙カレンダーでは 9 月の出来事である．脊椎動物である魚の出現は 12 月 20 日以後であり，恐竜の絶滅は 12 月 30 日の出来事である．人類の出現は 12 月 31 日の午後 10 時過ぎで，紅白歌合戦の最中にあたる．そして，古代文明は，12 月 31 日午後 11 時 59 分 40 秒である．そして，われわれ人間の寿命を 100 年とすると，これは宇宙カレンダーでは 0.2 秒に相当する．

8.5 地球外文明について

地球外に生命は存在するのであろうか．また，宇宙には知的生命は存在す

るのであろうか．また，地球外文明と交信ができるのだろうか．地球外の生命の存在について考える場合，まず問題になるのは，地球のような環境をもつ惑星系が宇宙には存在するのであろうか，という疑問である．この問題については，最近二十数年間で大きな進展があった．すなわち，2.3 節で見たように，太陽系外にたくさんの惑星が発見され，この銀河系では恒星の数よりも惑星の数の方が多いのではないかと推定されるようになった．さらに，太陽に似た G 型の主系列星やそれより低温の赤色矮星に，地球型の岩石惑星が多数発見され，親星からの距離が適当で，「ハビタブルゾーン」と呼ばれる位置にある惑星も存在することが明らかになった．

　一方，このようなハビタブルゾーンにある惑星で，実際に生命が誕生する可能性はどのくらいであろうか．これについては容易に答えが得られそうにない．また，地球以外に高等文明が存在し，それと交信する可能性については，なかなか難しそうである．その場合，たぶん一番問題になるのは，交信が可能なような文明がどの程度長続きするかということである．人類の歴史を見ても，電信技術が発達したのは人類 600 万年の歴史のうち，たった 100 年にしかすぎない．これは宇宙カレンダーのところで見たように宇宙の歴史から見れば，とるにたりないわずかの時間である．

　この 100 年の文明の発達と，人類と地球の将来について考えてみると，環境問題，核問題，あるいは人類の人口爆発など，高等文明はそれ自体不安定な存在であまり長続きできないのではないかと心配になる．いずれにしろ，地球外文明の存在の有無については，明快な答えは得られそうもない．そこで，本章のテーマでもある「宇宙の中の人間」ということをもう一度考えて本書の締めくくりとしたい．

8.6　宇宙の中の人間

　人間の存在は，元をたどればビッグバンにその起源をもつ．

　今から 138 億年前にはじまった膨張宇宙の中で，宇宙が冷えていく過程で，物質が重力で凝縮して，星や銀河ができ，そして太陽と太陽系天体ができた．そして，われわれの体をつくっているいろいろの化学元素も，ビッグ

バンでできた水素を除くと，星の中での核反応でできたものである．そして，それらが超新星爆発などで宇宙空間に撒き散らされて，最終的にはこの地球上の物質になったのである．そして，約40億年前に地球上に現れた最初の生命から，長い長い進化の歴史をたどって600万年前に最初の人類が地球上に出現し，さらに長い歴史をへて，われわれが現在ここにこうして生きているのである．

　人間も犬も猫もまたいろいろな植物も，DNAという遺伝子の鎖で考えれば，元をたどれば地球上に最初に現れた生命のDNAにまでたどりつく．宇宙カレンダーで0.2秒しか存在することができないわれわれであるが，DNAの鎖という立場から見ると，40億年という長い歴史で最初の生命につながっているのである．このことを考えると，われわれはDNAのバトンを次の世代に確実につなげていくという重大な義務がある．

　次に空間としての宇宙を考えてみよう．宇宙の地平線である138億光年というのはやはりわれわれの知覚を超える存在である．そこであまり科学的ではないかもしれないが，卑近なたとえとして，宇宙全体を大洋と見なしてみよう．すると，わが銀河系やその他の銀河の一つひとつは，島宇宙といういい方がなされたように，海に浮かぶ島の一つひとつにたとえられよう．銀河系の中にある1000億個の恒星の中の平凡な星である太陽は，さしずめ島の砂浜にころがっている石ころの一つとでもいえよう．太陽系の中の惑星の一つである地球は，石ころの上についている砂粒の一つということになるのだろうか．そして，われわれ一人ひとりは？

　このように見てくると，人間は宇宙の中では小さな小さな存在である．しかし，このような「小さな存在である人間」が，またこのような大きな宇宙について考え，調べてきたのも事実である．

　実際，地球上で核戦争が起こり，人類は滅亡してしまうかもしれない．その場合，たとえ人類が滅びたとしても，この変化に満ちた宇宙はなんの変わりもなく，膨張を続けるであろう．もし，われわれが宇宙の中の自分たちの存在という敬虔な気持ちを忘れ，誤った選択をしてしまったら，この壮大な宇宙のドラマを見る観客が誰もいないということになるのであろうか．

付　表：天文学上の主な発明発見と業績

年　代	事　　項	発　見　者（国）
600 B.C.頃	サロス周期	
150 B.C.頃	歳　差	ヒッパルコス（ギリシャ）
45 B.C.	ユリウス暦	ユリウス・カエサル（ローマ）
120	アルマゲスト成る，大気差	プトレマイオス（エジプト）
1543	天体回転論，地動説	コペルニクス（ポーランド）
1582	グレゴリオ暦	グラヴィウス（ローマ）
		グレゴリオ13世（ローマ）
1596	ミラ星の変光	ファブリチウス（ドイツ）
1603	バイエル星図	バイエル（ドイツ）
1609–18	惑星運動の法則	ケプラー（ドイツ）
1609	望遠鏡による天体観測	ガリレオ（イタリア）
1610	太陽の自転	ファブリチウス（ドイツ）
1656	土星環の確認	ホイヘンス（オランダ）
1672	太陽視差	カッシニ（イタリア）
1666–87	プリンキピア，万有引力	ニュートン（イギリス）
1675	グリニジ天文台創設	
1675	木星衛星の食による光の速度	レーマー（デンマーク）
1705	周期彗星	ハリー（イギリス）
1718	恒星の固有運動	ハリー（イギリス）
1727	光行差	ブラッドリー（イギリス）
1747	章　動	ブラッドリー（イギリス）
1781	天王星	ハーシェル（イギリス）
1783	太陽系の空間運動	ハーシェル（イギリス）
1801	小惑星ケレス	ピアジ（イタリア）
1802	連　星	ハーシェル（イギリス）
1838–39	恒星の視差	ベッセル（ドイツ）
		ヘンダーソン（イギリス）
		ストルーヴェ（ロシア）
1843	太陽黒点の周期性	シュワーベ（ドイツ）
1846	海王星	ルベリェ（フランス）
		アダムス（イギリス）
		ガレ（ドイツ）
1850 頃	天体写真術	ボンド（アメリカ）
		ド・ラ・リュー（イギリス）
1866	彗星と流星との関係	スキヤパレリ（イタリア）

(その2)

年　代	事　項	発　見　者（国）
1866	恒星スペクトルの分類	セッキ（イタリア）
1868	恒星の視線速度	ハッギンス（イギリス）
1868	太陽でヘリウムを発見	ロッキヤー（イギリス） フランクランド（イギリス）
1888–91	緯度変化	キュストナー（ドイツ） チャンドラー（アメリカ）
1889	分光連星	ピッカリング（アメリカ）
1902	Z項の導入による緯度変化の研究	木村栄（日本）
1905	巨星矮星の区別	ヘルツシュプルング（デンマーク）
1908	セファイド型変光星の周期・光度関係	リーヴィット（アメリカ）
1908	太陽黒点の磁性	ヘール（アメリカ）
1913	恒星スペクトルと絶対等級の関係	ラッセル（アメリカ）
1916	分光視差	アダムス（アメリカ）
1918	小惑星の族（平山族）の発見	平山清次（日本）
1920	干渉計による恒星直径の実測	ピース（アメリカ）
1924	恒星の質量光度関係	エディントン（イギリス）
1925	白色矮星	エディントン（イギリス） アダムス（アメリカ）
1927	銀河系の回転	オールト（アメリカ） リンドブラド（スウェーデン）
1928	星雲線の同定	ボウエン（アメリカ）
1929	銀河の速度距離関係	ハッブル（アメリカ）
1930	冥王星	トンボー（アメリカ）
1930	日食時以外のコロナ観測	リヨ（フランス）
1931	宇宙電波	ジャンスキー（アメリカ）
1934	超新星	バーデ（アメリカ） ツヴィッキー（アメリカ）
1937–39	原子核反応による太陽熱源の説明	ワイツゼッカー（ドイツ） ベーテ（アメリカ）
1939–40	コロナ輝線の同定	グロトリアン（ドイツ） エドレン（スウェーデン）

天文学上の主な発明発見と業績　　　275

(その3)

年　代	事　項	発　見　者（国）
1942	太陽電波	ヘイ（イギリス） サウスウォース（アメリカ）
1944	天体の種族	バーデ（アメリカ）
1944–51	星間中性水素	ファン・デ・フルスト（オランダ） ユーイン，パーセル（アメリカ）
1946	恒星の磁場	バブコック（アメリカ）
1946	ビッグバン理論	ガモフ（ロシア，アメリカ）
1957–58	人工衛星，人工惑星	ソ連，アメリカ
1961	原始星の対流平衡解（林フェーズ）の発見	林忠四郎（日本）
1961	太陽の5分振動	レイトン，ノイズ，サイモン（アメリカ）
1961–63	恒星状電波源（クエーサー）	サンデイジ，マシューズ（アメリカ），シュミット（アメリカ）
1962	X線星	ジャッコーニ，ガースキー，パオリーニ，ロッシ（アメリカ）
1965	3K宇宙背景放射	ペンジアス，ウイルソン（アメリカ）
1967	パルサー	ベル，ヒュウイッシュ（イギリス）
1967	オリオンBN/KL天体（原始星）	ベックリン他（アメリカ）
1971	銀河団からのX線放射	ウフル(Uhuru)衛星チーム（アメリカ），ミーキンスほか（アメリカ）
1973	γ線バースト	クレバサデルほか（アメリカ）
1978–86	宇宙の大規模構造	ゲラー，ハクラ（アメリカ）ほか多数
1979	クエーサーの重力レンズ像	ウォルシュ，カースウェルほか（アメリカ）
1979	重力波放出による連星パルサーの軌道周期減少	テイラー，ハルス（アメリカ）
1987	超新星1987Aからのニュートリノ検出	小柴らカミオカンデグループ
1992	3K放射のゆらぎ	COBE衛星チーム（アメリカ）

(その4)

年　代	事　項	発　見　者（国）
1993	ハローコンパクト天体（MACHO）の発見	オルコック（アメリカ），オーブル（フランス），ウダルスキー（ポーランド）ほか多数
1995	主系列星のまわりの惑星	マイヤー，ケロッツ（スイス）
1995	褐色矮星	パロマーグループ（アメリカ），レポロほか（スペイン）
1997	γ線バーストの残光と銀河系外起源	ベッポサックス（Beppo-SAX）衛星チーム（イタリア）ほか多数
1998	宇宙の加速膨張	パールムッター（アメリカ）ほか，スミス（オーストラリア）ほか
2001	ハッブル定数の高精度決定	フリードマン（アメリカ）ほかハッブル宇宙望遠鏡キープロジェクトチーム
2003	宇宙論パラメータの精密決定	ダブリューマップ（WMAP）衛星チーム
2004	重力マイクロレンズによる太陽系外惑星の検出	ボンド（英），ウダルスキー（ポーランド）ほか
2006	惑星の定義と太陽系諸天体の種族名称を採択	国際天文学連合（IAU）
2008	冥王星型天体という種族名称を採択	国際天文学連合（IAU）
2008–09	太陽系外惑星の直接撮像	カラス（アメリカ）ほか，マロア（カナダ）ほか，ラグランジュ（フランス）ほか，田村元秀ほかHiCIAO/AO/ SEEDS チーム（日本，ドイツ，アメリカほか）
2009	恒星の自転と逆向きに公転する太陽系外惑星の発見	成田憲保（日本）ほか，ウィン（アメリカ）ほか
2009	太陽系外の岩石型惑星の検出	レジェ（フランス），ルーアン（フランス）ほか
2010	はやぶさ小惑星イトカワ表面微粒子のサンプルリターン	はやぶさチーム（日本）
2013	アルマ望遠鏡運用開始	（日本ほか東アジア，北米，欧州諸国）

天文学上の主な発明発見と業績

(その5)

年　代	事　　項	発　見　者（国）
2016	ブラックホール連星合体時の重力波の観測	LIGO チーム（アメリカ）
2017	中性子星合体（キロノバ）による重力波の多波長対応天体検出	LIGO/Virgo チームおよび世界各国の観測チーム（日本）
2019	楕円銀河 M87 のブラックホールシャドウの撮像	EHT チーム（アメリカ，日本，ドイツ，フランス，オランダ，カナダほか）
2020	大型低温重力波望遠鏡 KAGRA 運用開始	KAGRA チーム（日本）

参考文献

1. 天文学全般について

(1) 「インターネット　天文学事典」

日本天文学会が制作した天文・宇宙に関する 3000 以上の用語について解説したインターネットで検索する辞典. 随時更新しているので, 最新の情報を知ることができる.

(2) 岡本定矩編『人間の住む宇宙』シリーズ「現代の天文学」の第 1 巻（日本評論社）2007 年

次に紹介するシリーズの第 1 巻であるが, 天文学の目指す「宇宙」–「地球」–「人間」という視点で天文学全般を俯瞰するもの.

2. 天文学講座およびシリーズ物

(1) シリーズ「現代の天文学」：日本評論社　2007 年–2009 年

2008 年に創立百年を迎えた日本天文学会の百周年記念事業の一環として編纂された天文学全分野についての講座（全 17 巻）. 本書で扱った内容についてより深く知りたい人には適切な講座. 一部の巻については第 2 版も出版されている.

(2) 「新天文学ライブラリー」：日本評論社　2015 年–

上のシリーズは各巻とも分担執筆であるが, こちらのライブラリーの場合は一人ないしは二人の著者が一つのテーマについて詳しく解説. 全 10 巻出版の予定.

3. 個々のトピックスを扱ったもの

(1) 序章および第 8 章

ヨースタイン・ゴルデル『ソフィーの世界』（池田香代子訳, 日本放送出版協会）1995 年

第 1 版でも紹介したが, 小説の形をとった西洋哲学史のベストセラー. この本の書き出しの「私はだれ」,「この世界はどうなっているの」というテーマは, 本書の第 8 章の基本的テーマと同じ. 最後がビッグバン宇宙の話で終わっているのも本書と同じ. もちろん, 途中は全然別であるが.

ビル・ブライソン『人類が知っていることすべての短い歴史』（楡井浩一訳, NHK 出版）2006 年

紀行文作家として有名な著者が, 宇宙, 地球, 生命, 人類などの自然科学全般の研究の最先端の現状とそれを解き明かそうとした科学者達の姿を, 科学にはまったく素人の立場で, 驚きを持って記述した読み物. 635 ページとい

う分厚い本であるが，ベストセラー作家である著者の筆にかかると，科学の
話もつい引き込まれて読んでしまう読み物になるという好例.

(2)　太陽

日江井榮二郎『太陽は 23 歳⁉──皆既日食と太陽の科学』（岩波科学ライブ
ラリー：岩波書店）2009 年

(3)　系外惑星

田村元秀『第二の地球を探せ！──「太陽系外惑星天文学」入門』（光文社新
書：光文社）2014 年

成田憲保『地球は特別な惑星か？──地球外生命に迫る系外惑星の科学』（ブ
ルーバックス：講談社）2020 年

(4)　恒星

尾崎洋二『星はなぜ輝くのか』（朝日選書：朝日新聞出版社）2002 年
絶版になっているので中古でしか手に入らないのが残念であるが，本著者の
専門分野である恒星についての解説書.

マーカス・チャウン『僕らは星のかけら』（糸川洋訳　ソフトバンク文庫）
2005 年
「原子をつくった魔法の炉を探して」という副題がついている．私たちの体
をつくっている元素の起源について，人類がどのようにして発見するに至っ
たかという話を物語として語る科学啓蒙書.

(5)　銀河宇宙

岡本定矩『銀河系と銀河宇宙』（東京大学出版会）1999 年
大学生，大学院生を対象にしたこの分野の教科書.

(6)　ブラックホールと重力波

ブラックホールについて：
嶺重慎『ブラックホール天文学』（新天文学ライブラリー第 3 巻：日本評論社）
2016 年
巨大ブラックホール：
本間希樹『巨大ブラックホールの謎』（ブルーバックス：講談社）2017 年
EHT（イベント・ホライズン・テレスコープ）国際プロジェクトの日本側
代表である本間希樹氏自身による巨大ブラックホールのシャドー観測に至
るまでの過程を生き生きと描写した好著．また，ブラックホールについて多
面的にやさしく解説.
重力波について：
ほとんど同じ時期（2016 年 9 月）に，タイトルもほとんど同じ 2 冊の新書
が出版された．これは偶然ではなく，重力波の直接初検出についての発表が
2016 年 2 月になされたからである.
安東正樹『重力波とはなにか』（ブルーバックス：講談社）2016 年
川村静児『重力波とは何か──アインシュタインが奏でる宇宙からのメロ

ディー』（幻冬舎新書：幻冬舎）2016 年

マルチメッセンジャー天文学：

田中雅臣『マルチメッセンジャー天文学が捉えた新しい宇宙の姿——宇宙の物質の起源に迫る』（ブルーバックス：講談社）2021 年

(7)　宇宙論

宇宙論関係では，難易度で大きく幅のある多くの著作が出版されている．ここでは，それらの中からいくつかを紹介．

S. ワインバーグ『宇宙創成はじめの 3 分間』（小尾信弥訳　ちくま学芸文庫：筑摩書房）2008 年

素粒子物理学者による宇宙論の解説書．多くの研究者に影響を与えたことで知られる名著．

ジョージ・スムート『宇宙のしわ』上・下（林一訳　草思社）1995 年

宇宙背景放射探査衛星「COBE」により「宇宙背景放射のゆらぎ」を発見したスムート自身による「宇宙のしわ」の発見に至るまでの生々しい体験記：宇宙論の教科書にもなっている．分野を問わずこれから研究をはじめようとする若い人にぜひ一読をすすめたい本．純然たる読み物としても楽しい．

サイモン・シン『ビッグバン宇宙論』上・下（青木薫訳　新潮社）2006 年

現在の標準理論であるビッグバン宇宙論に到達するまでの人類の宇宙研究の歴史について，科学の解説で定評のある著者の筆になる書．

佐藤勝彦『宇宙論入門』（岩波新書　岩波書店）2008 年

インフレーション宇宙論の提唱者として名高い著者による宇宙論の解説書．

(8)　宇宙の中の人間

本書第 1 版（1996 年）から続けている本テーマについて，基本的には同じ立場のインターネットの講演 TED に「ビッグヒストリー」（David Christian）がある．

図表の出典一覧*

第1章

図 1-1　ロワン・ロビンソン著『宇宙のさざなみ』（シュプリンガー・フェアラーク東京，1995），p.35.

図 1-2　高瀬文志郎著『星・銀河・宇宙』（地人書館，1994），p.26.

図 1-3　大沢清輝著『天文学』（東京教学社，1990），p.31.

第2章

図 2-1　J.M. Pasachoff, "Contemporary Astronomy"（Saunders College Publishing, 1989），p.130 より作成.

図 2-2　同上，p.131.

図 2-3　前出，高瀬著『星・銀河・宇宙』，p.84（Palomar Observatory より）.

図 2-4　J. Audouze and G. Israel, "The Cambridge Atlas of Astronomy"（Cambridge University Press, 1994），p.41.

図 2-5　前出，J.M. Pasachoff, "Contemporary Astronomy"，p.145.

図 2-6　宇宙科学研究所提供.

図 2-7　同上，p.8.

図 2-8　東京大学宇宙線研究所提供.

図 2-9　小平桂一編『新しい宇宙像の探求』（岩波書店，1990），p.174.

図 2-10　J.W. ライパッカー他（日江井訳），日経サイエンス；11 月号（1985）（日経サイエンス社），p.20.

図 2-11　同上，p.20.

図 2-12　同上，p.20.

図 2-13　日本学術会議　対外報告（2007）.

図 2-14　小平桂一著『現代天文学入門（中公新書)』（中央公論社，1985），p.9.

図 2-15　M.A. Seeds, "Horizon"（Wadsworth Publishing Company, 1981），p.266.

図 2-23　東京大学木曾観測所提供.

図 2-24　前出，小平編『新しい宇宙像の探求』，p.138.

図 2-28　尾崎洋二著『星はなぜ輝くのか』（朝日新聞社，2002），p.247（T.M. Brown, et al., *The Astrophysical Journal*, **552**, (2001), p.699).

表 2-1　理科年表（丸善，1996），p.88–89 より作成.

＊　本文および図の説明で明示したものは再録を省略した.

第3章

図 3-2　前出，M.A. Seeds，"Horizon"，p.10.

図 3-3　前出，大沢著『天文学』，p.31.

図 3-4　斉尾英行著『星の進化』（培風館，1992），p.11（E. Smith and K.C. Jacob，"Introductory Astronomy and Astrophysics"，1973 より）.

図 3-5　尾崎洋二，天文月報；1 月号（1981）（日本天文学会），p.22.

図 3-6　同上，p.22.

図 3-7　前出，高瀬著『星・銀河・宇宙』，p.94.

図 3-8　同上，p.95（S.v.d. Bergh，Proc. IAU Colloquium，**37**，13，CNRS，Paris，1977 より）.

図 3-9　尾崎洋二，天文月報；5 月号（1981）（日本天文学会），p.144.

図 3-10　佐藤文隆・原　哲也著『宇宙物理学』（朝倉書店，1983），p.80.

図 3-11　M. Schwarzschild，"Structure and Evolution of the Stars"（Princeton University Press，1958），p.82.

図 3-12　尾崎洋二，天文月報；2 月号（1981）（日本天文学会），p.50.

図 3-13　前出，斉尾著『星の進化』，p.53.

図 3-14　杉本大一郎編『星の進化と終末（現代天文学講座 7)』（恒星社厚生閣，1979），p.75.

図 3-16　茂山俊和他，天文月報；2 月号（1988）（日本天文学会），p.36.

図 3-17　中村健蔵著『ニュートリノで探る宇宙』（培風館，1992），p.13.

図 3-18　前出，杉本編『星の進化と終末（現代天文学講座 7)』，p.69.

図 3-19　Kitt Peak National Observatory より提供.

図 3-20　R.N. Manchester and J.H. Taylor，"Pulsars"（W.H. Freeman and Company，1977），p.2.

図 3-21　同上，p.7.

図 3-22　前出，杉本編『星の進化と終末（現代天文学講座 7)』，p.95.

図 3-23　前出，R.N. Manchester and J.H. Taylor，"Pulsars"，p.58.

図 3-24　同上，p.70.

図 3-27　前出，小平編『新しい宇宙像の探求』，p.167.

図 3-28　同上，p.167.

図 3-29　前出，杉本編『星の進化と終末（現代天文学講座 7)』，p.198.

表 3-2　L.H. Aller，"Spectroscopy of Astrophysical Plasmas"，eds.，A. Dalgarno and D. Lazer（Cambridge University Press，1987），p.89 より作成.

第4章

図 4-1　長谷川哲夫，天文月報；12 月号（1994）（日本天文学会），p.546.

図 4-2　東京大学木曾観測所提供.

図 4-3　同上.

図 4-4　宮本昌典編『銀河系（現代天文学講座 8）』（恒星社厚生閣，1980），p.97.

図 4-5　アメリカ宇宙望遠鏡科学研究所提供.

図 4-6　海部宣男編『宇宙研究の現場から（上）』（日本学術振興会，1992），p.134.

図 4-7　前出，大沢著『天文学』，p.65.

図 4-8　アングロ・オーストラリア天文台提供.

図 4-9　前出，高瀬著『星・銀河・宇宙』，p.113（W. Harris, Proc. IAU Symposium, **85**, 81, Reidel, 1980 より）.

図 4-10　奥田治之著『宇宙科学の最先端』（朝日出版社，1988），p.19.

図 4-11　井上　一，科学朝日；8 月号（1995）（朝日出版社），p.60.

図 4-12　前出，高瀬著『星・銀河・宇宙』，p.115（D.P. Clemens, *Astrophys. J.*, **29**, 422（1985）より）.

表 4-1　理科年表（丸善，2023），p.154.

第 5 章

図 5-1　東京大学木曾観測所提供.

図 5-2　前出，高瀬著『星・銀河・宇宙』，p.120（E. Hubble, *The Realm of the Nebulae*, **114**, 45, Yale University Press, 1936 より）.

図 5-3　パロマー天文台提供.

図 5-4　前出，高瀬著『星・銀河・宇宙』，p.125.

図 5-5　海部宣男編『宇宙研究の現場から（下）』（日本学術振興会，1992），p.17.

図 5-6　小山勝二著『X 線で探る宇宙』（培風館，1992），p.42.

図 5-7　NASA 提供.

図 5-8　NASA 提供.

図 5-10　マルコム・ロンゲア著『宇宙の起源』（河出書房新社，1992），p.89.

図 5-11　前出，J.M. Pasachoff, "Contemporary Astronomy", p.320.

図 5-12　同上，p.322.

図 5-13　同上.

第 6 章

図 6-1　前出，小山著『X 線で探る宇宙』，p.100.

図 6-2　日本物理学会編『宇宙を見る新しい目』（日本評論社，2004），p.40.

図 6-3　半田利弘氏提供.

図 6-4　ノーベル賞委員会報告（2020）.

図 6-5　イベント・ホライズン・テレスコープ・チーム.

図 6-6　同上.

図 6-7　前出，R.N. Manchester and J.H. Taylor, "Pulsars", p.92.

図 6-8　藤本眞克，科学；64 巻，No.1（岩波書店，1990），p.3.

286   図表の出典一覧

図 6-9　安東正樹著『重力波とはなにか』（講談社ブルーバックス，2016），p.86.

図 6-10　同上，p.112.

図 6-11　LIGO グループ提供.

図 6-12　同上.

図 6-13　田中雅臣著『マルチメッセンジャー天文学が捉えた新しい宇宙の姿』（講談社ブルーバックス，2021），p.205.

第7章

図 7-1　J. Silk, "The Big Bang" (W.H. Freeman and Company, 1989), p.93.

図 7-2　同上，p.102.

図 7-3　前出，マルコム・ロンゲア著『宇宙の起源』，p.158.

図 7-4　同上，p.159.

図 7-5　前出，J. Silk, "The Big Bang", p.82.

図 7-6　同上，p.85.

図 7-9　前出，海部編『宇宙研究の現場から（下）』，p.8.

図 7-10　B. Schwarzschild, Physics Today, 1990, March issue, p.17.

図 7-14　田中靖郎著『現代の宇宙像』（培風館，1991），p.185.

付　表　理科年表（丸善，1996），pp.186–187 に，最近のデータ（理科年表，2023年）を追記.

索引

［あ行］

アインシュタイン, A. 203, 222, 229, 234
——の一般相対性理論（一般相対論） 8, 67, 116, 117, 165, 192, 203–205, 222–225, 234
——の質量とエネルギーの等価原理（$E = mc^2$） 23
——の相対性理論（相対論） 203
——の特殊相対論 116
——方程式 204, 222, 229, 248
アクリーション（accretion） 151
新しい太陽系像 37
熱いダークマター（hot dark matter: HDM） 164
天の川銀河 141, 173, 183, 187, 211, 216, 219, 221, 222
アリストテレス 264
アルマ望遠鏡 61
暗黒星雲 143, 150, 153
暗条（フィラメント） 17
アンドロメダ銀河 173, 180, 183, 193, 211
アンドロメダ星雲 90, 173–175, 213
Ia 型超新星 107, 255
一般相対論（一般相対性理論）
　→　アインシュタイン
——的重力赤方偏移 215
——とブラックホール 205
——の基本方程式 235
——の膨張宇宙の解 234
いて座 A* 216, 217, 221
いて座矮小銀河 171
イベント・ホライゾン・テレス

コープ（EHT） 214, 219–222
色指数 79
隕石 11, 47, 57
——衝突説 269
インフレーション　→　宇宙のインフレーション
——宇宙論（理論） 240, 246, 248–250, 252, 255
ウイルソン, R. 241–243
ウィーンの変位則 6, 79
ウェーバー, J. 225
ヴォルコフ, ジョージ・ 117
ウォルフ・レイエ星 93, 94, 107
渦巻銀河（spiral galaxy） 175–177, 179, 180, 193, 194
渦巻き構造 148, 177
宇宙カレンダー 270
宇宙観 1, 2, 233
——の変遷 263
宇宙原理 234, 241
宇宙項（Λ 項） 235, 240
宇宙最初の星 199
宇宙初期 237
宇宙定数 234
宇宙のあわ構造 185, 267
宇宙の暗黒時代 260
宇宙のインフレーション 246, 249, 258
宇宙の加速度的膨張 255
宇宙の曲率 239, 255
宇宙の再電離 260
宇宙の進化：宇宙の誕生から現在まで 258
宇宙の大規模構造 8, 184, 185
宇宙の地平線問題 246, 247, 249, 250
宇宙の中の人間 1, 46, 263,

271
宇宙の年齢 182
宇宙の晴れ上がり 256, 259, 260, 267
宇宙の平坦性問題 246, 247, 249, 250
宇宙の密度パラメータ（Ω） 239, 240, 255
宇宙背景放射探査衛星「COBE」による観測 250
宇宙膨張 137, 199, 259
宇宙マイクロ波背景放射 234, 241, 242, 246, 247, 250–252, 257, 267
——観測衛星「WMAP」 252
——観測衛星「プランク衛星」 257
——の発見 241
——のゆらぎ 253, 254
宇宙論 235
——パラメータ 254, 255, 257, 258
——方程式 205
衛星 11, 46, 48, 49
エディントン, A. 103, 196, 204
——限界（限界光度） 196, 197, 212
エネルギー変換効率（η） 209, 212
エリス 37, 55
エルゴ領域 206
おうし座 T 型星（T 型変光星） 61, 101, 143, 154
おうし座分子雲 154
大きな壁（グレートウォール） 184
大沢清輝 130
小田稔 130
オッペンハイマー, R. 117

おとめ座銀河団 183, 184, 213

オリオン KL 天体 152, 153

オールト，J. 54, 162
——の雲 54

[か行]

カー，R. 206
——解 206

ガイア（Gaia）衛星 73, 76, 171

海王星 11, 37, 41, 48, 51–54, 56

カイパー，J. 54

カイパーベルト 54
——天体 55, 56

核融合反応 12, 13, 23–25, 245

可視光 2, 7, 213

梶田隆章 31

火星 11, 37, 44, 48

カーチス，H. 174, 175

褐色矮星 95, 96, 163, 167

活動銀河核（AGN） 128, 187, 210–213, 219, 220

活動銀河中心核 194, 195

かに星雲 107, 118, 120–123, 189

かにパルサー 121, 122, 223

カプタイン，J. 156, 157

カー・ブラックホール 206, 210, 212, 221

カミオカンデ 26, 27, 110, 111

ガモフ，G. 240, 243

ガリレオ，G. 2, 4, 12, 265

ガレ，J. G. 51

完全宇宙原理 241

ガンマ線 2, 3
——天文学 5

ガンマ線バースト 134, 136–138, 261
——の起源 137

逆行惑星 69

球状星団 113, 141, 154–157, 160, 170, 174, 182, 233

狭輝線領域 196

恐竜の突然の絶滅 269

局所銀河群 183, 184

極超新星（hypernova） 137

巨星 83

巨大ガス惑星 95

巨大衝突説（ジャイアント・インパクト説） 47

巨大楕円銀河 176, 183, 187
——M87 184, 213, 214, 219–222

巨大な核融合炉 266

巨大ブラックホール 159, 195, 197, 210–215, 219, 221

距離指数 75

距離のはしご 73, 74

キロノバ 138, 229–232

銀河 173, 233, 266
——宇宙 173, 180, 233
——円盤 170
——回転 159, 160
——群 183
——考古学 171
——とブラックホールの「共進化」 213
——の「平らな回転則」 161
——の渦巻き構造 169
——の質量 160
——の衝突と合体 186
——の赤方偏移 180
——の分布 267
——の分類 175
——までの距離 177

銀河系 11, 141, 142, 148, 156, 159, 162, 173, 177, 183, 187, 193, 212, 233, 266
——宇宙 156
——形成 170
——中心の巨大ブラックホール 216
——の3次元地図 171
——の渦巻き構造 168
——の円盤部 142, 155, 159

——の概観 156
——の回転速度曲線 148, 161
——の構造 158
——の誕生と進化 169
——の中心 157, 159
——のハロー 163, 165

銀河団 176, 180, 183, 187, 194, 201, 266
——ガス 185

銀河中心 217
——の巨大ブラックホール 210

金星 11, 37, 44, 45

近接連星（close binary） 87, 129
——系 123, 124, 127, 131, 132, 207, 208
——系と X 線星 123

空間的なゆらぎ 252

クエーサー 119, 128, 187, 188, 190, 192–195, 197, 207, 210–213, 259, 260
——の赤方偏移 192

クォーク 258, 259

グース，A. 246

クラインマン，D. 153

クレーター 45, 47, 57

系外銀河 162, 173

系外惑星 68–70, 88, 91
——の観測方法 64
——の特徴 68
——の発見 62

激変星 86, 124–126, 129, 131

ゲッズ，A. 217–219

ケプラー，J. 2, 12, 42, 43, 107, 265
——運動 224, 266
——衛星 66, 91
——の3法則 42–44
——の超新星 108
——の法則 57, 161

ゲラー，M. 184

ケレス 37, 52

ケロー，D. 63, 64

索 引　　289

原始銀河　170, 259
原始星　101, 152, 153
原始太陽系円盤　58
原始地球　268
原始惑星系円盤　58, 61, 268
　——の観測　61
元素の起源　169
現代の宇宙観　265
現代の宇宙論　233
ゲンツェル，R.　217–219
紅炎（プロミネンス）　17
高温領域　145
広輝線領域　196
光球　13, 14
光子　256
恒星　7, 11, 12, 71, 266
　——間天体　57
　——質量ブラックホール
　207, 210
　——の固有運動　217
　——の質量–光度関係　87
　——の進化　100
　——風　84, 92–94, 132
高速電波バースト（Fast
　Radio Burst: FRB）　139
高速度星　160, 170
降着円盤　127–129, 134, 137,
　207, 209, 210, 212, 216,
　219–221
黄道面　38, 40
光度階級　83
黒体放射　5–7, 77
黒点　15, 18–20
小柴昌俊　31
5 分振動　34, 35, 91
コペルニクス　265
　——の地動説　2, 12, 265
固有運動　75, 76, 171
固有振動　32–35, 89–91
ゴールド，T.　241
コロナ　16, 21, 68, 92, 129
　——グラフ　68
　——質量放出　20, 21
　——の加熱機構　17
　——ホール　21
コンパクト銀河群　187

コンパクト星　207
コンパクト天体　209
コンピュータと天文学　8

[さ行]

最初の人類　272
最初の生命　268, 272
最初の天体　259
彩層　16
差動回転　16, 21, 36
佐藤勝彦　246
サドバリーニュートリノ観測所
　（Sudbury Neutrino
　Observatory）　29
サブミリ波　61
3α 反応　104
散開星団　154, 155, 159
三角視差　72
散光星雲　143, 147, 174
散在流星　57
3C 273　190–192
3C カタログ　190
ジェイムズ・ウェッブ宇宙望遠
　鏡（James Webb Space
　Telescope: JWST）　51,
　186, 198–200, 260
ジェット　137, 176, 213,
　214, 230, 231
紫外線　2
　——天文学　5
時空の曲率　239
時空の歪み　204, 222
四重極放射（潮汐的振動）　222
事象の地平線（イベント・ホラ
　イズン）　206
視線速度　76, 171
実視連星　87
質量降着　128, 212
質量–光度関係　103
質量放出　94
質量をもつニュートリノ　164
島宇宙　272
　——論争　173, 174
シミュレーション　8
ジャッコーニ，R.　130
シャープレー，H.　157, 174,

175, 233
ジャンスキー，K.　4, 188
周期–光度関係　89, 177
重元素　169, 232
　——量　170
重水素　244, 245, 259
重力エネルギー　22, 23, 98,
　106, 110, 128, 132, 207
重力赤方偏移　192, 193, 206
重力波　7, 8, 138, 203, 205,
　222, 223, 225–230, 232
　——イベント　227, 228,
　230, 232
　——天文学　7, 8, 229, 230
　——の直接検出　225
　——の初検出　227
　——望遠鏡　226
　——望遠鏡 KAGRA（かぐ
　ら）　226, 227
　——望遠鏡 LIGO（ライゴ）
　138, 226, 227, 229, 230
　——望遠鏡 Virgo（ヴィル
　ゴ）　138, 226, 227, 230
重力半径　206, 211
重力崩壊　110, 112, 117,
　137, 207
重力マイクロレンズ　67
　——効果　166
重力レンズ現象　205
重力レンズ効果　67, 165,
　166, 201
寿岳潤　130
縮退圧　127
縮退状態　112, 115
主系列星　13, 83, 85,
　101–104, 152
主系列段階　112
種族 I　179
種族 I（Population I）の天体
　159, 169, 170
種族 II　160, 179
種族 II（Population II）の天
　体　159, 160, 169, 170
種族 III の天体　170
シュテファン–ボルツマンの法
　則　78

シュバルツシルト，K. 205
——解 205
シュバルツシルト半径 205，206, 209–211, 216, 219
シュバルツシルトブラックホール 210, 221
シュミット，M. 191
シューメーカー・レビー第9彗星 60
準惑星 37
小・中質量星の進化 112
小マゼラン雲 163, 177, 183
小惑星 11, 52, 60
——「イトカワ」 12, 53
——「りゅうぐう」 12, 53
小惑星探査機 12
——「はやぶさ」 53
初期宇宙 222
食連星 88
進化の進んだ星 104
真空の相移転 248
シンクロトロン放射 7, 122, 189, 220
人工衛星「かぐや」 47
新星 87, 123, 125–127, 138
人類の誕生 269
人類の歴史 269
水星 11, 37, 40, 44
——の近日点前進 204, 224
彗星 11, 54, 55, 57, 60
水素 21 cm の電波 148
水素燃焼反応 23, 97
水素の核融合反応 101, 102, 112, 128
水平枝 113
数値シミュレーション 228
数値相対論 228
スケール因子 236
スターバースト 186
——銀河 186
ストレムグレン，B. 147
ストレムグレン球 147
スーパーカミオカンデ 29–31
すばる望遠鏡 68, 260
スペックル観測 218
スミス，B. 255

スムート，G. 250–252
スライファー，V. 180
星雲 173
星間雲 142, 143, 148, 151, 152
星間ガス 143
——の形態 145
星間吸収 144, 145
星間減光 144
星間塵 143, 145, 157
星間赤化 145
星間物質 142, 143
青色超巨星 111, 112
星震学 89–91
静水圧平衡 99
星団 154
セイファート I 型 196
セイファート II 型 196
セイファート銀河 194, 195, 215, 216
青方偏移 251
赤外線 2, 199, 217, 231
——源 152, 153
——星 101
——天文学 5, 100
赤色巨星 94, 104, 113, 176
——列 112, 113
赤色超巨星 106, 111, 112
赤色矮星 69, 167, 176
赤道加速 16
赤方偏移 76, 137, 191–194, 199, 201, 204, 242, 251, 259, 261
斥力項（Λ 項） 255
絶対等級 73, 75, 82, 83
セファイド変光星 73, 86, 89–91, 106, 175, 177, 179, 180
——の周期–光度関係 182
漸近巨星分枝 113
前主系列星 101
早期型星 92, 102
双極分子流 153
素粒子の統一理論 248
ソーン，K. 229

［た行］

第一世代の星 170
大気ニュートリノ実験 30, 31
大規模構造 252
大質量 X 線連星 133, 134
大質量星の死 105
大小マゼラン雲 165
ダイナモ機構 21, 36
大マゼラン雲 108, 110, 112, 163, 177, 183
——に出現した超新星 108
太陽 7, 11–13, 266
太陽型星 69
太陽活動周期 20
太陽系 11, 37, 266
——外縁天体 11, 38, 41, 53, 55
——外惑星 60, 199
——形成のシナリオ 58
——内小天体 52
太陽コロナ 19
太陽振動 32
太陽ニュートリノ 24, 26, 27, 36
——問題 26, 27, 31
太陽の 5 分振動 33
太陽のエネルギー源 22, 23
太陽の活動現象 18
太陽の自転 15
太陽のスペクトル 14
太陽風 11, 18, 119
平らな回転則 162
対流 13, 14, 99
——運動 33
楕円銀河 （elliptical galaxy） 175, 176, 180
ダークエネルギー 235, 240, 255, 257, 258
ダークハロー 141
ダークマター （dark matter：暗黒物質） 142, 162, 163, 168, 170, 185, 240, 255–258
——のハロー 162
タマネギ構造 105

索引 291

タリー・フィッシャーの関係
　180
地球　11, 37, 39, 44, 45, 268
地球外文明について　270
地球型惑星　39, 44, 60, 69
地球の誕生，生命の誕生　268
チチウス・ボーデの法則　40,
　52
地動説　264
チャンドラセカール，S.　115,
　116
　――限界　116
　――限界質量　107
中性子　231, 244
中性子星　7, 106, 110,
　116–118, 120, 123, 128,
　131–134, 205, 207, 208,
　223, 225
　――の合体　231
　――やブラックホールの連星
　222
中性子の縮退圧　116, 117
中性子連星　230
　――の合体　138, 229, 232
超巨星　83, 84
超銀河団　184
超空洞（ボイド）　184
超新星　107–110, 112, 121,
　125
　――1987A　108, 110, 112
　――残骸　147, 174
　――爆発　94, 105–107,
　117, 118, 122, 123, 137,
　138, 145, 150, 169, 170,
　222, 245, 272
直接撮像法　67
ツヴィッキー，F.　117
月　44, 46, 47
冷たいダークマター（冷たい暗
　黒物質，cold dark matter:
　CDM）　164, 165, 170,
　257, 260
低質量 X 線連星　133, 134
定常宇宙論　240, 241, 243
ディープフィールド観測　200
ディープフィールド（深宇宙）

198
テイラー，J.　223, 225
デービス，R.　26, 27, 31
電子の縮退圧　112, 114–117
電磁波　2, 3
天体の軌道運動　203
天体分光学　4
天体力学の勝利　52
天動説　264
天王星　11, 37, 48, 51, 52, 56
電波　2
　――観測　214
　――銀河　189
　――分子光学　100
　――分子分光学　150
電波干渉計　61
天文単位　39
等級　74
特殊相対論　203
土星　11, 37, 48, 49
ドップラー効果　76
ドップラー偏移　16, 195
ドップラー法（視線速度法）
　64, 67
トランジット法　64–67, 88
トンボー，C.　53

[な行]

長いガンマ線バースト　136,
　137
中井直正　214
軟 X 線　145
二足歩行する人類　269
II 型超新星　107, 109, 111,
　112
日震学　22, 29, 31, 35, 36,
　90, 91
ニュートリノ　7, 8, 24, 25,
　106, 108, 110, 111, 163,
　164, 256
　――振動　28–31
　――天文学　7, 27, 31, 110
　――バースト　109
ニュートン，I.　12, 14, 44,
　265
　――の万有引力　2

　――の万有引力の法則　204,
　266
　――力学　43, 44, 203, 224
熱核融合反応　23, 97, 127
熱的放射　188
熱平衡　99
年周視差　72, 73, 76, 83, 171

[は行]

ハウメア　37
パーカー，E.　21
白色矮星　86, 94, 107,
　114–118, 120, 126–129,
　174, 204
ハーシェル，W.　51, 156, 157
パーセク　72
波長 21 cm の電波　147
パチンスキー，B.　166
ハッブル，E.　175, 179
　――（宇宙）望遠鏡　65, 68,
　138, 150, 151, 182, 186,
　198, 199, 213, 255, 257
　――時間　182
　――・ディープ・フィールド
　（Hubble Deep Field:
　HDF）　198
　――の形態分類　175
　――・ルメートルの法則
　137, 180, 181, 192, 233,
　235, 241, 246, 267
ハッブル定数　181, 182, 236,
　239, 255, 257
　――の緊張　257
バーデ，W.　117, 122, 179
ハーバード分類　80, 81
ハビタブルゾーン　66, 69, 70,
　271
速い中性子捕獲反応（r プロセ
　ス反応）　231
林忠四郎　101
ハヤシ・トラック　101
はやぶさ 1　12
はやぶさ 2　12, 53
バリオン　163, 239, 240,
　255–257
　――物質　170

播金優一 201
バリッシュ，B. 229
パルサー 116, 118–123, 131, 139, 208, 222
───法 67
バルジ 141, 159, 160, 177
ハルス，R. 223, 225
パールムッター，S. 255
ハレー，E. 44
───彗星 44
ハロー 141, 159, 160
ハワイのケック望遠鏡 65
晩期型星 102, 103
万有引力の法則 44
光電離 146, 147
ピアッジ，G. 52
ビッグバン 169, 170, 267, 271
───理論 258
ビッグバン宇宙 7, 201, 244, 245, 251, 260, 267
───での元素合成 243
───論 240, 241, 243, 246, 267
ビッグクランチ 237
ヒッパルコス 73
非熱的放射（シンクロトロン放射） 7, 188, 189
火の玉宇宙 242, 243
───論 240
非バリオンの暗黒物質 163, 164
ピープルス，J. 242
ヒュウイッシュ，A. 118, 119, 121
標準光源 255
標準太陽モデル 24, 28
表面対流層 13, 35
平山清次 52
微惑星 60, 69, 268
ファウラー，R. 115
ファン・デ・フルスト，H. 147
不規則銀河（irregular galaxy） 175–177
双子のクエーサー 166

プトレマイオス 264
浮遊惑星 70
フラウンホーファー，J. 14
ブラーエ，T. 42, 107, 265
ブラックホール 7, 8, 87, 106, 116, 117, 128, 133, 134, 137, 163, 164, 194, 197, 203, 205–210, 219
───X 線星 210
───X 線連星 134, 209
───・シャドウ 214, 219, 220
───の外部解 205, 206
───の内部解 205, 206
───連星 229, 230
───連星の合体 228–230
プランク，M. 257
───衛星 258
───時間 247–249
───分布 77
フリードマン，A. 235
───の解 235
───の膨張宇宙 235, 237
フレア 20, 21, 85
───星 85
プレアデス星団（すばる） 155
プロミネンス 17
分光連星 87, 88, 209
分散量度 139
分子雲 100, 143, 148, 150–153, 155
ペガスス座 51 番星 63–65
ベッセル，F. 115
ベーテ，H. 23
ヘリウム 244, 245, 259
───燃焼 104, 113
───・フラッシュ 113
ヘール，G. 18
ベル，J. 119, 121
ヘルツシュプルング，E. 82
───・ラッセル図（HR 図） 81
ペンジアス，A. 241, 242, 243
ペンローズ，R. 219
ホイル 241

棒渦巻銀河（barred spiral galaxy） 159, 177
ほうき星 55
放射 13, 99, 100, 237, 258
膨張宇宙 233, 235, 248, 267
───論 180, 181
星からの質量放出 92
星の「重力崩壊」 106
星の HR 図 84
星の明るさ 74
星の色 79
星の運動 75
星のエネルギー源 97
星の化学組成 81
星の光度 76, 78
星のスペクトル型 79, 81
星のスペクトルの 2 次元分類 83
星の誕生 100, 142, 143, 150
星の内部構造 96
───と進化の理論 99
星の表面温度 82
星の有効温度 78
星の連続スペクトル 77
星までの距離 72
補償光学 218
ホットジュピター 64, 69
ホモサピエンス 269
ボンディ，H. 241

[ま行]

マイクロレンズ効果 166
マイケルソン干渉計 227
マイケルソン・モーリーの実験 226
マイヨール，M. 63, 64
マクドナルド，A. 31
マケマケ 37
マゴリアン関係 212
マザー，J. 250, 252
マルチメッセンジャー天文学 8, 232
短いガンマ線バースト 136, 138, 230, 232
水メーザー 214
密度波理論 168, 169

脈動変光星　84, 86, 89, 91, 157
ミリ波　61
冥王星　11, 37, 38, 41, 52–54
冥王星型天体　37, 38
メシエのカタログ　173
木星　11, 37, 48, 49
──型惑星　39, 48, 60

[や・ら行]

4 次元の時空　203
ライル，M.　190
ラグランジュ点（L1）　124, 127
ラッセル　82
Λ 項　234, 235
ΛCDM モデル　257
ランダウ，L.　117
粒状斑　14, 33
流星　55–57
流星群　57
りょうけん座 RS 型星　85
臨界密度　238, 239, 248
リング（環）　50
ルベリエ，R.　51
ルメートル，G.　180
レイトン，R.　33
レーザー干渉計　226
レプトン　163, 258
レンズ状銀河　176, 177
連星　86
──パルサー　88, 121, 223–225
ロウ，F.　153
ロッシ，B.　129, 130
ロッシュローブ　123–125,

127, 134

[わ行]

矮小銀河（dwarf galaxy）　171, 175, 176, 183, 187
矮新星　125–127, 129, 210
矮星　83
ワイス，R.　229
ワイツゼッカー　23
ワインバーグ，S.　244
惑星　7, 11, 60, 64
──状星雲　86, 94, 114, 174
──の大きさ　39
──の軌道　39
──の自転　42
環（リング）　51

[欧文]

ALMA 望遠鏡　219
AGN（活動銀河中心核，または活動銀河核）　195
CCD（Charge Coupled Device：電荷結合素子）　8
CNO 反応　23, 97
COBE（Cosmic Background Explorer：コービー）　250–253
Cyg X-1　134, 207–209
DNA のバトン　272
g モード　91, 92
HI（中性水素）領域　146, 147
HII（電離水素）領域　146, 147
HR 図　82, 83, 86, 92–94, 101, 102, 104, 106,

112–115, 156
JWST　201
KAGRA　→　重力波
LIGO　→　重力波
──グループ　229
M87　→　巨大楕円銀河
MACHO　165–167
──天体　96, 168
──の探査　67
OB アソシエーション　142, 154
p-p 反応　23, 24
p モード　35, 91, 92
r プロセス反応　232
ScoX-1　131, 134
SN1987A　111
T アソシエーション　142, 143, 154
VERA プロジェクト　73
Virgo　→　重力波
WMAP　254, 255–258
──衛星　253
X 線　2, 3
──観測　215
──近接連星　131, 134
──新星　210
──星　87, 123, 124, 128, 129, 131, 133
──ScoX-1　130
──天文学　5, 118, 129
──バースト　134, 208
──パルサー　132, 134
──連星　207, 229
X 線源　118, 130, 136, 208

著者略歴

尾崎洋二（おさきようじ）

現　在　東京大学名誉教授，長崎大学名誉教授，理学博士

1938年　愛知県に生まれる
1961年　東京大学理学部物理学科卒業
1985-99年　東京大学教授（理学部天文学科）
1999-2004年　長崎大学教授（教育学部）
2007-09年　明星大学客員教授（理工学部）
1999-2000年　日本天文学会理事長
［在外研究］
1967-69年　コロンビア大学天文学科博士研究員
1972-73年　コロラド大学実験室天文物理研究所客員所員
1977-78年　ニース天文台CNRS研究員
1982-83年　マックスプランク天文物理研究所客員研究員
著　書　Nonradial Oscillations of Stars（共著，東京大学出
　　　　版会，1989），星はなぜ輝くのか（朝日選書：朝日新聞
　　　　社，2002）ほか
受　賞　日本学士院賞（2000年，激変星の研究）

宇宙科学入門　第3版

1996年10月15日　初　版第1刷
2010年 3月15日　第2版第1刷
2024年10月22日　第3版第1刷

［検印廃止］

著　者　尾 崎 洋 二

発行所　一般財団法人　東京大学出版会

代表者　吉見俊哉

153-0041 東京都目黒区駒場4-5-29
電話 03-6407-1069・振替 00160-6-59964

印刷所　三美印刷株式会社
製本所　誠製本株式会社

©2024　Yoji Osaki
ISBN978-4-13-062733-7 Printed in Japan

JCOPY 〈出版者著作権管理機構　委託出版物〉
本書の無断複写は著作権法上での例外を除き禁じられています．
複写される場合は，そのつど事前に，出版者著作権管理機構
（電話 03-5244-5088，FAX 03-5244-5089，e-mail：info@jcopy.or.jp）
の許諾を得てください．

宇宙ステーション入門　第2版補訂版

　　　　　　狼・冨田・中須賀・松永/A 5 判/344 頁/5,600 円

惑星地質学　　　　宮本・橘・平田・杉田編/A 5 判/272 頁/3,200 円

宇宙生命論　　　　海部・星・丸山編/B 5 判/212 頁/3,200 円

太陽系の果てを探る　　渡部潤一・布施哲治/A 5 判/272 頁/2,800 円

系外惑星探査　　　　　河原　創/A 5 判/288 頁/4,200 円

観測的宇宙論　　　　　池内　了/A 5 判/208 頁/4,200 円

宇宙の科学　　　　　　江里口良治/A 5 判/208 頁/2,800 円

ゼミナール宇宙科学　　戎崎俊一/A 5 判/168 頁/3,200 円

現代宇宙論　　　　　　松原隆彦/A 5 判/400 頁/4,000 円

宇宙論の物理　上　　　松原隆彦/A 5 判/336 頁/4,200 円

宇宙論の物理　下　　　松原隆彦/A 5 判/352 頁/3,800 円

ものの大きさ　第2版　　須藤　靖/A 5 判/224 頁/2,500 円

ここに表示された価格は本体定価です．御購入の
際には消費税が加算されますので御了承ください．